T0248168

La especie desbocada

Anthony Brandt
David Eagleman

La especie desbocada

Cómo la creatividad humana
remodela el mundo

Traducción de Damià Alou

EDITORIAL ANAGRAMA
BARCELONA

Título de la edición original:
The Runaway Species. How Human Creativity Remakes the World
Canongate Books
Edimburgo, 2017

Ilustración: © lookatcia

Primera edición: enero 2022

Diseño de la colección: lookatcia.com

© De la traducción, Damià Alou, 2022

© Anthony Brandt y David Eagleman, 2017

© EDITORIAL ANAGRAMA, S. A., 2022
 Pau Claris, 172
 08037 Barcelona

ISBN: 978-84-339-6480-9
Depósito Legal: B. 19104-2021

Printed in Spain

Liberdúplex, S. L. U., ctra. BV 2249, km 7,4 - Polígono Torrentfondo
08791 Sant Llorenç d'Hortons

A nuestros padres, que nos trajeron
a una vida de creatividad

Nat y Yanna
Cirel y Arthur

A nuestras esposas, que llenaron
nuestras vidas de novedad

Karol
Sarah

Y a nuestros hijos, cuya imaginación
invoca el futuro

Sonya, Gabe, Lucian
Ari y Aviva

INTRODUCCIÓN:
¿QUÉ TIENEN EN COMÚN PICASSO Y LA NASA?

Varios centenares de personas van de un lado a otro en una sala de control de Houston mientras intentan salvar a los tres humanos atrapados en el espacio exterior. Estamos en 1970, y dos días después del lanzamiento del Apolo 13 uno de sus tanques de oxígeno ha explotado, arrojando deshechos al espacio y dañando la nave. El astronauta Jack Swigert, con el eufemismo típico de un militar, llama por radio al Control de la Misión: «Houston, tenemos un problema.»

Los astronautas se encuentran a más de 300.000 kilómetros de la Tierra. El combustible, el agua, la electricidad y el aire se están agotando. Las esperanzas de encontrar una solución son casi nulas. Pero eso no frena al director de vuelo en el Control de la Misión de la NASA, Gene Kranz, que anuncia a su personal allí reunido:

> Cuando salgáis de esta sala, debéis salir creyendo que *esta tripulación va a volver a casa*. Me importan un bledo las probabilidades, y me importa un bledo que esto no nos haya ocurrido nunca... Tenéis que creer, chicos, tenéis que creer que esta tripulación va a volver a casa.[1]

¿Cómo va a hacer buena esta promesa el Control de la Misión? Los ingenieros han ensayado la misión hasta el último detalle: cuándo el Apolo 13 alcanzará la órbita de la Luna, cuándo se desplegará el módulo uno, cuánto tiempo caminarán los astronautas por la superficie. Ahora tienen que tirar a la basura el guión original y comenzar de nuevo. El Control de la Misión también ha previsto eventualidades en las que tendrá que abortarla, pero en todas ellas quedaba asumido que las partes principales de la nave estarían en buen estado y podrían prescindir del módulo lunar.[2] Por desgracia, ahora ocurre lo contrario. El módulo de servicio ha quedado destruido y el módulo de mando tiene una fuga de gas y pierde energía. La única parte que funciona de la nave es el módulo lunar. La NASA ha simulado posibles averías, pero esta no.

Los ingenieros saben que se enfrentan a una tarea casi imposible: salvar a tres hombres encerrados en una cápsula hermética de metal que avanzan a 4.800 kilómetros por hora a través del vacío del espacio, y cuyos sistemas de soporte vital están fallando. Nos hallamos todavía a décadas de distancia de los sistemas de comunicación por satélite avanzados y los ordenadores de mesa. Con la ayuda de reglas graduadas y lápices, los ingenieros tienen que inventar un método para abandonar el módulo de mando y convertir el módulo lunar en un bote salvavidas que los lleve a casa.

Los ingenieros decidieron abordar los problemas de uno en uno: planear una ruta de vuelta a la Tierra, guiar la nave y no perder energía. Pero las condiciones se deterioran. Un día y medio después de la crisis, el dióxido de carbono alcanza niveles peligrosos en el reducido espacio que habitan los astronautas. Si no se hace nada, la tripulación se asfixiará en pocas horas. El módulo lunar posee un sistema de filtrado, pero todos sus filtros de aire cilíndricos se han agotado, la única opción que queda es recuperar los depósitos sin utilizar del módulo de mando abandonado. El problema es que estos son cuadrados. ¿Cómo encajar un filtro cuadrado en un agujero redondo?

Basándose en el inventario de lo que hay a bordo, los ingenieros del Control de la Misión idean un adaptador que crean con una bolsa de plástico, un calcetín, trozos de cartón y la manguera de un traje presurizado, todo ello unido con cinta adhesiva. Le dicen a la tripulación que arranque la tapa de plástico de la carpeta del plan de vuelo y la utilice como embudo para guiar el aire hacia el filtro. Obligan a los astronautas a sacarse la ropa interior térmica envuelta en plástico que debían llevar bajo el traje espacial mientras brincaban por la Luna. Los astronautas, siguiendo las instrucciones que les llegan de la Tierra, se quitan la ropa interior y guardan el plástico. Pieza a pieza, montan ese filtro improvisado y lo instalan. Para alivio de todos, los niveles de dióxido de carbono vuelven a la normalidad. Pero enseguida surgen otros problemas. A medida que el Apolo 13 se acerca de nuevo a la atmósfera, escasea la energía del módulo de mando. Cuando se diseñó la nave espacial, a nadie se le pasó por la cabeza que habría que cargar las baterías del módulo de mando desde el módulo lunar: supuestamente tenía que ser al revés. A base de café y adrenalina, los ingenieros del Control de la Misión idean una manera de utilizar el cable del calentador del módulo lunar para que desempeñe esa función, justo a tiempo para la fase de entrada en la atmósfera.

En cuanto se han recargado las baterías, los ingenieros dan orden al miembro de la tripulación Jack Swigert de que ponga en marcha el módulo de mando. A bordo de la nave, Jack conecta los cables, acciona los inversores, maniobra las antenas, mueve los interruptores, activa la telemetría: un proceso de activación que supera todo aquello para lo que lo habían entrenado o que había imaginado. Los ingenieros, enfrentados a un problema que no habían previsto, improvisan un protocolo completamente nuevo.

En las horas anteriores al amanecer del 17 de abril de 1970 –habían transcurrido ochenta horas desde el comienzo de la crisis–, los astronautas se preparan para su descenso final. El Control de la Misión lleva a cabo sus últimas verificaciones.

A medida que los astronautas entran en la atmósfera de la Tierra, la radio de la nave espacial sufre un apagón. En palabras de Kranz:

> Ahora todo era irreversible (...). En la sala de control reinaba un silencio absoluto. Solo se oía el zumbido de los instrumentos eléctricos, del aire acondicionado y el esporádico chasquido de un mechero Zippo al abrirse (...). Nadie se movía, como si todos estuvieran encadenados a su consola.

Un minuto y medio después, la noticia llega a la sala de control: el Apolo 13 está a salvo. El personal prorrumpe en vítores. Kranz, un hombre habitualmente estoico, se echa a llorar.

Sesenta y tres años antes, en un pequeño estudio de París, un joven pintor llamado Pablo Picasso instala su caballete. Generalmente sin un chavo, ha aprovechado unos ingresos imprevistos para comprar una tela grande. Se pone a trabajar en un proyecto provocativo: el retrato de las prostitutas de un burdel. Una mirada cruda al vicio sexual.

Picasso comienza haciendo unos esbozos al carbón de cabezas, cuerpos, fruta. En sus primeras versiones, un marinero y un estudiante de Medicina forman parte de la escena. Decide eliminar a los hombres y centrarse en las cinco mujeres. Prueba con los cuerpos en diferentes posturas y emplazamientos, y lo tacha casi todo. Después de centenares de bocetos, se pone a trabajar en el lienzo completo. En cierto momento invita a su amante y a varios amigos a ver la obra en marcha; la reacción de todos ellos le decepciona tanto que se olvida del cuadro. Meses después, vuelve a trabajar en él en secreto.

Picasso considera el retrato de las prostitutas como un «exorcismo» de su manera de pintar anterior: cuanto más tiempo le dedica, más se aparta de su obra precedente. Cuando invita a la gente a volver a verla, la reacción es aún más hostil. Se la ofrece a su patrón más leal para que la compre, pero este se echa a reír.[3] Los amigos del pintor lo evitan; temen que haya perdido la cabeza. Consternado, Picasso enrolla el lienzo y lo deja en el armario. Espera nueve años para mostrarlo en público. En mitad de la Primera Guerra Mundial por fin cuelga de una sala. El comisario de la exposición, temiendo ofender los gustos del público, le cambia el título, que pasa de ser *Le Bordel d'Avignon* (El burdel de Aviñón) al más inofensivo de *Les Demoiselles d'Avignon* (Las señoritas de Aviñón). El cuadro tiene una acogida desigual; un crítico llega a decir que «los cubistas no esperan al final de la guerra para reemprender las hostilidades contra el sentido común».[4]

Pero la influencia del cuadro se extiende. Unas décadas más tarde, cuando *Les Demoiselles* se exhibe en el Museo de Arte Moderno de Nueva York, el crítico del *New York Times* escribe:

> Pocos cuadros han tenido el enorme impacto de esta composición de cinco figuras desnudas y distorsionadas. De un brochazo ha desafiado el arte del pasado y transformado de manera inexorable el arte de nuestro tiempo.[5]

El historiador de arte John Richardson escribe posteriormente que *Les Demoiselles* es la obra pictórica más original en varios cientos de años. El cuadro, dice,

> nos permite percibir las cosas con una nueva mirada, una nueva mente y una nueva conciencia (...). [Es], de manera inequívoca, la primera obra maestra del siglo XX, el principal detonante del movimiento moderno, la piedra angular del arte del siglo XX.[6]

¿Por qué Pablo Picasso era tan original? Porque cambió el objetivo que los pintores europeos habían suscrito durante

13

cientos de años: la pretensión de ser fiel a la vida. En manos de Picasso, las extremidades se retorcían, las caras de dos de las mujeres parecen una máscara, y las cinco mujeres se han pintado en cinco estilos distintos, de manera que la gente normal ya no parece del todo humana. El cuadro de Picasso socavó las ideas occidentales de belleza, decoro y verosimilitud. *Les Demoiselles* acabaron representando el golpe más violento infligido nunca a la tradición artística.

La Misión de Control de la NASA y las prostitutas de Picasso.

¿Qué tienen en común estas dos historias? A primera vista, no gran cosa. Salvar el Apolo 13 requirió la colaboración de diversas personas. Picasso trabajaba solo. Los ingenieros de la NASA iban contra reloj. Picasso tardó meses en plasmar sus ideas en el lienzo, y casi una década en enseñar su obra. Los ingenieros no buscaban la originalidad: su meta era encontrar una solución funcional. «Funcional» era lo último que tenía Picasso en mente: su meta era producir algo sin precedentes.

Sin embargo, las rutinas cognitivas subyacentes en los actos creativos de la NASA y Picasso fueron las mismas, cosa que no solo se puede decir de ingenieros y artistas, sino también de peluqueros, contables, arquitectos, granjeros, lepidopteristas y cualquier otro ser humano que cree algo que no se ha visto antes. Romper el molde de lo habitual para generar novedad es el resultado del software básico que funciona en el cerebro. El cerebro humano no asume pasivamente la experiencia como una grabadora; por el contrario, elabora constantemente los datos sensoriales que recibe, y el fruto de esa labor mental son las nuevas versiones del mundo. El software cognitivo básico del cerebro –que se alimenta del medio y procrea nuevas versiones– da lugar a todo lo que nos rodea: farolas, naciones, sinfonías, leyes, sonetos, brazos ortopédicos, smartphones, ventiladores de techo, rascacielos, barcas, cometas, ordenadores portátiles, frascos de kétchup, coches sin conductor. Y este software mental da lugar al mañana, en forma de un cemento autorreparable, edificios móviles, violines de fibra de carbono, coches biodegradables, nanonaves espaciales y la crónica remodelación del futuro. Pero, al igual que los potentísimos programas que operan en silencio en el circuito de nuestros ordenadores portátiles, es habitual que nuestra inventiva funcione en un segundo plano, fuera de nuestra conciencia directa.

Hay algo especial en los algoritmos que actúan sin que lo advirtamos. Somos miembros de un inmenso árbol genealógico de especies animales. Pero ¿por qué las vacas no coreografían danzas? ¿Por qué las ardillas no diseñan ascensores para sus árboles? ¿Por qué los cocodrilos no inventan la lancha motora? Un ajuste evolutivo en los algoritmos que rigen el cerebro humano nos ha permitido asimilar el mundo y crear versiones alternativas. Este libro trata del software creativo: cómo funciona, por qué lo tenemos, qué hacemos y a dónde nos lleva. Mostraremos cómo el deseo de violar nuestras propias expectativas conduce a la desbocada inventiva de nuestra especie. Analizando el tapiz de las artes, la ciencia y la tecnología, veremos los hilos de innovación que entrelazan las disciplinas.

La creatividad, además de haber sido muy importante en los últimos siglos de nuestra especie, es la piedra angular de nuestros primeros pasos. Desde nuestras actividades cotidianas hasta nuestras escuelas o nuestras empresas, vamos todos del brazo hacia un futuro que obliga a una constante remodelación del mundo. En las últimas décadas, el mundo ha presenciado una transición de la economía manufacturera a una economía de la información. Pero este no es el final del camino. A medida que los ordenadores mejoran a la hora de digerir montañas de datos, la gente queda liberada para dedicarse a otras tareas. Y estamos observando los primeros atisbos de este nuevo modelo: la economía de la *creatividad*. Los biólogos sintéticos, los que desarrollan aplicaciones, el diseñador del coche sin conductor, el diseñador del ordenador cuántico, el ingeniero multimedia: se trata de oficios que no existían cuando casi todos nosotros íbamos a la escuela, y representan la vanguardia de lo que está por venir. Cuando dentro de diez años vaya a buscar su café matinal, a lo mejor se dirige a un empleo muy distinto del que tiene ahora. Por estas razones, las juntas directivas corporativas de todos los países se estrujan los sesos para mantenerse al día, porque las tecnologías y los procesos de dirigir una empresa cambian constantemente.

Solo una cosa nos permite afrontar estos cambios que se aceleran: la flexibilidad cognitiva. Absorbemos los materiales en bruto de la experiencia y los manipulamos para formar algo nuevo. Debido a nuestra capacidad para ir más allá de los hechos que aprendemos, abrimos los ojos al mundo que nos rodea, pero también concebimos otros mundos posibles. Aprendemos hechos y generamos ficciones. Dominamos lo que hay e imaginamos lo que podría haber.

Progresar en un mundo que cambia constantemente exige comprender lo que ocurre dentro de nuestras cabezas cuando innovamos. Si descubrimos las herramientas y estrategias que impulsan la creación de nuevas ideas, podemos dirigir nuestra mirada a las décadas que tenemos por delante en lugar de a aquellas que hemos dejado atrás.

Esta obligación de innovar no se refleja en nuestros sistemas escolares. La creatividad impulsa los descubrimientos y la expresión de los jóvenes, pero queda ahogada ante competencias más fáciles de medir y de poner a prueba. La marginación del aprendizaje creativo quizá refleja tendencias sociales más amplias. Es habitual que los profesores prefieran al alumno que se porta bien al creativo, al que ven como alguien que perturba la clase. Una encuesta reciente demostró que casi todos los estadounidenses prefieren que los niños respeten a los mayores a que sean independientes; que tengan buenos modales a que sean curiosos; y que se porten bien a que sean creativos.[7]

Si queremos que nuestros hijos tengan un futuro brillante, tenemos que recalibrar nuestras prioridades. A la velocidad a la que cambia el mundo, los viejos manuales de cómo vivir y trabajar deberán reemplazarse, y necesitamos preparar a nuestros hijos para que escriban los nuevos. El mismo software cognitivo que funcionó en las mentes de los ingenieros de la NASA y en Picasso lo encontramos en la mente de nuestros jóvenes, pero hay que cultivarlo. Una educación equilibrada fomenta los conocimientos, pero también la imaginación. Ese tipo de educación dará sus frutos décadas después de que los estudiantes lancen sus birretes al aire y se adentren en un mundo que nosotros, sus padres, apenas podemos imaginar.

Uno de nosotros (Anthony) es compositor, y el otro (David) es neurocientífico. Hace muchos años que somos amigos. Unos años atrás, Anthony compuso el oratorio *Maternity*, basado en un relato de David, «The Founding Mothers», que rastrea una línea materna a lo largo de la historia. Trabajar juntos nos llevó a un permanente diálogo sobre la creatividad. Cada uno la ha estudiado desde su perspectiva. Durante miles de años las artes nos han proporcionado un acceso directo a nuestra vida interior, permitiéndonos entrever no solo *lo que* pensamos, sino también *cómo* lo pensamos. En la historia humana no ha existido ninguna cultura sin música, artes visuales

17

y narrativa. Mientras tanto, en las últimas décadas, la ciencia cerebral ha dado grandes pasos a la hora de comprender las fuerzas a menudo inconscientes que subyacen al comportamiento humano. Hemos comenzado a comprender que nuestras opiniones conducen a una visión sinérgica de la innovación, que es de lo que trata este libro.

Todavía rebuscamos entre las invenciones de la sociedad humana, igual que los paleontólogos saquean los registros fósiles. En combinación con los últimos descubrimientos del funcionamiento del cerebro, podremos descubrir muchas facetas de esa parte esencial de nosotros mismos. La primera parte es una introducción a nuestra necesidad de ser creativos, a cómo concebimos nuevas ideas, y cómo nuestras innovaciones vienen conformadas por dónde y cuándo vivimos. La segunda parte explora rasgos fundamentales de la mentalidad creativa, desde la proliferación de opciones al cálculo de riesgos. La tercera parte se centra en las empresas y en las aulas, e ilustra cómo alimentar la creatividad en nuestras incubadoras del futuro. Lo que sigue es una inmersión en la mente creativa, una celebración del espíritu humano y una intuición de cómo remodelar nuestros mundos.

Primera parte
Nuevo bajo el sol

1. INNOVAR ES HUMANO

¿POR QUÉ NO PODEMOS ENCONTRAR EL ESTILO PERFECTO?

Para apreciar la necesidad humana de innovar, basta con ver cómo se esculpe el pelo la gente que nos rodea.

Ese mismo tipo de reelaboración se puede ver en todos los artefactos que creamos, desde las bicicletas a los estadios.

Todo lo cual plantea una pregunta: ¿Por qué siguen cambiando los peinados, las bicicletas y los estadios? ¿Por qué no encontramos la solución perfecta y nos atenemos a ella? Y la respuesta es: la innovación nunca se detiene. No tiene que ver con lo *perfecto,* sino con lo *siguiente.* El hombre apunta hacia el futuro, y nunca hay un punto de equilibrio. Pero ¿por qué el ser humano es tan inquieto?

NOS ADAPTAMOS RÁPIDAMENTE

En cualquier momento, encontramos más o menos a un millón de personas que se reclinan en una butaca cómoda a miles de kilómetros por encima de la superficie del planeta. Tal ha sido el éxito de los vuelos comerciales. No hace mucho, viajar por el cielo era una aventura inconcebible, insólita y arriesgada. Ahora ni le prestamos atención: embarcamos como sonámbulos, y solo nos activamos si algo se interpone en la rutina de una deliciosa comida, asientos reclinables y las películas que pasan sin parar.

En una de sus actuaciones, el cómico Louis C. K. se asombra de hasta qué punto los viajeros ya no sienten ningún asombro cuando abordan un vuelo comercial. En ella encarna a un pasajero fascinado ante la perspectiva: «Y después subimos al avión y nos obligaron a estar sentados esperando en la pista durante cuarenta minutos. Tuvimos que seguir sentados.» A lo que Louis responde: «¿Ah, sí? ¿De verdad? ¿Y qué ocurrió después? ¿Salieron volando a través del aire, como un pájaro? ¿No es increíble? ¿Compartió el milagro del vuelo humano, usted, don cero a la izquierda?» Llama la atención a la gente que se queja de los retrasos. «¿Retrasos? ¿De verdad? De Nueva York a California en cinco horas. Antes se tardaban treinta años. Y además, te morías por el camino.» Louis recuerda su primera experiencia con wifi en el avión, en 2009, cuando el concepto se dio a conocer. «Estoy sentado en el avión y una voz dice: "Abran sus portátiles, pueden conectarse a Internet." Y es rápido, enseguida estoy viendo clips de YouTube. ¡Es increíble: estoy en un avión!» Pero unos momentos más tarde, el wifi deja de funcionar, y el pasajero que está sentado al lado de Louis se enfada: «¡Esto es una mierda!» Y Louis le dice: «Joder, ¿cuánto tiempo ha de pasar para que el mundo nos deba algo que hace diez minutos ni sabíamos que existía?»

¿Que cuánto tiempo ha de pasar? Muy poco. Lo nuevo se convierte rápidamente en lo normal. No hay más que considerar lo poco que nos llaman la atención los smartphones, pero hasta hace muy poco buscábamos monedas en los bolsillos, íbamos a la caza de una cabina telefónica, intentábamos coordinar puntos de encuentro y a veces no nos encontrábamos por errores de planificación. Los smartphones revolucionaron nuestras comunicaciones, pero la nueva tecnología se volvió básica, universal e invisible ante nuestros ojos.

Los últimos adelantos tecnológicos pierden su lustre rápidamente, y lo mismo se puede decir de las artes. El artista del siglo XX Marcel Duchamp escribió:

> Dentro de cincuenta años habrá otra generación y otro lenguaje crítico, un enfoque completamente distinto. No, lo que hay que hacer es crear un cuadro que posea vida en tu época. Ninguna pintura tiene una vida activa de más de treinta o cuarenta años (...). Al cabo de treinta o cuarenta años, un cuadro muere, pierde su aureola, su emanación, llámalo como quieras. Y después se olvida o entra en el purgatorio de la historia del arte.[1]

Con el tiempo, incluso las grandes obras que conmocionaron al público acaban en algún lugar entre lo aceptado y lo olvidable. La vanguardia pasa a ser lo que ahora es normal. Pierde su cualidad de ruptura.

24

Esta normalización de lo nuevo sucede también con los planes más meditados de las corporaciones. Cada varios años, las empresas gastan grandes cantidades en consultores que les dicen que tienen que transformar lo que tienen; por ejemplo, abandonar la intimidad de los cubículos a favor de un espacio abierto. Como luego veremos, no hay ninguna respuesta correcta acerca de qué es lo mejor: lo que importa es el *cambio*. Los consultores no se equivocan, se trata simplemente de que los detalles de sus consejos no importan. La cuestión no es siempre encontrar una solución particular, sino la variación en sí.

¿Por qué los humanos se adaptan tan rápidamente a lo que nos rodea? Se debe a un fenómeno conocido como supresión por repetición. Cuando su cerebro se acostumbra a algo, cada vez reacciona menos cuando lo ve. Imagine, pongamos por caso, que se encuentra con un objeto nuevo, un coche sin conductor, por ejemplo. La primera vez que lo ve, su cerebro muestra una gran reacción. Está asimilando algo nuevo y dejando constancia de su existencia. La segunda vez que lo ve su reacción es menor. Ya no le interesa tanto como antes, porque no es ninguna novedad. La tercera vez, la reacción es aún menor. Y la cuarta todavía menor.

Cuanto más familiar nos resulta algo, menos energía nerviosa le dedicamos. Por eso la primera vez que vas en coche a un nuevo lugar de trabajo, tienes la impresión de tardar mucho tiempo. El segundo día parece un poco más cerca. Al cabo de un tiempo, llegamos enseguida. El mundo se va borrando a medida que se vuelve familiar; lo que estaba en primer plano pasa al segundo.

¿Por qué somos así? Porque somos criaturas que viven y mueren gracias a la energía almacenada en nuestros cuerpos. Enfrentarse al mundo es una labor difícil que exige sortear muchas cosas y utilizar una gran cantidad de capacidad cerebral, una empresa que consume mucha energía. Cuando hacemos las predicciones correctas, ahorramos energía. Cuando sabes que puedes encontrar bichos comestibles debajo de ciertos tipos de piedras, ya no tienes que dar la vuelta a *todas*.

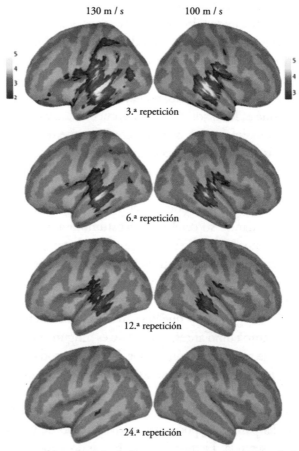

130 m / s   100 m / s

3.ª repetición

6.ª repetición

12.ª repetición

24.ª repetición

Magnetoencefalografía derivada (mapas paramétricos estadísticos dinámicos [dSPM]) del cerebro en el intervalo temporal del componente N1m a 130 m /s (hemisferio izquierdo) y 100 m /s (hemisferio derecho). La actividad neuronal localizada en las zonas auditivas muestra una supresión de actividad cuando el mismo estímulo se presenta repetidamente (3.ª, 6.ª, 12.ª y 24.ª).

Supresión por repetición en acción.[2]

Cuanto mejores son las predicciones, menos energía nos cuestan. La repetición hace que nos volvamos más confiados en nuestras predicciones y más eficaces en nuestras acciones.

26

De modo que poder predecir las cosas tiene un componente atractivo (y útil). Pero si nuestro cerebro tiene que esforzarse tanto para que el mundo sea predecible, la pregunta inevitable es: si tanto nos gusta la predictibilidad, ¿por qué, por ejemplo, no sustituimos nuestro televisor por una máquina que emita un bip rítmico veinticuatro horas al día, de manera predecible?

La respuesta es que la falta de sorpresa es un problema. Cuanto mejor entendemos algo, menos esfuerzo dedicamos a pensar en ello. La familiaridad engendra indiferencia. Entramos en la fase de supresión por repetición y nuestra atención se desvanece. Por eso el matrimonio necesita estímulos constantes. Por eso solo te ríes una cantidad determinada de veces del mismo chiste. Por eso –por mucho que hayas disfrutado viendo las Series Mundiales– no vas a disfrutar viendo el mismo partido una y otra vez. Aunque la predictibilidad es tranquilizadora, el cerebro se esfuerza por incorporar nuevos hechos a su modelo del mundo. Siempre busca la novedad. Le entusiasman las actualizaciones.

Como resultado de nuestra maquinaria neuronal, las buenas ideas no siempre mantienen su lustre. Observemos la lista de los libros más vendidos del año 1945:

1. *Forever Amber,* Kathleen Winsor.
2. *The Robe,* Lloyd C. Douglas.
3. *The Black Rose,* Thomas B. Costain.
4. *The White Tower,* James Ramsey Ullman.
5. *Cass Timberlane,* Sinclair Lewis.
6. *A Lion Is in the Streets,* Adria Locke Langley.
7. *So Well Remembered,* James Hilton.
8. *Captain from Castile,* Samuel Shellabarger.
9. *Earth and High Heaven,* Gwethalyn Graham.
10. *Immortal Wife,* Irving Stone.

Fueron libros que atraparon la imaginación del público, pero es muy posible que usted no haya oído hablar de ellos. Recordemos que estos libros aquel año estaban en boca de todos. Los autores honraban las veladas con su presencia. Firmaron muchísimos ejemplares. Es de suponer que para ellos no habría sido un plato de gusto imaginar que algún día esos libros quedarían completamente olvidados.

Constantemente tenemos ansias de novedades. En la película *Atrapado en el tiempo,* Bill Murray, que encarna a un hombre del tiempo, se ve obligado a revivir un solo día una y otra vez. Enfrentado a ese bucle al parecer infinito, al final se rebela en contra de vivir el mismo día de la misma manera dos veces. Aprende francés, se convierte en un virtuoso del piano, se hace amigo de sus vecinos, defiende a los oprimidos.

¿Por qué nos ponemos de su parte? Porque no deseamos la predictibilidad perfecta, aun cuando lo que se repite resulte atractivo. La sorpresa siempre nos resulta atrayente. Nos permite escapar del piloto automático. Hace que prestemos atención a nuestra experiencia. De hecho, los sistemas neurotransmisores que participan en la recompensa van ligados al nivel de sorpresa: las recompensas que nos llegan en momentos regulares y predecibles producen una actividad mucho menor en el cerebro que las mismas recompensas cuando llegan al azar y en momentos impredecibles. La sorpresa gratifica.

Por eso los chistes poseen esa estructura. Nunca son dos tipos que entran en un bar, sino que siempre son tres. ¿Por qué? Porque el primero pone en marcha la acción, y el segundo establece una pauta. Y este es el camino más breve para que el tercero rompa la pauta soslayando la predicción del cerebro. En otras palabras, el humor surge de la ruptura de las expectativas. Si le contara el chiste a un robot, este simplemente escucharía lo que hace cada uno de los tres tipos, aunque seguramente no lo encontraría divertido. El chiste solo funciona porque el cerebro siempre intenta predecir, y el final del chiste rompe el equilibrio.[3] Los publicistas saben que hace falta una creatividad constante para despertar nuestra atención. Sus anuncios nos impulsan a adquirir una marca concreta de detergente, patatas fritas o perfume, pero si los anuncios no se renuevan constantemente dejamos de prestarles atención; pierden su impacto. Evitar la repetición es la fuente principal de la cultura humana. La gente dice a menudo que la historia se repite, pero esta afirmación no es del todo cierta. Como mucho, tal como dijo Mark Twain, la historia rima. Prueba cosas parecidas en momentos distintos, pero los detalles nunca son los mismos. Todo evoluciona. La innovación es indispensable. Los humanos exigen novedades.

Así que todo es cuestión de equilibrio. Por un lado el cerebro intenta ahorrar energía prediciendo cómo será el mundo; por el otro, busca la embriaguez de la sorpresa. No queremos vivir en un bucle infinito, pero tampoco queremos que nos sorprendan constantemente. No quieres despertarte mañana y encontrarte de nuevo en la película de *Atrapado en el tiempo,* pero tampoco quieres despertarte y descubrir que la gravedad se ha invertido y ahora estás pegado al techo. Existe un compromiso entre aprovechar lo que sabemos y explorar lo desconocido.

EL EQUILIBRIO

El cerebro busca un equilibrio entre aprovechar el conocimiento aprendido y explorar nuevas posibilidades. Este compromiso siempre es complejo.[4] Pongamos que quiere decidir a qué restaurante ir a comer. ¿Quiere seguir yendo a su preferido o probar algo nuevo? Si va al local que ya conoce, está aprovechando el conocimiento extraído de la experiencia anterior. Si salta al abismo culinario, está explorando opciones inéditas.

En el reino animal, las criaturas establecen su punto de equilibrio más o menos en un punto medio. Si aprendes de la experiencia que las piedras rojas tienen comida debajo y las azules no, debes aprovechar ese conocimiento. Pero puede que un día te encuentres con que no hay comida, por culpa de la sequía, un incendio u otros animales que comen lo mismo. Las reglas del mundo rara vez se mantienen constantes, y por eso los animales deben coger lo que han aprendido *(debajo de las piedras rojas hay comida)* y equilibrarlo con el intento de hacer nuevos descubrimientos *(me pregunto qué hay debajo de estas piedras azules).* Y por eso un animal pasa la mayor parte de su vida mirando debajo de las piedras rojas, aunque no toda. Dedica un tiempo a mirar debajo de las piedras azules, aun cuando en el pasado haya mirado varias veces sin éxito. Continuará explorando. También pasará parte de su vida mirando debajo de las piedras amarillas, en los troncos de los árboles y en el río, porque nadie sabe dónde podrá encontrar su próxima comida. En el reino animal el conocimiento obtenido con esfuerzo tiene el contrapeso de las nuevas pesquisas.

En el curso de la evolución, a lo largo de muchos milenios, el cerebro ha alcanzado un compromiso entre la exploración y el aprovechamiento que mantiene el equilibrio entre flexibilidad y rigor. Queremos que el mundo sea predecible, pero no *demasiado,* por eso constantemente se inventan nuevos peinados, y bicicletas, estadios, tipos de letra, literatura, moda, películas, cocina o coches. Es posible que nuestras creaciones se parezcan

mucho a lo que había antes, pero se transforman. Cuando son demasiado predecibles, desconectamos; si la sorpresa es excesiva, nos desorientamos. Como veremos en los capítulos siguientes, la creatividad reside en esa tensión.

El compromiso entre exploración/aprovechamiento explica también por qué en nuestro mundo hay tanta población de esqueuomorfos: rasgos que imitan el diseño de lo que ha existido antes. Pensemos que cuando se introdujo el diseño del iPad mostraba una estantería de «madera» con «libros» en ella, y los programadores se esforzaban mucho en conseguir que las «páginas» giraran cuando pasabas el dedo. ¿Por qué no redefinir simplemente un libro para la era digital? Porque los clientes no se sentían cómodos; exigían que existiera una relación con lo que habían conocido antes.

Incluso cuando pasamos de una tecnología a la siguiente, establecemos vínculos con la antigua, trazando un sendero definido desde lo que había a lo que hay. En el Apple Watch, la «Corona Digital» parece el botón que se utilizaba para mover las manecillas y dar cuerda a los muelles en un reloj analógico. En una entrevista publicada en el *New Yorker,* Jonathan Ive dijo que había colocado el botón ligeramente descentrado para que resultara «extrañamente familiar». Si lo hubiera centrado, los usuarios habrían esperado que llevara a cabo su función original; de haberlo eliminado, el reloj no habría tenido suficiente aspecto de reloj.[5] Los esqueuomorfos suavizan lo nuevo con lo familiar.

Nuestros smartphones están repletos de esqueuomorfos. Para hacer una llamada, tocamos un icono que es el auricular de un viejo teléfono con un extremo extruido para hablar y otro para escuchar, algo que desapareció del paisaje tecnológico hace ya mucho. La cámara de su smartphone acciona un archivo de audio que es el sonido de un obturador, aun cuando las cámaras digitales no llevan obturadores mecánicos. Borramos los ceros y unos de nuestras aplicaciones arrastrándolos al «cubo de la basura». Guardamos archivos clicando la imagen de un disco flexible, un artefacto que ha seguido el camino de los mastodontes. Compramos productos online dejándolos dentro de un «carrito de la compra». Dichos vínculos crean una suave transición del pasado al presente. Incluso nuestra tecnología más moderna va unida a nuestra historia mediante un cordón umbilical.

El compromiso entre exploración/aprovechamiento no es exclusivo de los humanos, aunque mientras generaciones de ardillas han hurgado en diferentes arbustos, los humanos han conquistado el planeta con su tecnología. Por lo tanto, hay algo muy especial en el cerebro humano. ¿Qué es?

POR QUÉ LOS ZOMBIS NO SE CASAN NI TIENEN BAR MITZVAHS

Si va a cenar con un zombi, no espere que le impresione con ninguna idea creativa. Su comportamiento está automatizado: solo sigue rutinas preconfiguradas. Por eso los zombis no van en skateboard, no escriben autobiografías, no lanzan naves a la Luna ni cambian de peinado.

Aunque sean seres de ficción, los zombis nos enseñan algo importante del mundo natural: en casi todo el reino animal las criaturas siguen casi siempre un comportamiento automatizado. Pensemos en una abeja. Cualquier estímulo conduce siempre a la misma reacción, que le permite a la abeja escoger entre opciones como *posarme en una flor azul, posarme en una flor amarilla, atacar, huir.* ¿Por qué una abeja no piensa de manera creativa? Porque sus neuronas están fijas y transmiten las señales de input a output igual que los bomberos se pasan cubos de agua para apagar un incendio.[6] En el cerebro de las abejas, estas brigadas de bomberos comienzan a formarse antes del nacimiento: las señales químicas determinan las rutas de las neuronas, construyendo así diferentes regiones cerebrales asociadas al movimiento, el oído, la visión, el olfato, etc. Aun cuando esté explorando un nuevo territorio, la abeja actúa en su mayor parte en piloto automático. Con una abeja no se puede razonar más que con un zombi: es una máquina biológica, y su pensamiento está configurado por millones de años de evolución.

Nosotros tenemos mucho de abejas: el mismo tipo de maquinaria neuronal nos permite contar con una gran reserva de comportamientos instintivos, desde caminar a masticar, desde agacharnos a digerir. Y a medida que aprendemos nuevas habilidades, tendemos a convertirlas rápidamente en hábitos. Cuando aprendemos a montar en bicicleta, conducir un coche, utilizar una cuchara o utilizar un teclado, imprimimos esa tarea en diversos caminos rápidos del circuito neuronal.[7] El trayecto más veloz acaba predominando sobre otras soluciones, minimizando la posibilidad de que el cerebro cometa un error. Las neuronas que no se necesitan para esa tarea ya no se activan.

Si la historia terminara aquí, el ecosistema humano, tal como lo conocemos, no existiría: no tendríamos sonetos, helicópteros, pogos saltarines, jazz, puestos de tacos, banderas, caleidoscopios, confeti ni combinados. ¿Cuál es, por tanto, la diferencia entre el cerebro de una abeja y el nuestro? Mientras que el cerebro de una abeja tiene un millón de neuronas, el de un humano tiene cien *mil millones,* lo que nos da un gran repertorio de comportamientos. Y también contamos con otra ventaja: no solo la cantidad, sino la organización de esas neuronas. Concretamente, tenemos más células cerebrales entre la sensación (*¿qué hay ahí fuera?*) y la acción *(esto es lo que voy a hacer).* Ello nos permite analizar la situación, meditarla, elaborar alternativas, y (si resulta necesario) actuar. La mayor parte de nuestra vida tiene lugar en la vecindad neuronal exis-

33

tente entre la sensación y la acción. Eso es lo que nos permite pasar de la reflexión a la inventiva.

La inmensa expansión del córtex humano liberó enormes haces de neuronas de las señales químicas originales, de ahí que estas áreas pudieran formar conexiones más flexibles. El hecho de poseer tantas neuronas «no comprometidas» les proporciona a los humanos una agilidad mental que otras especies no tienen. Nos hace capaces de tener un comportamiento mediado.

El comportamiento mediado (en oposición al automatizado) implica pensamiento y previsión: comprender un poema, enfrentarse a una difícil conversación con un amigo, generar una nueva solución a un problema. Ese tipo de pensamiento implica buscar nuevos caminos para las ideas innovadoras. En lugar de apretar un botón para obtener una respuesta, la charla neuronal es como un debate parlamentario.[8] Todo el mundo se une a la discusión. Se forman coaliciones. Cuando surge un fuerte consenso, puede llegar una idea a la conciencia consciente, pero lo que parece una intuición repentina de hecho se basa en un amplio debate interno. Pero lo más importante es que la próxima vez que formulemos la misma pregunta, la respuesta podría ser distinta. No hemos de esperar que las abejas encanten a su reina con los relatos de *Las mil y una noches;* por el contrario, ocurrirá lo mismo una y otra vez, porque sus cerebros siguen un camino idéntico en cada momento. Gracias a nuestra arquitectura neuronal improvisadora, podemos crear relatos y remodelarlo todo a nuestro alrededor.

Los humanos viven dentro de una competición entre el comportamiento automatizado, que refleja hábitos, y el comportamiento mediado, que los obstaculiza. ¿Debería el cerebro simplificar una red neuronal para conseguir la máxima eficiencia, o ramificarla para una mayor flexibilidad? Somos capaces de ambas cosas. El comportamiento automatizado nos proporciona destreza: cuando el escultor cincela, el arquitecto construye una maqueta o el científico lleva a cabo un experimento, la destreza y la práctica nos ayudan a obtener nuevos resultados. Si no podemos poner en práctica nuestras nuevas ideas, nos esforzamos en darles vida. Pero el comportamiento automatizado es incapaz de innovar. Para generar novedades necesitamos el comportamiento mediado, que es la base neurológica de la creatividad. Tal como dijo Arthur Koestler: «La creatividad es la ruptura de las costumbres mediante la originalidad.» O como expresó el inventor Charles Kettering: «Sal de la Carretera 35.»

SIMULAR EL(LOS) FUTURO(S)

El enorme número de células que se interponen entre el estímulo y la acción resulta fundamental para la inmensa creatividad de nuestra especie. Es lo que nos permite considerar más posibilidades de las que tenemos justo delante de nuestras narices, y constituye una gran parte de la magia del cerebro humano: constantemente simulamos situaciones alternativas. De hecho esta es una de las actividades fundamentales del cerebro inteligente: la simulación de futuros posibles.[9] *¿Debería asentir o decirle al jefe que es una idea estúpida? ¿Qué sorprendería a mi esposa para nuestro aniversario? ¿Esta noche cenaré comida china, italiana o mexicana? Si consigo este empleo, ¿debería irme a vivir al valle de San Fernando o a un apartamento de la ciudad?* No podemos poner a prueba todo lo que se nos ocurre para ver el resultado, de manera que tenemos que hacer simulaciones internas. De todos los escenarios posibles solo ocurrirá uno —o quizá ninguno—, pero al prepararnos para las alternativas, somos capaces de dar una respuesta más flexible al futuro. Esta sensibilidad constituye un importante cambio que nos ha permitido convertirnos en humanos cognitivamente modernos. Somos unos maestros a la hora de

35

generar realidades alternativas, de tomar lo que hay y transformarlo en una panoplia de posibilidades.

Ya en nuestros primeros años de vida nos atraen las simulaciones futuras: el jugar a fingir algo es un rasgo universal del desarrollo humano.[10] La mente infantil es un torbellino que no para de imaginar que es presidente, que hiberna de camino a Marte, que da un heroico salto mortal durante un tiroteo. El jugar a fingir permite a los niños concebir nuevas posibilidades y conocer mejor su entorno.

A medida que crecemos, simulamos el futuro cada vez que consideramos alternativas o nos preguntamos qué podría pasar si eligiéramos un camino diferente. Cada vez que compramos una casa, escogemos un colegio, meditamos si nos conviene una pareja o invertimos en bolsa, aceptamos que casi todo lo que consideramos puede ser un error o no ocurrir nunca. Los padres que esperan un niño se preguntan: «¿Será chico o chica?» Aunque todavía no estén seguros, ya comentan qué nombre ponerle, qué ropa y juguetes comprar, la decoración de su cuarto. Pingüinos, caballos, koalas y jirafas dan a luz un solo hijo, pero, que sepamos, ninguno de ellos reflexiona sobre la cuestión tal como hacen los humanos.

El plantearse alternativas está tan arraigado en nuestra experiencia cotidiana que es fácil pasar por alto el hecho de que resulta un gran ejercicio imaginativo. Especulamos sin parar sobre lo que podría haber ocurrido, y el lenguaje está ideado para que nos resulte fácil transmitir nuestras simulaciones a los demás.[11] Si hubieras venido a la fiesta, te habrías divertido. Si hubieras cogido este empleo, ahora serías rico... pero desgraciado. Si el entrenador hubiera cambiado a los lanzadores, el equipo habría ganado. La esperanza es una forma de especulación creativa: imaginamos que el mundo tal como lo deseamos es mejor que el existente. Sin darnos cuenta pasamos una gran parte de nuestras vidas en la esfera de lo hipotético.[12]

Simular el futuro aporta las ventajas de la seguridad: ensayamos en nuestra imaginación lo que vamos a hacer antes de intentarlo en el mundo real. Tal como dijo el filósofo Karl Popper, nuestra capacidad de simular futuros posibles «permite que mueran nuestras hipótesis en lugar de nosotros». Llevamos a cabo una simulación del futuro (*¿qué ocurrirá si me lanzo desde este acantilado?*) y la adaptamos a nuestro futuro comportamiento (*da un paso atrás*).

Pero más que para mantenernos con vida, utilizamos estas herramientas mentales para desarrollar mundos que no existen. Estas realidades alternativas son las vastas planicies en las que nuestra imaginación recoge su cosecha. Ese «qué-ocurriría-si» es lo que hizo que Einstein montara en un ascensor para adentrarse en el espacio y comprender el tiempo. Es lo que llevó a Jonathan Swift a islas habitadas por torpes gigantes y diminutos liliputienses. Es lo que condujo a Philip K. Dick a un mundo en que los nazis habían ganado la Segunda Guerra Mundial. Es lo que permitió a Shakespeare introducirse en la mente de Julio César. Es lo que transportó a Alfred Wegener a un tiempo en que los continentes todavía estaban unidos. Nuestro don para la simulación nos allana el terreno para nuevos viajes. El magnate de los negocios Richard Branson ha creado más de cien empresas, incluyendo la línea espacial que llevará a civiles al otro lado de la atmósfera terrestre. ¿A qué atribuye ese talento emprendedor? A su capacidad para imaginar futuros posibles.

Y además hay otro factor que pone en marcha el turbo de la creatividad, algo que existe más allá de su cerebro. El cerebro de los demás.

VIVIR EN SOCIEDAD AUMENTA LA CREATIVIDAD

F. Scott Fitzgerald y Ernest Hemingway eran jóvenes y pobres cuando vivían en París. El joven Robert Rauschenberg mantuvo relaciones románticas con los pintores Cy Twombly y Jasper Johns cuando era un veinteañero, antes de que ninguno de ellos fuera famoso. Mary Shelley escribió *Frankenstein* cuando tenía veinte años, durante un verano que pasó con los escritores Percy Bysshe Shelley y Lord Byron. ¿Por qué los creadores se atraen mutuamente?

Una idea falsa muy extendida sugiere que los artistas creativos funcionan mejor cuando dan la espalda al mundo. En un ensayo de 1972 titulado «El mito del artista aislado», la escritora Joyce Carol Oates abordaba esta cuestión: «La exclusión del artista de una comunidad humana es un mito (...). El artista es un individuo perfectamente normal que vive en sociedad, aunque la tradición romántica nos lo pinte como un trágico excéntrico.»[13]

Para alguien que aspira a llevar a cabo un trabajo creativo, el peor escenario es aquel en el que a nadie le importa, nadie le presta atención y nadie le ofrece apoyo ni aliento.

Pocas figuras ejemplifican más al artista solitario que el pintor holandés Vincent van Gogh. Durante su vida vivió olvidado por el mundo artístico y vendió muy pocos cuadros. Pero si nos fijamos en los detalles de su vida nos encontramos con alguien que se relacionaba con sus colegas. Mantenía correspondencia con muchos jóvenes artistas, y en esas cartas se habla mucho de trabajo y se critica sin piedad a otros pintores. Cuando Van Gogh recibió su primera crítica buena, le mandó un ciprés como regalo al crítico. En cierto momento él y Paul Gauguin hicieron planes para crear una colonia artística en el trópico. Y aun así, ¿por qué la gente sigue diciendo que Van Gogh vivía en un formidable aislamiento? Porque alimenta una historia que nos satisface sobre el origen de su genio. Pero esa historia es un mito. Ni era un inadaptado ni un solitario, sino que participó activamente en su época.[14]

Y esta red social no se aplica solo a los artistas, sino a todas las ramas de la invención creativa. E. O. Wilson escribió que «el gran científico que trabaja para sí mismo en un laboratorio oculto no existe».[15] Aunque puede que a muchos científicos les guste creer que trabajan en una ingenua soledad, de hecho actúan en una amplia red de interdependencia. Incluso los problemas que consideran importantes se ven influidos por la comunidad creativa. Isaac Newton, posiblemente la mejor inteligencia de su tiempo, pasó gran parte de su vida intentando dominar la alquimia, que era la preocupación más importante en su época. Somos criaturas sumamente sociales. Trabajamos sin tregua para superar al otro. Imagine que cada vez que su amigo le pregunta qué ha hecho hoy, le conteste exactamente de la misma manera. No creo que la amistad durara mucho. Los humanos buscan asombrar al otro, maravillarlo, inyectarle sorpresa, admiración, incredulidad. Para eso estamos programados, y es lo que buscamos mutuamente.

Y por cierto, esta es una de las razones por las que los ordenadores no son muy creativos. Lo que uno introduce es exactamente lo que obtiene —números de teléfono, documentos, fotografías—, y en este sentido a menudo nos resultan más útiles que nuestra memoria. Pero la exactitud de los ordenadores es también el motivo por el que les cuesta pillar un chiste gracioso o ser zalameros para obtener lo que quieren. O dirigir una película. O dar una charla para la organización TED *(Technology, Entertainment, Design).* O escribir una novela que le haga llorar. Para alcanzar una inteligencia artificial creativa, tendríamos que construir una *sociedad* de ordenadores exploratorios, que compitieran para sorprender e impresionarse unos a otros. El aspecto social de los ordenadores está completamente ausente, y por eso la inteligencia artificial es tan mecánica.

NO SE COMA SU CEREBRO

Un pequeño molusco conocido como ascidia hace algo un tanto extraño. En una primera fase de la vida nada, hasta que acaba encontrando un lugar al que adosarse, como si fuera un percebe, momento en el que absorbe su propio cerebro para alimentarse. ¿Por qué? Porque ya no lo necesita. Ha encontrado su residencia permanente. El cerebro era lo que le permitiría identificar y definir a qué lugar anclarse, y ahora que la misión está cumplida, la criatura incorpora los nutrientes del cerebro a otros órganos. La lección que hay que aprender de la ascidia es que el cerebro se utiliza para buscar y tomar decisiones. En cuanto un animal se asienta en un lugar, ya no necesita el cerebro.

Entre los humanos, ni siquiera el teleadicto más empedernido se comería su cerebro, cosa que ocurre porque los humanos no tenemos un lugar de asentamiento permanente. Nuestro constante gusanillo para combatir la rutina convierte la creatividad en un mandato biológico. Lo que buscamos en el arte y la tecnología es la sorpresa, no simplemente que cumpla las expectativas. Como resultado, una imaginación desbocada caracteriza la historia de nuestra especie: construimos hábitats complejos, ideamos recetas para nuestra comida, nos vestimos con un plumaje que cambia constantemente, nos comunicamos con gorjeos y aullidos elaborados, y viajamos entre uno y otro hábitat sobre alas y ruedas que hemos inventado nosotros. No hay ninguna faceta de nuestra vida en la que no intervenga el ingenio.

Gracias a nuestro apetito para la novedad, la innovación es imprescindible. No es algo que afecte a pocas personas. El impulso de innovar anida en cada cerebro humano, y la guerra resultante contra lo repetitivo es lo que impulsa los colosales cambios que distinguen a una generación de la siguiente, a una década de la siguiente, a un año del próximo. El impulso de crear lo nuevo forma parte de nuestra constitución biológica. Construimos culturas a centenares y relatos a millones. Nos rodeamos de cosas que no han existido antes, cosa que no hacen las llamas, los cerdos ni los peces de colores.

Pero ¿de dónde vienen nuestras nuevas ideas?

2. EL CEREBRO ALTERA LO QUE YA CONOCE

El 9 de enero de 2007, Steve Jobs compareció en el escenario MacWorld enfundado en sus tejanos y su jersey de cuello cisne negro. «De vez en cuando aparece un producto revolucionario que lo cambia todo», declaró. «Hoy, Apple va a reinventar el teléfono.» Y aunque se había estado especulando durante años, el iPhone resultó una revelación. Nadie había visto nada parecido: era un dispositivo de comunicación, un reproductor de música y un ordenador personal que te cabía en la palma de la mano. Los medios de comunicación lo saludaron como algo pionero, casi mágico. Los blogueros lo llamaron el «teléfono de Jesús». La introducción del iPhone llevaba la impronta de las grandes innovaciones: había llegado de manera inesperada, como una novedad que parecía salida de la nada.

Pero a pesar de las apariencias, las innovaciones no salen de la nada. Son las últimas ramas del árbol genealógico de la invención. El investigador científico Bill

Buxton ha reunido una colección de dispositivos tecnológicos durante décadas, y es capaz de trazar la larga genealogía del ADN que ha conducido a nuestros dispositivos actuales.[1] Consideremos el reloj de pulsera Casio AT-550-7 de 1984: presentaba una pantalla táctil que permitía al usuario manejar los dígitos con el dedo directamente sobre la esfera del reloj.

Diez años más tarde –y todavía faltaban trece para el iPhone–, IBM añadió una pantalla táctil a un teléfono móvil.

El Simon fue el primer smartphone del mundo: utilizaba un lápiz táctil y contaba con una colección de aplicaciones básicas. Era capaz de enviar y recibir faxes y correos electrónicos, y tenía un reloj con la hora de todo el mundo, un bloc de notas, calendario y teclado predictivo. Por desgracia, no lo compró mucha gente. ¿Por qué murió el Simon? En parte porque la batería duraba solo una hora, en parte porque en aquella época los teléfonos móviles eran muy caros, y en parte porque no existía un ecosistema de aplicaciones al que recurrir. Pero al igual que la pantalla táctil del Casio, Simon legó su material genético al iPhone que surgió «de la nada».

Cuatro años después del Simon llegó el Data Rover 840, un ayudante personal digital que contaba con una

pantalla táctil por la que se navegaba en 3D gracias a un lápiz. Las listas de contactos se albergaban en un chip de memoria y se llevaban a todas partes. El ordenador móvil se estaba afianzando.

Al observar esta colección, Buxton señala los muchos dispositivos que allanaron el camino de la industria electrónica. El Palm Vx de 1999 introdujo la delgadez que esperamos encontrar en nuestros dispositivos actuales. «Produjo el vocabulario que condujo a esos dispositivos ultrafinos que  son los portátiles actuales», dice. «¿Dónde están las raíces? Ahí, justo ahí.»[2]

Paso a paso, se estaba llevando a cabo un trabajo preliminar para el producto «revolucionario» de Steve Jobs. En definitiva, el teléfono de Jesús no tuvo un nacimiento tecnológicamente virginal.

Unos pocos años después del anuncio de Jobs, el escritor Steve Cichon compró un montón de ejemplares amarillentos de 1991 del periódico *Buffalo News*. Quería satisfacer su curiosidad acerca de qué había cambiado.

En la portada encontró este anuncio a la derecha de Radio Shack.

Cichon tuvo una revelación: todos los productos que aparecían en la página habían sido sustituidos por el iPhone que llevaba en el bolsillo.[3] Apenas dos décadas antes, un comprador se habría gastado 3.054,82 dólares por todo ese material; ahora lo llevaba todo en el bolsillo con un peso de menos de ciento cincuenta gra-

mos con una mínima parte de coste y material.[4] El anuncio era una foto de la genealogía del iPhone.

Las tecnologías innovadoras no surgen de la nada, sino que surgen cuando los innovadores «improvisan sobre las mejores ideas de sus héroes», como observa Buxton. Compara a Jonathan Ive, el diseñador del iPhone, con un músico como Jimi Hendrix, a menudo «citado» por otros músicos en sus composiciones. «Si conoces la historia y le prestas atención, aprecias mucho más a Jimi Hendrix», dice Buxton.

De manera parecida, el historiador de la ciencia Jon Gertner escribe:

> Por lo general imaginamos que la invención se da en un ramalazo de inspiración, con un momento eureka que conduce al inventor a una asombrosa epifanía. En verdad, los grandes avances en la tecnología casi nunca tienen un punto de origen preciso. Al principio, las fuerzas que preceden a una invención simplemente comienzan a alinearse, a menudo de manera casi imperceptible, mientras converge un grupo de ideas o de gente, hasta que en el curso de meses o años (o décadas) todo eso va adquiriendo claridad e impulso con la ayuda de ideas y actores adicionales.[5]

Al igual que los diamantes, la creatividad es el resultado de prensar la historia para formar nuevas formas brillantes. Consideremos otra de las grandes innovaciones de Apple: el iPod.

En la década de 1970, la piratería era uno de las grandes preocupaciones de la industria discográfica. Los minoristas podían devolver álbumes sin vender a una discográfica para que les reembolsaran el dinero; muchos lo aprovechaban para devolver copias falsificadas. En el caso del álbum de Olivia Newton-John *Physical*, se imprimieron dos millones de copias, y a pesar de que el álbum estuvo en lo alto de las listas, se devolvió la asombrosa cantidad de tres millones de copias.

Para detener ese fraude galopante, al inventor británico Kane

Kramer se le ocurrió una idea. Desarrolló un método para transmitir la música digitalmente a través de las líneas telefónicas, y una máquina dentro de cada tienda imprimiría el álbum por encargo. Pero luego a Kramer se le ocurrió que contar con una voluminosa máquina podría ser un paso innecesario. En lugar de producir un disco analógico, ¿por qué no dejar la música digital e idear una máquina portátil que pudiera reproducirla? Desarrolló unos diagramas para un reproductor musical digital portátil, el IXI. Poseía una pantalla y botones para escoger las canciones.

Kramer no solo diseñó el reproductor, sino que previó una manera completamente nueva de vender y compartir música digital con un repertorio ilimitado y sin necesidad de almacenes. Paul McCartney fue uno de sus primeros inversores. El principal obstáculo del reproductor de música de Kramer era que, dado el hardware disponible en la época, solo tenía memoria suficiente para una canción.

Aprovechando la prometedora idea de Kramer, los ingenieros de Apple Computer incorporaron una rueda para buscar en la pantalla, materiales más elegantes y, naturalmente, una memoria y un software más avanzados. En 2001 –veintidós años después de la idea de Kramer–, debutaba el iPod.

Steve Jobs afirmaría posteriormente:

La creatividad consiste simplemente en relacionar cosas. Cuando les preguntas a personas creativas cómo han hecho una cosa, se sienten un poco culpables porque en realidad no lo saben. Simplemente vieron algo. Al cabo de un tiempo les pareció evidente; y eso ocurrió porque fueron capaces de relacionar experiencias que habían tenido y sintetizar cosas nuevas.

La idea de Kramer tampoco salió de la nada. Sigue los pasos del Sony Walkman, un casete reproductor portátil. El walkman fue posible gracias a la invención de la cinta de casete en 1963, que fue posible gracias a las cintas de carrete de 1924, y así podríamos remontarnos en la historia, pues todo surge del ecosistema de innovaciones anteriores.

Invento original de Kramer y el posterior iPod de Apple.

La creatividad humana no surge de un vacío. Nos basamos en nuestra experiencia y en los materiales en bruto que nos rodean para remodelar el mundo. Saber dónde hemos estado, y dónde estamos, señala el camino a las próximas grandes empresas. Después de estudiar su colección de artilugios, Buxton concluye que es habitual que transcurran dos décadas antes de que un nuevo concepto domine el mercado. «Si lo que he dicho es creíble», declaró a la revista *Atlantic,* «entonces es igualmente creíble que cualquier cosa que vaya a convertirse en una industria de mil millones de dólares en los próximos diez años ya tenga diez años de antigüedad. Eso cambia completamente la manera en que deberíamos abordar la innovación. La innovación no sale de la nada, sino que explora, excava, refina y luego lleva a acabo una labor de orfebrería para crear algo que valga más que su peso en oro.»

Para rescatar el averiado Apolo 13, los ingenieros de la NASA hurgaron en lo que ya sabían y lo refinaron. La nave se

46

encontraba a cientos de miles de kilómetros de distancia, de manera que cualquier solución que se encontrara solo se podía construir con los materiales que los astronautas tenían a su alcance. Los ingenieros de la NASA poseían un inventario de todo lo que había a bordo de la nave, contaban con la experiencia adquirida en anteriores misiones Apolo, y con la experiencia de haber llevado a cabo muchas simulaciones. Utilizaron todo su saber a la hora de concebir sus planes de rescate. Gene Kranz escribió posteriormente:

Ahora estaba agradecido por el tiempo que habíamos pasado antes de la misión (...) ideando opciones y soluciones temporales para todos los fallos de la nave imaginables. Sabíamos que si las cosas iban mal podríamos utilizar el agua de supervivencia del módulo de mando, sudor condensado e incluso la orina de la tripulación en lugar del agua [del módulo lunar] para enfriar los sistemas.

La experiencia colectiva de los ingenieros les proporcionó los materiales en bruto que necesitaban para solucionar los problemas. Trabajando contra reloj, se devanaron los sesos en busca de ideas que pusieron a prueba en réplicas de la nave espacial utilizadas para el entrenamiento de los astronautas: bajo la tremenda presión del tiempo, improvisaron sobre sus datos.

A lo largo del espectro de las actividades humanas, saquear ideas ya existentes impulsa el proceso creativo. Consideremos los inicios de la industria del automóvil. Antes de 1908, construir un coche nuevo era laborioso. Cada coche se montaba por encargo, y las distintas partes se ensamblaban en lugares distintos, y luego había que unirlas en un proceso complicado. Pero a Henry Ford se le ocurrió una innovación básica: racionalizar todo el proceso, colocando la manufactura y el ensamblaje bajo un mismo techo. La madera, la mena metalífera y el carbón se cargaban en un extremo de la fábrica, y el Modelo T salía por el otro. La línea de montaje cambió la manera en que se construían los coches: «En lugar de mantener inmóvil el trabajo de ensamblaje y que los hombres se desplazaran, la línea de montaje mantenía a los hombres inmóviles y desplazaba el trabajo.»[6] Gracias a estas innovaciones, los coches salían de la planta a una velocidad sin precedentes. Acababa de nacer una industria nueva y enorme.

Pero al igual que el iPhone, la idea de Ford de la línea de montaje poseía una larga genealogía. A principios del siglo XIX Eli Whitney había fabricado municiones con partes intercambiables para el ejército de los Estados Unidos. Esta innovación permitía que un rifle estropeado se pudiera reparar utilizando partes de otras armas. A Ford, la idea de las partes intercambiables le resultó de gran ayuda: en lugar de confeccionar las partes para cada coche, esas partes se podían hacer en grandes cantidades. Las fábricas de cigarrillos del siglo anterior habían acelerado la producción utilizando un flujo de producción continuo: desplazando el montaje a través de una secuencia ordenada de pasos. Ford comprendió que era una idea genial, y la siguió. Y la línea de montaje fue algo que Ford aprendió de la industria de envasado de carne de Chicago. Ford dijo posteriormente: «Yo no inventé nada nuevo. Simplemente reuní en un coche los descubrimientos de otros tras los cuales había siglos de trabajo.»

Excavar en la historia no se da solo en la tecnología, sino también en el arte. Samuel Taylor Coleridge era el poeta romántico consumado: apasionado, impulsivo, de una imaginación febril. Escribió su poema «Kubla Khan» tras un sueño inducido por el opio. Era un poeta que al parecer conversaba con las musas.

Pero a la muerte de Coleridge, el estudioso John Livingston Lowes diseccionó de manera minuciosa el proceso creativo de Coleridge a partir de su biblioteca y sus diarios.[7] Mientras analizaba las notas de Coleridge, Lowes descubrió que los libros que cubrían las paredes del estudio del poeta «habían derramado (...)

su influencia secreta sobre casi todo lo que Coleridge había escrito en su mejor momento creativo». Por ejemplo, Lowes encontró versos de la «Rima del anciano marinero» de Coleridge sobre las criaturas del mar cuyo «sendero / era un destello de fuego dorado» en la crónica del capitán Cook, el explorador, que relata que un pez fluorescente crea «un fuego artificial en el agua».[8] Atribuye la descripción de Coleridge de «un sol de sangre» a una descripción en el poema de Falconer «El naufragio», en el que el sol emite un «fuego sanguíneo». Estrofa tras estrofa, Lowes encontraba influencias que habitaban los estantes de Coleridge; después de todo, cuando escribió el poema, Coleridge no había ido nunca en barco. Lowes concluyó que la tremenda imaginación del poeta se veía inflamada por las fuentes identificables de su biblioteca. Todo tenía una genealogía. Tal como ha escrito Joyce Carol Oates, «[las artes], al igual que la ciencia, deberían considerarse un esfuerzo común, un intento por parte de un individuo de dar voz a muchas voces, un intento de sintetizar, explorar y analizar».

Lo mismo que los diagramas de Kramer fueron para Jonathan Ives, y el rifle de Whitney para Ford, lo fue para Coleridge su biblioteca: un material que digería y transformaba.

Pero ¿y las ideas, invenciones o creaciones que representan un salto adelante como no se ha visto en varios cientos de años? Después de todo, así es como Richardson describió el cuadro de Picasso Les Demoiselles d'Avignon.

Incluso en una obra tan original como esa podemos trazar su genealogía. Una generación antes de Picasso, los artistas más progresistas habían comenzado a alejarse del hiperrealismo de las figuras consagradas de la pintura francesa del XIX. Sobre todo Paul Cézanne, que había muerto el año antes de que se pintara Les Demoiselles, había desarticulado el plano visual en formas geométricas Y manchas de color. Su Mont Sainte-Victoire parece un puzle. Picasso dijo posteriormente que Cézanne era «su único maestro».

Mont Sainte-Victoire, de Paul Cézanne.

Otros rasgos de *Les Demoiselles* se inspiraban en un cuadro propiedad de uno de los amigos de Picasso: *Visión del Apocalipsis,* un retablo del Greco. Picasso había hecho repetidas visitas para observar el retablo y modeló la manera de agruparse de las prostitutas siguiendo los desnudos que aparecen en el cuadro del Greco. También modeló la forma y el tamaño de *Les Demoiselles* basándose en las insólitas proporciones del retablo.

El cuadro de Picasso incorpora además influencias más exóticas. Unas décadas antes, el artista Paul Gauguin se había enfrentado a las convenciones al abandonar a su mujer y sus hijos y trasladarse a Tahití. En su edén privado, Gauguin incorporó el arte indígena a sus pinturas y grabados. Picasso se dio cuenta.

Picasso estaba fascinado por el arte indígena, sobre todo por el de su España natal. Un día, un amigo de Picasso se

Visión del Apocalipsis, del Greco.

llevó dos piezas vascas del Louvre aprovechando que el guarda estaba dormido, y se los vendió a Picasso por cincuenta
francos. Posteriormente Picasso señaló la similitud entre las
esculturas ibéricas robadas y las caras que había pintado,
observando que «la estructura general de las cabezas, la forma
de las orejas y el trazado de los ojos» eran iguales. Richardson
escribe que «la escultura ibérica fue en gran medida un descubrimiento de Picasso (...) ningún otro pintor la ha reivindicado».

Nave Nave Fenua, de Paul Gauguin.

Mientras Picasso trabajaba en *Les Demoiselles,* hubo una exposición de máscaras africanas en un museo cercano. En una carta a un amigo, Picasso escribió que la idea para *Les Demoiselles* le había venido el mismo día que visitó la exposición. Posteriormente cambió la historia, afirmando que había visitado el museo solo después de completar *Les Demoiselles.* No obstante, existe un inconfundible parecido entre las máscaras africanas y uno de los rasgos más radicales de *Les Demoiselles:* el semblante de dos de las prostitutas parece una máscara.

Una escultura ibérica y un detalle de *Les Demoiselles d'Avignon.*

Máscara africana y detalle de *Les Demoiselles d'Avignon*, de Picasso.

Picasso aprovechó los materiales en bruto que le rodeaban, y fue capaz de llevar su cultura a un lugar desconocido hasta entonces. Excavar las influencias de Picasso de ninguna manera menoscaba su originalidad. Todos los colegas habían tenido acceso a las mismas fuentes que él. Solo que Picasso reunió todas esas influencias para crear *Les Demoiselles*.

Al igual que la naturaleza modifica los animales existentes para originar nuevas criaturas, también el cerebro trabaja a partir de lo anterior. Hace más de cuatrocientos años, el ensayista francés Michel de Montaigne escribió: «[Al igual que] las abejas extraen el jugo de diversas flores y luego elaboran la miel, que es producto suyo (...), así las nociones tomadas a otros las transformará y modificará para ejecutar una obra que le pertenezca.»[9] O tal como lo expresa el historiador de la ciencia Steven Johnson: «Cogemos las ideas que hemos heredado o con las que nos hemos encontrado, y las combinamos para crear una nueva forma.»[10]

Ya sea inventar un iPhone, fabricar coches o fundar el arte moderno, los creadores remodelan lo que heredan. Asimilan el mundo en su sistema nervioso y lo manipulan para crear futuros posibles. Consideremos a la artista gráfica Lonni Sue Johnson, una prolífica ilustradora que diseña portadas para el *New Yorker*. En 2007 sufrió una infección casi letal que le afectó la memoria.[11] Sobrevivió, pero se encontró con que vivía en una ventana temporal de quince minutos. No recordaba su matrimonio, su divorcio, ni siquiera a la gente a la que había visto el día anterior. El depósito de su memoria había quedado casi vacío, y el ecosistema de su creatividad se había secado. Dejó de pintar porque no se le ocurría nada. Ningún modelo interno daba vueltas en su cabeza, no había ideas nuevas para formar una nueva combinación con lo que había visto antes. Cuando se sentaba delante del papel, no había más que un espacio en blanco. Necesitaba el pasado para crear el futuro. No tenía nada a qué recurrir, y por tanto nada que dibujar. La creatividad se basa en la memoria.

Pero sin duda existen momentos eureka, cuando a alguien se le ocurre algo que se materializa de la nada. Tomemos por ejemplo a un cirujano ortopédico llamado Anthony Cicoria, que en 1994 le estaba hablando a su madre por un teléfono público en la calle cuando fue alcanzado por un rayo. Una semana más tarde, inesperadamente comenzó a componer música. En años posteriores, al presentar su «Sonata del rayo», hablaba de su música como si le hubiera venido «del otro lado». Si existe alguna vez un ejemplo de creatividad que se origina en el vacío, podría ser este: alguien que no es músico y de repente comienza a componer.

Pero, si lo analizamos más de cerca, Cicoria también recurre a los materiales en bruto que hay a su alrededor. Recuerda que, después del accidente, le entró un fuerte deseo de escuchar música del siglo XIX. Resulta difícil saber qué efecto tuvo el rayo en el cerebro de Cicoria, pero está claro que rápidamente asimiló ese repertorio musical. Aunque la música de Cicoria es hermosa, comparte la misma estructura y progresión que los compositores que estaba escuchando, compositores como Chopin, que le precedió en casi dos siglos. Al igual que con Lonni Sue Johnson, necesitaba un depósito de materiales en el que excavar. Puede que su repentino deseo de componer surgiera de la nada, pero no su proceso creativo básico.

De manera metafórica, mucha gente ha estado en una tormenta a la espera de que le alcance el rayo creativo. Pero las ideas creativas evolucionan de los recuerdos e impresiones existentes. Las nuevas ideas no se encienden por la acción de un rayo, surgen del entrelazarse de miles de millones de chispas microscópicas en la vasta oscuridad del cerebro.

CÓMO REMODELAMOS EL MUNDO

Los humanos somos continuamente creativos: da igual que el material en bruto sean las palabras, los sonidos o la visión; somos robots de cocina en los que la comida es el mundo, y de los que surge algo nuevo.

Nuestro software cognitivo innato, multiplicado por la enorme población del *Homo sapiens,* ha producido una sociedad con una innovación cada vez más rápida que se alimenta de sus últimas ideas. Transcurrieron once milenios entre la Revolución Agrícola y la Revolución Industrial. Pero luego solo pasaron ciento veinte años entre la Revolución Industrial y la bombilla. Luego apenas noventa años hasta el alunizaje. De ahí solo veintidós hasta la aparición de la World Wide Web, y nueve años más tarde el genoma humano era secuenciado completamente.[12] La innovación histórica dibuja una imagen clara: el tiempo entre dos innovaciones importantes se encoge rápidamente, que es exactamente lo que esperarías de un cerebro que modifica lo ya existente, asimilando las mejores ideas del planeta y mejorándolas.

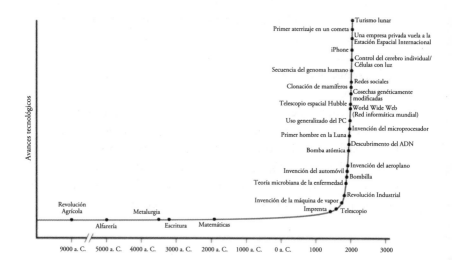

Cuando Apple, los ingenieros de la NASA, Ford, Coleridge y Picasso remodelaron el mundo, todos se basaron en lo que se había hecho antes. Pero a primera vista, podría parecer que lo habían hecho de maneras muy distintas, pues, después de todo, revolucionar la electrónica, los coches, la poesía y la pintura, afecta a tareas mentales enormemente distintas. Podríamos sentir la tentación de pensar que la mente creativa utiliza una tremenda variedad de métodos para reformar el mundo que nos rodea. Pero nosotros proponemos un marco que divide el paisaje de las operaciones cognitivas en tres estrategias básicas: doblar, romper y mezclar.[13] Sugerimos que son los medios primordiales que hacen evolucionar las ideas.

56

Cuando doblamos, el modelo original se modifica o se deforma.

Krzywy Domek (Edificio distorsionado), de Szotynscy y Zaleski, en Sopot, un centro turístico costero de Polonia.

Cuando rompemos, fragmentamos una totalidad.

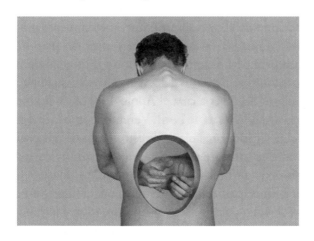

Defragmentados, de Yago Partal.

Cuando mezclamos, se fusionan dos o más objetos.

Oh, Sheet!, de Thomas Barbey.

Doblar, romper y mezclar es una manera de comprender las operaciones cerebrales subyacentes al pensamiento innovador. Solas o combinadas, estas operaciones mentales permiten a los humanos pasar del Simon de IBM a un iPhone, o de los artefactos nativos al nacimiento del arte moderno. Estas operaciones consiguieron devolver a casa el Apolo 13 y posibilitaron el nacimiento de las fábricas de Ford. Veremos cómo la imaginación remonta el vuelo sobre las alas de estos mecanismos cognitivos. Al aplicar este software cognitivo a todo cuanto nos rodea, generamos una continua oleada de mundos novedosos.

Estas operaciones mentales resultan básicas para nuestra manera de ver y comprender el mundo. Consideremos nuestra memoria: no es como una grabación en vídeo que transcribe fielmente nuestras experiencias; se trata más bien de distorsiones, abreviaciones y vaguedades que se superponen. Lo que entra no es lo mismo que lo que sale, y por eso, cuando se llama a los testigos de un accidente de coche, es posible que todos lo recuerden de manera diferente, o que no todos los participantes en una conversación la relaten luego de la misma manera. La creatividad humana surge de este mecanismo. Doblamos, rompemos y mezclamos todo lo que observamos, y estas herramientas nos permiten hacer una extrapolación lejos de la realidad que nos rodea. A los humanos se nos da muy mal retener información precisa y detallada, pero nuestro diseño nos permite crear mundos alternativos.

Todos hemos visto modelos en los que el cerebro se presenta como un mapa con territorios definidos: esta región hace *esto*, y aquella región hace *lo otro*. Pero ese modelo ignora el aspecto más importante del cerebro humano: las neuronas se conectan de manera promiscua, de modo que ninguna región trabaja sola; por el contrario, al igual que una sociedad, las regiones trabajan en un constante barullo de intercambio de comentarios, negociación y cooperación. Como hemos visto, esta extendida interacción es el puntal neurológico de la creatividad humana. Incluso cuando una habilidad concreta se puede restringir a una región cerebral localizada, la creatividad es una experiencia de todas: surge de la amplia colaboración de redes neuronales distantes.[14] Como resultado de esta extensa interconexión, el cerebro aplica las tres operaciones a un amplio espectro de experiencias. Asimilamos constantemente nuestro mundo, trituramos y extraemos nuevas versiones.

Nuestra versatilidad a la hora de aplicar estas estrategias creativas es un gran activo, porque podemos obtener una variedad impresionante combinando una serie limitada de opciones. No hay más que pensar en lo que la naturaleza es capaz de hacer reordenando el ADN: plantas y animales que habitan los rincones más profundos del océano, animales que pacen y merodean sobre la tierra, aves que surcan el cielo, organismos que se desarrollan en climas cálidos o fríos, en altas o bajas altitudes, en la pluvisilva o en el desierto, todos ellos creados a partir de diferentes combinaciones de los mismos cuatro nucleótidos. En nuestro planeta se han originado millones de especies, desde la ameba microscópica a ballenas grandes como un edificio, todo ello reorganizando lo que ya existía. De la misma manera, nuestro cerebro innova gracias a un pequeño repertorio de operaciones básicas que transforman y reordenan lo que entra en él. Tomamos los materiales en bruto de la experiencia y los doblamos, rompemos y mezclamos para crear nuevos productos. Cuando actúan libremente en el cerebro humano, estas tres operaciones proporcionan una fuente interminable de nuevas ideas y comportamientos.

Hay otros animales que muestran signos de creatividad, pero los humanos son quienes más destacan. ¿Por qué somos así? Como hemos visto, nuestro cerebro es el que interpone más neuronas en las zonas situadas entre la entrada sensorial y la salida motora, lo que permite la aparición de más conceptos abstractos y más senderos a lo largo del circuito. Y lo que es más, nuestra excepcional sociabilidad nos impulsa a interactuar y compartir ideas de manera constante, con el resultado de que todo el mundo impregna a todos los demás con sus semillas mentales. El milagro de la creatividad humana no es que aparezcan nuevas ideas de la nada, sino que dedicamos gran parte del territorio cerebral a desarrollarlas.

CREATIVIDAD ABIERTA Y ENCUBIERTA

Su cerebro hace funcionar su software creativo sin que se dé cuenta. Cada vez que exagera, cuenta una mentira, hace un juego de palabras, crea un nuevo plato a partir de sobras, sorprende a su pareja con un regalo, planea unas vacaciones en la playa o piensa en una relación que pudo haber tenido, está digiriendo y elaborando recuerdos y sensaciones que ha asimilado antes.

Como resultado de la acción del cerebro humano por todo el planeta y del funcionamiento de este software durante millones de años, estamos rodeados de resultados creativos. A veces esta remodelación del mundo es fácil: por ejemplo, cuando un fabricante muestra la creación de un nuevo modelo o usted oye una remezcla de su canción favorita. Pero en el mundo moderno, lo más habitual es que esta incesante reutilización de inventos, ideas y experiencias no sea tan fácil de ver. Tomemos por ejemplo YouTube, la página que revolucionó la manera de compartir vídeos online. Pero no era fácil mantenerse en cabeza. Ya al principio YouTube descubrió que si no querías que la gente dejara de mirarte, los vídeos tenían que fluir sin interrupción. No es divertido ver un vídeo que se encalla: cuando eso sucede, los usuarios se desconectan.[15] La aparición del vídeo de alta definición (HD) agravó el problema. Los archivos en alta definición son grandes y exigen una banda ancha para poder transmitirse de manera adecuada. Si la banda ancha se estrecha demasiado, los bits se atascan y el vídeo se congela. Por desgracia, la banda ancha fluctúa, y eso es algo que está controlado por su proveedor de Internet, no por YouTube. De manera que cuantos más usuarios escogían ver vídeos en alta definición, más se obstruía el canal de entrada. Los ingenieros de la compañía se encontraron con una dificultad al parecer insuperable. Si no podían influir directamente en la banda ancha, ¿cómo iban a ofrecer a sus usuarios un servicio de streaming fiable?

La solución fue sorprendente e inteligente. Los vídeos de YouTube suelen almacenarse en tres resoluciones: alta definición, estándar y baja. De manera que los ingenieros idearon un software que divide los archivos de diferentes resoluciones en clips muy cortos, como las cuentas de un collar. A medida que el vídeo llega al ordenador, otro software rastrea las fluctuaciones instantáneas de la banda ancha y le proporciona a su ordenador la resolución que le permite la entrada. Lo que a usted le parece un vídeo sin interrupciones está compuesto en realidad de miles de diminutos clips enhebrados. Siempre y cuando haya suficientes clips de alta definición en su streaming, no se dará cuenta de que se entremezclan resoluciones inferiores (guijarros entre perlas). Lo único que observa es que su servicio ha mejorado.

Para mejorar el streaming en alta definición, los ingenieros de YouTube ensamblaron y mezclaron los vídeos que tenían a mano, desafiando el supuesto de que una imagen de alta calidad tiene que ser cien por cien alta definición. Pero esa es la cuestión: no puede ver la creatividad que subyace en el streaming. Es indetectable.

El streaming de YouTube es un ejemplo de creatividad encubierta: está diseñado para no llamar la atención. Es una creatividad con cara de póquer. En el mundo de los negocios y la industria, la creatividad queda oculta, porque lo único que importa es que la herramienta haga su función: el vídeo fluye sin problemas, la aplicación actualiza su ruta entre el tráfico, el smartwatch controla cuántos peldaños hemos subido. La innovación a menudo prefiere permanecer oculta.[16]

Exterior del Centro Pompidou de París.

Consideremos los edificios que nos rodean. En la mayoría, toda la tecnología que los hace funcionar queda oculta tras los muros: los conductos de aire, las tuberías, el cableado eléctrico, las vigas de apoyo, etc. El Centro Pompidou de París invierte ese molde arquitectónico. Los elementos funcionales y estructurales se exhiben en la fachada exterior para que el mundo los vea. Cuando el diseño se muestra en lugar de ocultarse, la creatividad es abierta.

La creatividad abierta deja ver los cables y los conductos de la invención; nos permite ver los procesos mentales internos que hacen posible la innovación. A través de las diversas culturas, donde más pródiga resulta la creatividad abierta es en las artes. Porque las artes se hacen para exhibirse, son el software de código abierto de la innovación. Consideremos la instalación *The Clock*, de Christian Marclay, de veinticuatro horas de duración, en la que cada minuto del día está representado por escenas de películas en las que la hora exacta aparece en la pantalla. Exactamente a las 2.18 p. m., Denzel Washington mira un reloj que marca las 2.18 en el thriller *Asalto al tren Pelham 123*. A lo largo del ciclo de veinticuatro horas de la instalación, miles de fragmentos de películas como *Fuego en el cuerpo, Moonraker, El padrino, Pesadilla en Elm Street* y *Solo ante el peligro* aparecen en pantalla, incorporando una extensísima variedad de relojes –de bolsillo, de muñeca, despertadores, de fichar, de pie, campanarios– analógicos digitales, en blanco y negro y en color.[17]

Lo que hace Marclay no es muy distinto a lo que hicieron los ingenieros de YouTube: ensamblar imágenes existentes en clips breves y unirlos. Pero mientras la creatividad de los ingenieros permanece oculta, Marclay nos permite observar el intríngulis del proceso creativo. Nos damos cuenta de que ha fragmentado y mezclado películas para crear su reloj cinematográfico. En contraste con lo que hicieron los ingenieros de YouTube, sus recortes están a la vista.

Durante decenas de miles de años, los artistas han sido una constante en la cultura humana, y nos han ofrecido una gran abundancia de creatividad abierta. De la misma manera que un escáner cerebral nos permite ver cómo funciona el cerebro, las artes nos permiten estudiar la anatomía del proceso creativo. ¿Cómo podemos, por tanto, comparar las artes y las ciencias para comprender mejor el nacimiento de las nuevas ideas? ¿Qué tiene que ver la poesía en verso libre con la invención de la secuenciación del ADN y la música digital? ¿Cómo se relacionan la Esfinge con el hormigón autorreparable? ¿Qué nos dice la música hip hop de Google Translate?

Para obtener una respuesta, pasemos ahora a ver cada uno de los procesos cerebrales: doblar, romper y mezclar.

3. DOBLAR

A principios de 1890, el artista francés Claude Monet alquiló una habitación delante de la catedral de Ruan. A lo largo de dos años, pintó más de treinta versiones de la fachada de la catedral. Y a pesar de que la escena era la misma, no hay dos cuadros iguales. Monet mostró la catedral con luces diferentes. En una, el sol de mediodía le daba una palidez lívida; en otra, el crepúsculo la teñía de tonos rojos y naranjas. Al representar un prototipo de una manera constantemente nueva, Monet utilizaba la primera herramienta creativa: doblar.

Al igual que Monet, Katsushika Hokusai escogió un icono visual –el monte Fuji de Japón– y creó treinta y seis grabados que lo muestran en diferentes estaciones, desde diferentes distancias y en diferentes estilos visuales.

A lo largo de la historia, las culturas han doblado la forma humana de maneras distintas.

Esculturas maya, japonesa y ghanesa.

Y también manipulado las formas de los animales.

66

Caballos chino, chipriota y griego.

Doblar no es solo algo que ocurre a la vista, sino también de manera encubierta. Fijémonos en la cardiología. El corazón tiene tendencia a fallar, por lo que los investigadores han tenido un sueño permanente: de la misma manera que se construyen huesos y extremidades artificiales, ¿no se podría construir un corazón artificial? La respuesta, tal como se demostró por primera vez en 1982, era que sí. William DeVries instaló un corazón artificial en el dentista jubilado Barney Clark, que vivió otros cuatro meses y murió con el corazón todavía bombeando. Fue un éxito rotundo de la biónica.

Pero hubo un problema. Bombear requiere una enorme cantidad de energía, y las partes móviles se someten rápidamente a desgaste. Encajar la maquinaria dentro del pecho de una persona era un reto. En 2004, los doctores Billy Cohn y Bud Frazier dieron con una solución novedosa. Aunque la madre naturaleza solo posee herramientas para *bombear* la sangre que circula por el organismo, nada dice que esa tenga que ser la única solución. Cohn y Frazier se preguntaron: ¿y si pudiéramos utilizar un flujo continuo? Como el agua que circula en una fuente, ¿se podría hacer pasar la sangre por una cámara, que se oxigenara y volviera a salir?

En 2010, al vicepresidente de los Estados Unidos Dick Cheney le colocaron un corazón de flujo continuo, y lleva vivo, aunque sin pulso, desde entonces. El pulso no es más que un producto secundario del bombeo del corazón, pero no es algo necesario. Cohn y Frazier inventaron un nuevo tipo de corazón tomando el prototipo de la naturaleza y colocándolo en la mesa de trabajo.

Doblar puede remodelar el objeto original de muchas maneras. Fijémonos en el tamaño. *Shuttlecocks,* de Claes Oldenburg y Coosje van Bruggen, nos muestra unas plumas de bádminton en el césped delantero del Museo de Arte Nelson-Atkins del tamaño de un tipi.

Para la Olimpiada de verano de 2016, el artista JR instaló una escultura del saltador de altura Ali Mohd Younes Idriss en lo alto de un edificio de Río de Janeiro.

Lo que se puede ampliar también se puede contraer. Encerrado en una habitación de hotel cuando era un refugiado durante la Segunda Guerra Mundial, el escultor Alberto Giacometti creó una serie de diminutas figuras humanas.

Piazza, de Alberto Giacometti.

La artista francesa Anastassia Elias crea arte en miniatura que cabe dentro de un rollo de papel higiénico.

Pirámide, de Anastassia Elias.

Utilizando una haz de iones concentrados, el artista Vik Muniz graba su obra a nanoescala en granos de arena.

Sand Castle #3, de Vik Muniz.

¿Qué podrían tener que ver estas piezas artísticas con, pongamos, conducir de manera más segura por la noche? A primera vista, no mucho. Pero se utilizaron los mismos procesos cognitivos cuando se resolvió un difícil problema relacionado con los parabrisas. A principios de la era del automóvil, ir en coche en la oscuridad era peligroso debido al deslumbrante resplandor provocado por los faros que venían de frente. El inventor estadounidense Edwin Land estaba decidido a crear un parabrisas que evitara ese resplandor. Para aumentar la visibilidad, utilizó la idea de la polarización. No era un concepto nuevo: durante el reinado de Napoleón, un ingeniero francés había observado que los reflejos del sol en las ventanas de palacio eran menos brillantes si se observaban a través de un cristal de calcita. Pero había un problema. Varias generaciones de inventores se habían esforzado en dar un uso práctico a los grandes cristales. Imaginemos un parabrisas compuesto de cristales de quince centímetros de grosor: no podrías ver a través de él.

Al igual que todos los que le habían precedido, Land intentó trabajar con grandes cristales, pero no llegó a nada. Un día, sin embargo, tuvo su momento *ajá:* se le ocurrió encoger los cristales. Lo que posteriormente Land describió como su «pensamiento ortogonal»[1] implicaba el mismo proceso mental que el arte diminuto de Giacometti, Elias y Muniz. Convirtiendo los cristales que tenía en la mano en algo que no se podía ver, pronto consiguió crear láminas de vidrio con miles de diminutos cristales incrustados en ellas. Debido a que los cristales eran de tamaño microscópico, el vidrio era transparente y reducía el resplandor. El conductor veía mejor la carretera, y la creatividad que lo había conseguido permanecía invisible.

Ver a través de un parabrisas sin polarizar o del polarizado de Land.

Como el tamaño, la forma también puede doblarse. En el ballet clásico occidental, las posturas de los bailarines crean unas líneas lo más rectas posibles. La bailarina y coreógrafa Martha Graham, que comenzó a trabajar en la década de 1920, utilizaba poses, movimientos y telas innovadoras para doblar la forma humana.

71

Al igual que los bailarines pueden cambiar de forma, lo mismo pueden hacer las estructuras. Utilizando un modelado por ordenador y nuevos materiales de construcción, el arquitecto Frank Gehry distorsiona los planos normalmente lisos de los exteriores de los edificios y los transforma en fachadas que se rizan y se retuercen.

Tres edificios de Frank Gehry: la Torre Beekman, la Clínica para la Salud Mental Lou Ruvo y la Casa Danzante (con Vlado Milunić).

Tanque de combustible adaptable de Volute.

¿Cómo se podrían doblar de manera parecida los coches del futuro para albergar más combustible? Uno de los impedimentos de convertir los motores de gasolina en motores de hidrógeno es la voluminosidad del tanque: los tanques de hidrógeno habituales tienen forma de barril y ocupan espacio de carga. Una empresa llamada Volute ha desarrollado un tanque adaptable que se pliega sobre sí mismo en capas y se puede introducir en el espacio no utilizado del interior del coche, que es una manera de ampliar el volumen doblándolo y retorciéndolo.

El cerebro humano dobla los arquetipos con una infinita variedad. Por ejemplo, el artista Claes Oldenburg (cocreador de las plumas de bádminton gigantes) no solo amplía, sino que también *ablanda:* en lugar de mármol o piedra, crea esculturas con materiales flexibles como el vinilo y la tela. Su *Bolsa de hielo* de gran tamaño incorpora un motor que hace que la escultura se expanda y se contraiga, algo que el sólido mármol no puede hacer.

Al igual que las esculturas, los robots han tenido tradicionalmente un cuerpo duro: desde el Robot B-9 de *Perdidos en el espacio* hasta los soldadores automatizados de las fábricas actuales, los robots son unos ayudantes de acero. Su reluciente estructura es duradera, pero tiene inconvenientes: las partes metálicas son pesadas y se gasta mucha energía moviéndolas; a los robots también les cuesta levantar y agarrar objetos delicados sin aplastarlos. Otherlab es una empresa que experimenta con robótica blanda. En lugar de metales, utiliza una estructura ligera y barata. Los robots hinchables de la empresa son mucho más ligeros que los modelos convencionales y utilizan menos energía, y sin embargo, su robot Ant-roach es capaz de caminar y sustentar diez veces su peso. La robótica blanda ha abierto una infinidad de nuevas posibilidades: los investigadores han construido robots blandos que se retuercen y reptan como

gusanos y orugas, lo que les permite moverse por un terreno que haría tropezar o que impediría el paso a un robot metálico; la delicadeza a la hora de coger algo de otros robots blandos les permite manejar huevos frescos y tejido vivo, que sería aplastado por una mano metálica.

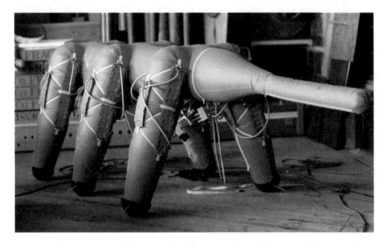

Robot Ant-roach, de Otherlab.

El cerebro constantemente hace variaciones sobre un tema, y uno de ellos es nuestra experiencia del tiempo. Los Keystone Cops utilizaban la cámara rápida para exagerar sus batacazos cinematográficos. La película *Bonnie y Clyde* utiliza la cámara lenta para crear una escena de muerte parecida a un ballet cuando los delincuentes caen bajo una lluvia de balas de la policía. La película *300* alterna la cámara lenta y la cámara rápida para violar las predicciones temporales en las secuencias de batalla: los guerreros se acometen de una manera sorprendente.

La misma deformación de la velocidad se puede utilizar en la tecnología. El corazón de flujo continuo al principio no funcionaba a la perfección por una razón inesperada: al igual que se forman remolinos en una corriente, se formaban coágulos allí donde el flujo de sangre daba un giro brusco, con el riesgo consiguiente de sufrir un ictus. Tras experimentar con diferentes soluciones, Frazier y Cohn descubrieron que modular la velocidad del flujo impedía que se formaran coágulos de sangre. Al programar el corazón sin pulso para que aumentara y disminuyera la velocidad de una manera sutil, combatieron un problema potencialmente letal. En *300,* modular la velocidad exagera la violencia; en el corazón, la misma distorsión mantiene la vida.

Existen otras maneras de doblar el tiempo. Generalmente va hacia delante, aunque no en la obra de Harold Pinter *Betrayal (El riesgo de la traición)*. La obra cuenta la historia de un triángulo amoroso: la esposa de Robert, Emma, tiene una relación con el mejor amigo de su marido, Jerry. Pero Pinter invierte la cronología. La obra comienza cuando la relación ha terminado, cuando Emma y Jerry se encuentran después de varios años sin verse. A lo largo de las dos horas de la obra, la narración retrocede hasta la noche en que, años antes, Jerry le declaró su amor a Emma por primera vez. Cada paso atrás en el tiempo revela planes, promesas y certezas que nunca se materializaron. Cuando escuchamos a los personajes en la última escena, muy poco de lo que se dicen uno a otro parece de fiar. Pinter ha invertido una flecha que normalmente damos por sentada, exhibiendo las raíces de la destrucción de un matrimonio.

El cerebro no solo retrocede en el tiempo en el teatro, sino también en el laboratorio. Durante la Segunda Guerra Mundial, el médico suizo Ernst Stueckelberg comprendió que podía describir el comportamiento de un positrón (una partícula de antimateria) como un electrón que retrocede en el tiempo. Aunque desafía nuestra experiencia, la inversión del tiempo desvelaba una manera de comprender el mundo subatómico.

De la misma manera, los científicos pretenden clonar un neandertal invirtiendo la flecha del tiempo. Los neandertales fueron nuestros primos cercanos genéticos, y difieren de no-

75

sotros aproximadamente en uno de cada diez genes. También utilizaban herramientas, enterraban a los muertos y hacían fuego. Aunque eran más grandes y fuertes que nosotros, nuestros propios ancestros los derrotaron: el último neandertal fue borrado de la faz de la tierra entre 35.000 y 50.000 años atrás. El biólogo de Harvard George Church se ha propuesto someter a un neandertal a un proceso de ingeniería inversa comenzando con un genoma humano moderno y yendo hacia atrás. Al igual que Pinter invirtió la cronología en escena, los biólogos rebobinarán la evolución humana para crear una célula madre neandertal, que luego podría implantarse en el seno de una mujer compatible. La idea de Church es aún meramente especulativa, pero se trata de otro ejemplo de cómo el cerebro manipula el flujo del tiempo para crear nuevos resultados.

Algunas deformaciones creativas son intensas; otras de poca importancia. En la década de 1960 el artista Roy Lichtenstein rindió homenaje a los cuadros que había pintado Monet de la catedral de Ruan. Sus imágenes serigrafiadas tienen más grano y son más monocromas, pero el tributo a Monet se ve enseguida.

Catedral de Ruan, Serie 5, de Roy Lichtenstein.

De manera parecida, en las caricaturas visuales los rasgos más característicos se exageran para lograr un efecto cómico, aunque no tanto como para no poder identificar a la persona.

Pero cuando las distorsiones son más extremas, puede ocurrir que no identifiquemos el modelo. No es fácil adivinar que estos dos cuadros de Monet tienen el mismo tema: el puente japonés de su casa de Giverny.

Nenúfares y puente japonés (izquierda) y *El puente japonés* (derecha).

Y en los retratos de Francis Bacon, las caras están borrosas y destrozadas, en un amasijo de rasgos que ocultan por completo la identidad del modelo.

La capacidad para doblar el modelo hasta dejarlo irreconocible solucionó un problema en el nacimiento de la era de la televisión. A medida que, en la década de 1950, el televisor se convertía en parte integrante de los hogares estadounidenses, las cadenas querían que la gente pagara para ver los programas. Pero eso fue mucho antes de la televisión por cable, y no había manera de llevar la programación directamente a un

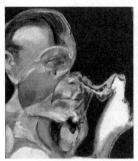

Tres estudios para retratos (y autorretrato), de Francis Bacon.

hogar concreto; los canales no tenían más remedio que enviar su programación en todas direcciones. ¿Cómo iban a conseguir las empresas que los televidentes pagaran por algo que podían captar todas las antenas? La solución llegó cuando los ingenieros idearon una manera de codificar la señal, algo parecido a lo que Bacon había hecho con su cara. En un sistema encriptado, las líneas analógicas se entremezclaban. En el otro, se añadía una demora al azar en cada línea, con lo que quedaban desincronizadas. Para ver películas de estreno o acontecimientos deportivos importantes, los suscriptores del sistema Telemeter «Pay-to-See» de Paramount introducían monedas en una caja, mientras que los clientes del servicio Subscribervision insertaban una tarjeta perforada.[2] Al cliente de pago se le entregaba una caja descodificadora que codificaba la señal; los demás solo veían algo borroso. Para Bacon, retorcer la imagen les daba a sus retratos profundidad psicológica; en el caso de los canales de televisión, protegía su balance anual.

LA ILUSIÓN DEL FIN DE LOS TIEMPOS

Muchos de nosotros caemos presa de la ilusión del «fin de los tiempos», mediante la que nos convencemos de que todo lo que se podía hacer ya se ha hecho. Pero el proceso de doblar nos cuenta una historia diferente: siempre hay infinitas maneras de conseguir algo. La cultura humana es un proceso que siempre avanza.

Fijémonos en los cuchillos. Las hojas más antiguas de piedra, con esquirlas o un borde afilado, se remontan aproximadamente a dos millones de años atrás.

Gradualmente, nuestros ancestros modelaron el cuchillo poniéndole un filo más largo y una empuñadura, que permitía aplicar más fuerza.

Desde esos humildes inicios, los cuchillos han adquirido incontables formas, y su árbol genealógico se ramifica profusamente y sin cesar. Hemos de considerar que estos cuchillos procedentes de las Filipinas del siglo XIX no son más que una colección de una sola cultura y un solo periodo temporal.

Del mismo modo, los paraguas y los parasoles han existido desde la antigüedad. Los primeros egipcios construían los suyos con hojas de palma o plumas, los romanos con cuero o pieles, y los aztecas con plumas y oro.[3] El paraguas era plegable, al igual que el de los antiguos chinos; por el contrario, los paraguas reales de los indios y los siameses pesaban tanto que debía llevarlos un asistente que solo se dedicaba a eso.

En 1969, Bradford Phillips patentó el diseño del moderno paraguas plegable. El modelo de Phillips ha mantenido una considerable vigencia. Sin embargo, no ha sido el modelo definitivo: la Oficina de Patentes de los Estados Unidos sigue recibiendo tantas solicitudes de patentes para paraguas que cuenta con cuatro examinadores a tiempo completo para analizarlos.[4] Por ejemplo, la forma asimétrica del paraguas de Senz da una mayor resistencia al viento; el unBrella invierte el diseño usual: la tela se pliega hacia arriba y las varillas quedan por fuera; y el Nubrella se lleva como una mochila, con lo que tienes las manos libres.

Al igual que ocurre con los cuchillos y los paraguas, las artes tampoco se acaban nunca. Los clásicos se renuevan constantemente. *Romeo y Julieta* de Shakespeare se ha transformado en ballet, ópera, musical *(West Side Story)*, y se ha adaptado al cine más de cuarenta veces, incluyendo la película de animación *Gnomeo y Julieta,* en la que los desventurados amantes son enanitos de jardín.

El gran músico de jazz Bobby Short cantó y tocó el piano durante treinta y cinco años en el Café Carlyle de Nueva York, y no importaba cuántas veces tocara estándares como «I'm in Love Again» o «Too Marvelous for Words», su interpretación era siempre distinta. Para un artista de jazz, no existe la interpretación definitiva, no hay un resultado final. Por el contrario, el objetivo es la renovación continua: la misma canción nunca es dos veces igual.[5]

De manera parecida, Sherlock Holmes ha sido uno de los personajes preferidos a la hora de reinventarlo. En la novela de Arthur Conan Doyle *Estudio en escarlata,* la policía descubre un cadáver con un mensaje escrito con sangre en la pared: *RACHE.* El inspector Lestrade de Scotland Yard llama a Holmes para que le ayude a resolver tan desconcertante caso. Mientras peinan la escena del crimen, Lestrade interpreta las letras escritas con sangre:

> Significan que el autor iba a escribir el nombre de mujer Rachel, pero algo le interrumpió antes de que pudiera terminar. Fíjese bien en lo que le digo, cuando este caso se aclare, descubrirá que está implicada una mujer llamada Rachel. Ríase todo lo que quiera, señor Sherlock Holmes. Puede que usted sea muy astuto e inteligente, pero al fin y al cabo donde haya un viejo sabueso que se quiten los demás.[6]

Pero Holmes sigue analizando la escena del crimen, y, con un gesto dramático, anuncia una serie increíble de deducciones:

> Se ha cometido un asesinato, y el asesino era un hombre. Medía mas de metro ochenta, estaba en la flor de la vida, tenía los pies pequeños para su peso, llevaba unas botas toscas de puntera cuadrada y fumaba un puro Trichinopoly.

81

Tras afirmar que la víctima fue envenenada, Holmes añade: «Una cosa más, Lestrade... *Rache* es una palabra alemana que significa "venganza", así que no pierda el tiempo buscando a la señorita Rachel.»

La novela fue un clásico, pero los clásicos se reinventan constantemente, y los guionistas de la serie *Sherlock* de la BBC supieron darle un giro original. En el episodio inicial (que ellos titularon *Estudio en rosa),* se descubre el cadáver de una mujer en circunstancias parecidas. La víctima ha garabateado una palabra en el suelo de madera: *RACHE.*

Lestrade le concede a Holmes unos minutos para estudiar la escena del crimen, y después le pregunta si tiene alguna pista. Un policía que vigila en el pasillo interviene muy seguro de sí mismo: «Es alemana. *Rache.* En alemán significa "venganza".» A lo que Holmes contesta: «Sí, gracias por su aportación. Naturalmente que no es...» y con suma irritación le cierra la puerta en las narices. A lo que añade: «De todos modos es de fuera de la ciudad, y tenía intención de quedarse en Londres una noche antes de regresar a Cardiff, que es donde vive. Hasta ahora, todo muy evidente.»

Lestrade le pregunta: «¿Y el mensaje?» Holmes anuncia que la mujer no era feliz en su matrimonio, que era una adúltera compulsiva que viajaba con una maleta de color rosa, que ha desaparecido. Acaba diciendo: «Debía de tener un teléfono o una agenda. Vamos a averiguar quién es Rachel.»

«¿Estaba escribiendo *Rachel?*», pregunta Lestrade en tono escéptico. Holmes le responde con un sarcasmo: «No, si le parece estaba escribiendo una nota furiosa en alemán. Naturalmente que estaba escribiendo Rachel.»

Es uno de los muchos giros que se introducen para actualizar esta historia clásica.

Debido a la manera en que el cerebro dobla todos sus inputs, el lenguaje evoluciona. La comunicación humana lleva el cambio incorporado en su ADN: como resultado, los diccionarios actuales se parecen muy poco a los de hace quinientos años. El lenguaje debe satisfacer las necesidades de la conversación y la conciencia no solo porque es referencial, sino también porque es mutable, y eso lo convierte en un vehículo muy poderoso para transmitir nuevas ideas. Gracias a las posibilidades creativas del lenguaje, siempre encontramos una manera de decir lo que necesitamos.[7]

Consideremos el *verlan,* un argot francés en el que las sílabas se intercambian: *bizarre* se convierte en *zarbi; cigarrete* pasa a ser *garettsi.*[8] Originalmente lo hablaban jóvenes y delincuentes urbanos a fin de ocultarse de las autoridades, pero con el tiempo muchas palabras del verlan se han vuelto tan corrientes que han quedado completamente asimiladas en el francés hablado.

Las definiciones del diccionario se revisan constantemente para mantenerse al día con los cambios de uso y los nuevos conocimientos. En la época de los romanos, un «adicto» era alguien incapaz de pagar sus deudas que se convertía en esclavo de sus acreedores. La palabra acabó asociándose con la drogodependencia: uno se convierte en esclavo de su propia adicción. La palabra «marido» quería decir originariamente propietario de una casa; no tenía nada que ver con estar casado. Pero como el hecho de poseer una propiedad aumenta tus posibilidades de encontrar pareja, la palabra acabó significando un hombre que se ha casado. El 5 de noviembre de 1605, Guy Fawkes intentó volar el Parlamento británico. Fue capturado y ejecutado. Los partidarios del rey Jaime quemaron su efigie, que apodaron el «*guy*». Siglos más tarde, la palabra perdió su connotación negativa y se estrenó en Broadway un musical titulado *Guys and Dolls.*[9] En argot americano, malo significa bueno, caliente [*hot*] significa sexy, frío [*cool*] significa estupendo y perverso [*wicked*] significa sensacional. Si pudieras transportarte a dentro de cien años, te costaría entender el lenguaje de tus bisnietos, porque el lenguaje es un reflejo en cambio constante de la invención humana.

Como hemos visto, doblar consiste en transformar un prototipo existente, cosa que abre una fuente de posibilidades como son las alteraciones de tamaño, forma, material, velocidad, cronología y otras. A consecuencia de nuestras constantes manipulaciones neuronales, la cultura humana incorpora una serie de variaciones en permanente expansión de temas que pasan de una generación a otra.

Pero supongamos que desea coger un tema y fracturarlo hasta descomponerlo en sus piezas esenciales. Para ello tiene que utilizar una segunda técnica del cerebro.

4. ROMPER

Romper consiste en separar algo que estaba entero –como puede ser el cuerpo humano– y crear algo nuevo ensamblando los fragmentos.

Cabezas flotantes, de Sophie Cave, *Torso sombra,* de Auguste Rodin, y *Sin identificar,* de Magdalena Abakanowicz.

Para crear este *Obelisco roto,* Barnett Newman partió el obelisco por la mitad y lo colocó boca bajo.

De manera parecida, artistas como Georges Braque y Pablo Picasso partieron el plano visual hasta convertirlo en un rompecabezas de ángulos y perspectivas en el cubismo. En su enorme cuadro *Guernica*, Picasso utilizó la técnica de romper para ilustrar los horrores de la guerra. Los fragmentos de civiles, animales y soldados –un torso, una pierna, una cabeza, todo inconexo, sin ninguna figura completa– crean una cruda representación de la brutalidad y el sufrimiento.

Naturaleza muerta con violín y jarra, de Georges Braque,
y el *Guernica*, de Pablo Picasso.

La estrategia cognitiva de romper que permitió a Newman, Braque y Picasso crear su arte también ha hecho que los aeropuertos sean más seguros. El 30 de julio de 1971 un avión Pan Am 747 fue redirigido a una pista más corta mientras se preparaba para despegar del aeropuerto de San Francisco. La nueva pista exigía un ángulo de ascenso más empinado, pero, por desgracia, los pilotos no consiguieron hacer los ajustes necesarios: en su despegue, el avión no ascendió lo suficiente y chocó contra una torre de iluminación. En aquella época las torres y las vallas de los aeropuertos eran pesadas y nada flexibles para poder resistir vientos de mucha fuerza; el resultado fue que la torre de iluminación actuó como una espada gigante y partió el aparato. Una ala quedó abollada, parte del tren de aterrizaje se desprendió y un trozo de torre penetró en la cabina principal. El humeante avión siguió hacia el océano Pacífico, donde estuvo volando durante dos horas para consumir el combustible antes de intentar un aterrizaje de emergencia. Cuando tocó tierra, los neumáticos reventaron y el avión salió de la pista. Veintisiete pasajeros resultaron heridos.

Después de este suceso, la Administración Federal de Aviación exigió nuevas medidas preventivas. A los ingenieros se les asignó la tarea de impedir que eso volviera a ocurrir, y sus redes neuronales concibieron diferentes estrategias. En la actualidad, cuando rueda por la pista para despegar, puede parecerle que las luces de aterrizaje y las torres de radio que se ven desde el avión son de un metal sólido... pero no es así. Son frangibles, capaces de partirse en pequeños fragmentos que no dañan

Antena frangible Ercon.

el avión. El cerebro del ingeniero vio una torre sólida y generó toda una realidad alternativa en la que la torre se desmontaba en fragmentos.

Dividir en fragmentos una zona continua revolucionó la comunicación por móvil. Los primeros sistemas de telefonía móvil funcionaban igual que la transmisión de televisión y radio: en una zona determinada había una sola torre que transmitía en todas direcciones. La recepción era muy buena. Pero mientras que el hecho de cuánta gente estaba mirando la televisión al mismo tiempo no tenía importancia, sí era importante cuánta gente llamaba a la vez: solo se podían hacer unas cuantas docenas de llamadas simultáneas. En cuanto se superaba esa cifra el sistema se sobrecargaba. Si marcabas en un día de muchas llamadas, probablemente te salía la señal de que el número estaba comunicando. Los ingenieros de Bell Labs comprendieron que utilizar la misma estrategia con los móviles que con la televisión no funcionaba. Adoptaron un enfoque innovador: dividieron una sola zona de cobertura en pequeñas «celdillas», cada una de ellas con su propia torre.[1] Acababa de nacer el teléfono móvil actual.

Los colores representan diferentes frecuencias de transmisión.

La gran ventaja de este sistema era que permitía que la misma frecuencia se reutilizara en diferentes zonas para que más gente pudiera utilizar el teléfono al mismo tiempo. En un cuadro cubista, la partición de una área continua se ve perfectamente. Con los teléfonos móviles, la idea queda oculta. Todo lo que sabemos es que la llamada no se corta. El poeta e. e. cummings partió las palabras y la sintaxis para crear poesía en verso libre:

dim	*[dim*
i	*i*
nu	*nu*
tiv	*t*
e this park is e	*o este parque está v*
mpty(everyb	*acío(tod*
ody's elsewher	*os están en otra part*
e except me 6 e	*e menos yo 6 jil*
nglish sparrow	*guero*
s) a	*s) o*
utumn & t	*toño y l*
he rai	*a llu*
n	*vi*
th	*l*
e	*a*
raintherain2	*lluvialalluvia]*

El bioquímico Frederick Sanger utilizó un tipo parecido de ruptura en su laboratorio durante la década de 1950. Los científicos estaban impacientes por descifrar la secuencia de los aminoácidos que componen la molécula de insulina, pero la molécula era tan grande que la tarea se les resistía. La solución de Sanger consistió en dividir las moléculas de insulina en fragmentos más manejables, y a partir de ahí secuenciar los segmentos más cortos. Gracias al método «rompecabezas» de Sanger, los componentes básicos de la insulina por fin se secuenciaron. Esa labor le hizo acreedor del Premio Nobel de 1958. Su técnica se utiliza todavía hoy para descifrar la estructura de las proteínas.

Pero eso fue solo el principio. Sanger ideó un método para dividir el ADN que le permitió controlar de manera precisa cómo y cuándo se dividía cada hebra. Ese método se basaba en lo mismo: dividir las largas hebras en fragmentos manejables. La simplicidad de este método aceleró enormemente el proceso de secuenciar los genes. Hizo posible el proyecto del genoma humano, así como el análisis de centenares de otros organismos. En 1980 Sanger obtuvo otro Premio Nobel por su labor.

Al partir las hebras de texto de manera creativa, e. e. cummings creó una nueva manera de utilizar el lenguaje; al romper las hebras del ADN, Sanger creó una nueva manera de leer el código genético de la naturaleza.

El proceso neuronal de romper también subyace en la manera en que experimentamos las películas. En los primeros días del cine, las escenas se desarrollaban en tiempo real, exactamente igual que la vida. La acción de cada escena se mostraba en una toma continua. Lo único que se editaban eran los cortes de una escena a otra. Un hombre decía por teléfono en tono urgente: «Llegaré enseguida.» Colgaba, cogía las llaves y salía por la puerta. Recorría el pasillo. Bajaba las escaleras. Salía del edificio, caminaba por la acera, llegaba al café, entraba en el café y se sentaba a esperar.

Algunos pioneros como Edwin Porter comenzaron a unir escenas de manera más concisa, eliminando el principio y el final. El hombre decía: «Llegaré enseguida», y de repente se cortaba la escena y ya lo veíamos sentado en el café. El tiempo se había roto, y el público lo entendía enseguida. A medida que el cine evolucionaba, los cineastas llegaban cada vez más lejos a la hora de comprimir la narración. En la escena del desayuno de *Ciudadano Kane* transcurren años en cada toma. Vemos a Kane y a su mujer envejeciendo, y cómo pasan de intercambiar palabras de amor a miradas silenciosas. Los directores crearon montajes en los que el largo trayecto de un tren o el ascenso al estrellato de una chica ingenua se podían resumir en unos pocos segundos; los estudios de Hollywood contrataron a especialistas del montaje cuyo único trabajo era editar esas secuencias. En *Rocky IV,* el montaje del entrenamiento del boxeador Rocky Balboa y su oponente Ivan Drago consume un tercio de la película. En el cine, el tiempo ya no pasa como la vida. Romper el flujo del tiempo se ha convertido en parte del lenguaje cinematográfico.

Romper la acción continua también fue responsable de una gran innovación en la televisión. En 1963, se estaba transmitiendo en directo el partido de fútbol americano entre el Ejército y la Armada.* El equipo de vídeo de la época era difícil de controlar, con lo que el rebobinado de la cinta resultaba impreciso. El director de la retransmisión del partido, Tony Verna, concibió una manera de poner audiomarcadores en la cinta, marcadores que se oirían dentro del estudio pero no en directo. Eso le permitió localizar el comienzo de cada jugada sin que nadie se diera cuenta. Le llevó varias docenas de intentos conseguir que el equipo funcionara como era debido. Finalmente, en el último cuarto, tras un tanto fundamental del equipo del Ejército, Verna rebobinó la cinta hasta el lugar concreto y reprodujo el touchdown en la televisión en directo. Verna había roto el flujo temporal e inventado la repetición instantánea de la jugada. Como eso no había ocurrido nunca, el comentarista de televisión tuvo que dar una explicación:

* Se trata de un partido de fútbol americano universitario entre los Army Black Nights de la Academia Militar de West Point y los Navy Midshipmen de la Academia Naval de Maryland. *(N. del T.)*

«¡Esto no es en directo! ¡Señoras y señores, el Ejército no ha vuelto a marcar!»

Los comienzos del cine, que se caracterizaban por las tomas largas, se parecían a los comienzos de los ordenadores, en los que una unidad central solo podía procesar un problema cada vez. El usuario del ordenador tenía que crear tarjetas perforadoras, ponerse a la cola, y, cuando le llegaba el turno, entregar la carta a un técnico. A continuación tenía que esperar unas cuantas horas mientras se efectuaban los cálculos antes de recoger los resultados.

A un informático del MIT llamado John McCarthy se le ocurrió la idea de compartir: ¿y si, en lugar de utilizar un solo algoritmo cada vez, el ordenador pudiera ir pasando de un algoritmo a otro, como cuando se cortan diferentes tomas en una película? En lugar de tener a los usuarios esperando su turno, varios de ellos podrían trabajar en la misma unidad central a la vez. Cada usuario tendría la impresión de poseer la atención del ordenador para él solo cuando, de hecho, este estaría pasando de uno a otro rápidamente. Ya no habría que hacer cola; los usuarios se quedarían sentados en la terminal y creerían disfrutar de la atención personalizada del ordenador.

El paso de los tubos de vacío a los transistores le dio un gran impulso a la idea de McCarthy, al igual que el desarrollo de lenguajes de codificación fáciles de comprender. Pero el dividir los cómputos del ordenador en breves microsegmentos era todavía una proeza mecánica compleja. La primera demostración de McCarthy no fue bien: delante de un público de clientes potenciales, la unidad

de McCarthy se quedó sin memoria y comenzó a escupir mensajes de error.[3] Por suerte los obstáculos técnicos pronto se superaron, y a los pocos años los operadores de ordenador ocupaban terminales individuales en una «conversación» a tiempo real con sus unidades. Al dividir el procesado digital de manera invisible, McCarthy inició una revolución en las relaciones entre humanos y máquinas. En la actualidad, mientras seguimos las indicaciones en nuestro móvil para ir a algún sitio, nuestro dispositivo manual recurre a la capacidad de procesado de numerosos servidores, que van pasando rápidamente de uno a otro entre millones de usuarios, y el concepto de McCarthy se ve diáfano en la nube.

Igual que lo hace con el tiempo, el cerebro es capaz de dividir el mundo visual en fragmentos. David Hockney creó este fotocollage, *The Crossword Puzzle,* utilizando instantáneas grandes que se superponen y chocan.

En el puntillismo, las escenas se construyen a partir de puntos que son más pequeños y más numerosos.

Tarde de domingo en la isla de la Grande Jatte, de Georges Seurat.

93

En el pixelado digital, los puntos son tan pequeños que normalmente no se ven. Esta fractura encubierta es la innovación que da lugar a todo nuestro universo digital.

La idea del pixelado –romper una totalidad en partes diminutas– cuenta con una larga historia. Cuando ponemos «cc» en un correo electrónico, estamos utilizando un esqueuomorfo de la era analógica: copia en papel carbón. En el siglo XIX y a principios del XX la única manera que tenía un autor de clonar un documento era colocando una hoja de papel carbón azul o negro entre dos hojas de papel simple; entonces, al escribir o mecanografiar sobre la hoja superior, se transfería tinta seca o un pigmento a la de abajo, creando un duplicado. Pero las hojas de papel carbón eran sucias; era difícil manejarlas sin ensuciarlo todo. En la década de 1950, los inventores Barrett Green y Lowell Schleicher encontraron una manera de solucionar el problema. Dividieron el concepto de hoja en centenares de pequeñas zonas, inventando la técnica de la microencapsulación. Así, cuando una persona escribía sobre la hoja, esta llevaba unas cápsulas de tinta individuales, escribiendo en azul en la hoja de abajo.[4] Aunque seguía llamándose «copia en papel carbón», Green y Schleicher habían ideado una alternativa al papel carbón más práctica: daba igual dónde dejara la impresión el lápiz o la tecla de la máquina de escribir, la tinta fluía. Décadas después, las fotocopiadoras auguraron el final del papel de copia sin carbón, aunque la técnica de la microencapsulación de Green y Schleicher sobrevivió en los medicamentos de efecto retardado y las pantallas de cristal líquido. Por ejemplo, en la década de 1960, el descongestionante Contac, en lugar de ser una píldora sólida, estaba compuesta de una cápsula de gelatina en cuyo interior había más de seiscientas «diminutas píldoras temporales» que se digerían a distinta velocidad. Del mismo modo, en lugar de ser una lámina de cristal sólida, los televisores actuales LCD segmentan la pantalla en millones de cristales microscópicos muy apretados. Lo que antes se consideraba completo e indivisible resultó ser fraccionable en partes mas pequeñas.

Romper es un proceso tan natural que apenas nos damos cuenta de las muchas maneras en que se refleja en nuestra manera de escribir y hablar. Reducimos las palabras para acelerar la comunicación: por ejemplo, abreviamos «gimnasio» (del griego *gymnazein,* que significa entrenar desnudo) y lo dejamos en «gim» (y en un código de vestimenta menos liberal).[5] Eliminamos letras y frases para crear acrónimos como FBI, CIA, OMS, UE y ONU. Tuiteamos *bbq* para barbacoa, *lol* para muchas risas o *ESL* para edad, sexo y localización.

El hecho de que nos hayamos acostumbrado a estos acrónimos demuestra cuánto le gusta la compresión a nuestro cerebro: se nos da bien dividir las cosas, guardar los mejores fragmentos y seguir comprendiendo de qué hablamos. Por eso nuestro lenguaje está lleno de sinécdoques, en las que una parte representa al todo. Cuando hablamos de «el rostro que hizo zarpar mil naves» evidentemente nos referimos a Helena, no solo a su rostro, pero podemos reducirla a un fragmento

95

sin perder el significado. Así, decimos «bocas que alimentar» para referirnos a personas, «ganarse el pan» para referirse a la comida en general, o «cabezas de ganado» para indicar el animal entero. Y por eso hablamos de «la Casa Blanca» para referirnos al gobierno de los Estados Unidos.

El mismo tipo de compresión es característico del pensamiento humano en general. Consideremos estas esculturas de la ciudad portuaria de Marsella, Francia: son una analogía visual de la sinécdoque.

Los viajeros, de Bruno Catalano.

En cuanto el cerebro tiene la revelación de que una totalidad se puede dividir en partes, surgen nuevas propiedades. La «arquitectura dinámica» de David Fisher descompone la estructura generalmente sólida de un edificio, y, utilizando unos motores parecidos a los que funcionan en los restaurantes giratorios, permite que cada planta se mueva de manera independiente. El resultado es un edificio que metamorfosea su aspecto. Cada planta se puede coreografiar de manera individual o como un conjunto, añadiendo al horizonte urbano una fachada en permanente transformación. Gracias a nuestro talento neuronal para descomponer cosas, lo que antes estaba unificado ahora se puede despegar.

Al igual que ocurre con la arquitectura dinámica, una de las grandes innovaciones de la música clásica consistió en romper las frases musicales en fragmentos más pequeños. Tomemos por ejemplo la Fuga en re mayor de Johann Sebastian Bach en *El clave bien temperado*. He aquí el tema principal:

No se preocupe si no sabe leer música. La cuestión es que en el mismo movimiento Bach divide el tema en dos: descarta la primera mitad y se concentra solo en las cuatro últimas notas resaltadas en rojo. En el pasaje siguiente, versiones superpuestas de esta cola aparecen trece veces para producir un rápido y hermoso mosaico:

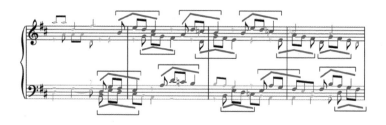

Esta clase de fractura proporcionó a compositores como Bach una flexibilidad desconocida en las canciones folclóricas, como las baladas y las nanas. En lugar de repetir el tema entero una y otra vez, esta división le permitió escribir una multiplicidad concentrada de fragmentos-tema en poco tiempo, creando algo parecido a los montajes cinematográficos que se ven en *Ciudadano Kane* o *Rocky IV*. Tan potente era esta innovación que gran parte del trabajo de Bach consistía en introducir temas y luego dividirlos.

A menudo la revelación de que una totalidad puede dividirse permite sacar algunas partes y eliminarlas. Para esta instalación titulada *Super Mario Clouds,* el artista Cory Arcangel pirateó el juego de ordenador *Super Mario Brothers* y lo eliminó todo menos las nubes. Después proyectó lo

que quedaba en pantallas grandes. Los visitantes circulaban entre la exposición observando cómo unas nubes de cartón ampliadas flotaban pacíficamente sobre la pantalla.

Y la técnica cerebral de omitir algunas piezas y mantener otras a menudo conduce a la innovación tecnológica.

A finales del siglo XIX, a los granjeros se les ocurrió reemplazar los caballos por el motor de vapor. Sin embargo, los primeros tractores no funcionaban muy bien: se trataba esencialmente de tranvías, y la maquinaria era tan pesada que comprimía el suelo y arruinaba las cosechas. Pasar del motor de vapor al de gasolina ayudó, pero los tractores seguían siendo pesados y difíciles de conducir.

Tractor de vapor del siglo XIX.

Parecía que arar la tierra de manera mecánica no iba a funcionar nunca. Pero entonces a Harry Ferguson se le ocurrió una idea: quitar la carrocería y el armazón, y colocar un asiento justo encima del motor. Su «tractor negro» era ligero, y mucho más eficaz. Al mantener parte de la estructura y descartar el resto, plantó las semillas del tractor moderno.[6]

Casi cien años más tarde, el fragmentar las cosas para omitir partes cambió la manera de compartir la música. En 1982, un profesor alemán intentó patentar un sistema musical bajo demanda en el que la gente podía pedir música por la línea telefónica. Como los archivos de audio eran tan grandes, la oficina de patentes alemana se negó a aprobar algo que parecía imposible. El profesor le pidió a un joven estudiante de posgrado llamado Karlheinz Brandenburg que intentara comprimir los archivos.[7] Los primeros intentos de compresión se podían utilizar para el habla, pero se trataba de una sola solución aplicable a todo, que trataba todos los archivos por igual. Brandenburg desarrolló un modelo optativo que podía responder de manera flexible a la fuente del sonido. Eso le permitió elaborar sus esquemas de compresión para que se adaptaran a la naturaleza particular del oído humano. Brandenburg sabía que nuestro cerebro oye de manera selectiva: por ejemplo, los sonidos fuertes enmascaran los débiles, y los sonidos de baja frecuencia enmascaran los agudos. Sabiendo esto, podía eliminar o reducir las frecuencias que no se oían sin perder calidad. El reto más importante de Brandenburg fue una grabación a capela de Suzanne Vega titulada «Tom's Diner»: una voz femenina que cantaba y tarareaba en solitario necesitó cientos de intentos para conseguir la fidelidad justa. Después de años de ajustes, Brandenburg y sus colegas por fin consiguieron encontrar el equilibrio óptimo entre la minimización del tamaño del archivo y la alta fidelidad. Al ofrecerle al oído justo lo que necesitaba escuchar, el espacio de almacenamiento del audio se redujo hasta un 90 por ciento.

Al principio, a Brandenburg le preocupaba que su fórmula tuviera algún valor práctico. Pero a los pocos años nació la música digital, y comprimir la música al máximo posible en tu iPod se convirtió en algo indispensable. Brandenburg y sus colegas fragmentaron los datos acústicos eliminando de manera flexible las frecuencias que no se echaban en falta, y con ello inventaron la compresión MP3, en la que se basa casi toda la música de la red. Pocos años después de acuñarse esa fórmula, «MP3» superaba a «sexo» en el ranking de términos más buscados por Internet.[8]

A menudo descubrimos que la información que necesitamos retener es menor de lo esperado. Eso es lo que ocurrió cuando Manuela Veloso y su equipo de Carnegie Mellon desarrollaron el CoBot, un ayudante robot que va por los pasillos de un edificio haciendo recados. Equiparon al CoBot con sensores para producir una viva reproducción en 3D del espacio que tenía delante. Pero intentar procesar todos esos datos en tiempo real sobrecargaba los procesadores de la placa del robot, con lo que a menudo se quedaba atascado. La doctora Veloso y su equipo comprendieron que al CoBot no le hacía falta analizar toda la zona para divisar una pared: lo único que necesitaba eran tres puntos de la misma superficie plana. De manera que aunque el sensor registra una gran cantidad de datos, su algoritmo solo muestra una pequeña fracción, con lo que se utiliza menos del 10 por ciento de la capacidad de procesado del ordenador. Cuando el algoritmo identifica tres puntos en el mismo plano, el CoBot sabe que tiene delante una barrera. Al igual que el MP3 aprovecha el hecho de que el cerebro humano no presta atención a todo lo que oye, el CoBot no necesita «ver» todo lo que sus sensores registran. Su visión no es más que un esbozo, pero tiene suficientes datos de una imagen para no chocar con los obstáculos. En campo abierto, el CoBot andaría perdido, pero su visión limitada está perfectamente adaptada a un edificio. La intrépida máquina ha acompañado a centenares de visitantes al despacho de la doctora Veloso, y todo gracias al hecho de descomponer toda una escena en sus partes constituyentes... igual que la cara de Helena se convirtió en el fragmento de su anatomía que hizo zarpar las naves.

Esta técnica de descomponer una cosa en partes y descartar algunas ha creado nuevas maneras de estudiar el cerebro. Los neurocientíficos que analizan el tejido cerebral hace tiempo que se topan con el problema de que el cerebro contiene circuitos detallados, solo que estos están tan profundamente incrustados en el cerebro que es imposible verlos. Es costumbre que los científicos resuelvan este problema haciendo cortes del cerebro muy finos —una manera de romper— para crear a continuación una imagen de cada corte antes de reensamblar concienzudamente cada corte en una simulación digital. No obstante, como se dañan tantas conexiones neuronales para seleccionar el cerebro, la simulación por ordenador es como mucho una aproximación.

Los neurocientíficos Karl Deisseroth y Kwanghun Chung y su equipo encontraron una solución alternativa. Unas moléculas grasas llamadas lípidos contribuyen a mantener el cerebro unido, pero también difuminan la luz. Los investigadores idearon una manera de eliminar las grasas del cerebro de un ratón muerto al tiempo que mantenían la estructura cerebral. Cuando desaparecieron los lípidos, la materia gris del ratón se volvió transparente. Al igual que la instalación de Arcangel de las nubes de Mario Brother, el método CLARIDAD elimina parte del original pero no rellena los huecos, y en este caso, los huecos son lo que permite a los neurocientíficos estudiar grandes poblaciones de neuronas de una manera que nunca había sido posible.[9]

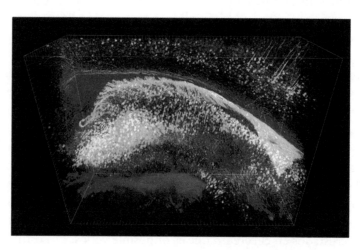

El hipocampo de un ratón visto con el método CLARIDAD.

Romper nos permite coger algo sólido o continuo y fracturarlo en fragmentos manejables. Nuestro cerebro divide el mundo en unidades que se puede reconstruir y reconformar. Al igual que la operación de doblar, la de romper puede actuar sobre un solo objeto: se puede pixelar una imagen o torcer las plantas de un edificio. Pero ¿qué ocurre cuando utilizas más de un objeto? Muchos saltos creativos son el resultado de combinaciones sorprendentes: ya sea la pizza de sushi, las casas flotantes, los bares lavandería, o la poeta Marianne Moore describiendo la «feroz cabeza de crisantemo» de un león. Para ello vamos a ver ahora la tercera técnica principal que utiliza el cerebro para la creatividad.

5. MEZCLAR

Al mezclar, el cerebro combina dos o más objetos de manera novedosa. Por todo el mundo, las representaciones de humanos y animales se han mezclado para producir criaturas míticas. En la antigua Grecia, el hombre y el toro se combinaron para crear un minotauro. En Egipto, el hombre se combinó con el león para dar la Esfinge. En África, mezclar a una mujer y a un pez produjo una *mami wata:* una sirena.

¿Qué magia encubierta ocurre en nuestro cerebro para generar estas quimeras? Es una nueva fusión de conceptos familiares.

El cerebro también fusionó animal con animal: el Pegaso de los griegos era un caballo con alas; el Gajasimha era medio elefante medio león; en la heráldica inglesa, el allocamelus era parte camello y parte asno. Al igual que ocurre con la mitología de lo antiguo, nuestros modernos superhéroes a menudo son fusiones quiméricas: Batman, Spiderman, Antman, Lobezno. En la ciencia ocurre lo mismo que en el mito. El profesor de genética Randy Lewis sabía que la seda de la araña poseía un gran potencial comercial: es muchas veces más fuerte que el acero.[1] Si pudiera producirse en grandes cantidades, se podrían fabricar, por ejemplo, chalecos antibalas ultraligeros. Pero es difícil criar arañas: cuando se las confina en grandes cantidades se convierten en caníbales y se comen unas a otras. Aparte, recoger la seda de las arañas es una ardua labor: hicieron falta 82 personas y un millón de arañas al año para obtener seda suficiente para tejer una tela de cuatro metros cuadrados.[2] De manera que a Lewis se le ocurrió una idea innovadora: introducir el ADN responsable de la fabricación de la seda en una cabra. El resultado es Pecosa, una cabra que secreta seda de araña en la leche. Lewis y su equipo la ordeñan y extraen las hebras en el laboratorio.[3]

La ingeniería genética ha abierto la frontera a las quimeras en la vida real, produciendo no solo cabras-araña, sino también las bacterias que tenía la insulina humana, peces y cerdos que brillan con los genes de una medusa, y Ruppy the Puppy, el primer perro transgénico del mundo, que se vuelve de un rojo fluorescente bajo la luz ultravioleta gracias a un gen de la anémona marina.

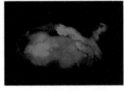

Ruppy the Puppy a la luz del día y en la oscuridad.

Nuestras redes neuronales son muy hábiles a la hora de extraer hilos de conocimiento del mundo natural y tejerlos. El artista Joris Laarman cogió un software que simulaba la manera en que se desarrolla el esqueleto humano y lo utilizó para construir su «mueble de hueso». Al igual que los esqueletos optimizan la distribución de la masa de huesos, el mueble de Laarman posee más material allí donde tiene que soportar más peso.

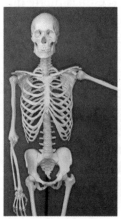 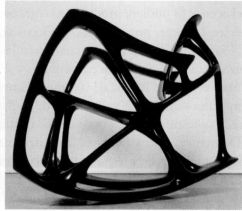

De manera parecida, el ingeniero japonés Eiji Nakatsu comprendió que la mezcla con la naturaleza podría ser la solución a un problema que se le resistía. Durante la década de 1990 trabajaba en el tren bala, que iba a permitir viajar mucho más deprisa, solo que el diseño que tenían contaba con un inconveniente específico: el morro plano de la locomotora crearía un ruido que destrozaría los tímpanos al moverse a alta velocidad. Como Nakatsu era un ávido observador de las aves, sabía que el pico ahusado del rey pescador le permite zambullirse en el agua formando apenas una onda. Y su solución al tren bala fue ponerle pico a la locomotora. La nariz en forma de ave de la locomotora reduce el ruido del tren cuando este avanza a trescientos kilómetros por hora.

El cerebro a menudo ofrece combinaciones exóticas de cosas que ha visto antes. Por ejemplo, en esta instalación en vídeo de Chitra Ganesh y Simone Leigh, el torso de una mujer que respira suavemente se mezcla con un montón de grava sin vida.

Mis sueños, mis trabajos deben esperar hasta después del infierno,
de Chitra Ganesh y Simone Leigh.

A primera vista, esta combinación de lo vivo y lo no vivo podría parecer útil solo para generar proyectos artísticos, pero también aporta una solución al problema de las grietas de edificios y carreteras. La mitad de las construcciones del mundo –desde puentes a carreteras pasando por rascacielos– están hechas de hormigón, un material de construcción que, como todo el mundo sabe, es vulnerable a los elementos y difícil de reparar. Para solucionar este problema, los químicos se fijaron en el mundo natural. Añadieron la cepa de una bacteria concreta al hormigón, junto con el alimento preferido de la bacteria. Cuando el hormigón está intacto, la bacteria permanece aletargada. Pero si se agrieta, la batería se vuelve activa. Al consumir el alimento que le han dejado, cría y se propaga, secretando la calcita que sella la parte dañada. Gracias a su mezcla única de microorganismos y materiales de construcción, el hormigón se autorrepara.[4]

De manera semejante, nuestras redes neuronales poseen la habilidad de fusionar nuestro mundo digital con el analógico. Puede que los ordenadores nos sobrepasen en capacidad de procesado, pero algunas habilidades triviales para los humanos han resultado ser arduas para nuestros avatares de silicio. Una de ellas ha sido tradicionalmente el reconocimiento de la imagen. Identificar una cara es fácil para un niño, pero difícil para un ordenador.

¿Por qué? Para un ordenador, una fotografía digital no es más que una colección de píxeles de diferentes colores e intensidades. El ordenador tiene que aprender patrones de orden superior para poder identificar el contenido de la foto, y para eso necesita millones de ejemplos. Este problema quedó de relieve a principios de la década del 2000, cuando la gente de todo el mundo comenzó a subir miles de millones de imágenes a la red. Google buscaba la manera de etiquetarlas de manera automática, pero, por mucho que lo intentaba, no daba con ningún algoritmo que funcionara.

Un profesor universitario llamado Luis von Ahn resolvió el problema combinando las máquinas y los humanos. Inventó el juego ESP. Funciona de la siguiente manera: dos personas de cualquier lugar del mundo se conectan. Se les muestra una fotografía y se les pide que la describan con palabras. Cuando algo sugiere la misma palabra (por ejemplo, jaguar), el ordenador lo considera una confirmación objetiva y lo etiqueta en la foto. Las dos personas pueden seguir jugando y tener varias palabras en común, con lo que la imagen acaba etiquetada con una serie de palabras (por ejemplo: bosque, animal, patas, árbol, descansar). Los humanos se encargan de las identificaciones y los ordenadores de la contabilidad. Ninguno de los dos podría haber solucionado por sí solo el problema de etiquetar millones de imágenes, pero combinados se convirtieron en el método principal de etiquetado de imágenes de la red.[5]

Nuestra predilección por la mezcla también puede verse en la manera en que nos inspira mezclar el presente y el pasado. En la película *Regreso al futuro*, Marty McFly viaja treinta años atrás y de manera accidental impide que sus padres se conozcan, poniendo en peligro su propio nacimiento. En *Un yanqui en la corte del rey Arturo*, de Mark Twain, Hank Morgan se ve transportado de manera inesperada a la Edad Media, donde sus conocimientos de ingeniería se consideran pura brujería. En el relato de Ray Bradbury «El ruido de un trueno», un cazador se remonta hasta la Edad Jurásica –mucho antes de que los humanos habiten el planeta–, donde de manera accidental pisa una mariposa y altera completamente el futuro. Las distinciones entre diferentes periodos temporales se mezclan perfectamente en nuestra imaginación.

La afición del cerebro a mezclar conceptos diferentes se refleja en cómo nos comunicamos. Los idiomas contienen muchas mezclas de palabras: en español tenemos por ejemplo *arcoiris, aguanieve, puntapié, agridulce, bienestar, malhumor, caradura*. Los agoreros advierten del Cochegedón en Los Ángeles, el Airegedón en Pekín, el Tormentagedón en Tornado Alley. En la jerga rimada cockney, una palabra se sustituye por una expresión familiar con la que rima: «*Watch out for the guard*» (Ojo con el guarda) se convierte en «*Watch out for the Christmas card*» (Ojo con el Christmas), y «*I've got a date with the missus*» (Tengo una cita con mi chati) en «*I've got a date with cheese and kisses*» (Tengo una cita con queso y besos).[6]

Las metáforas surgen de nuestra predilección por la mezcla. T. S. Eliot escribió «Cuando la tarde se extiende contra el cielo / como un paciente anestesiado sobre una mesa» porque sus redes neuronales combinaron un fenómeno natural con algo que ocurrió en un hospital. En su «Carta desde la cárcel de Birmingham», Martin Luther King Jr. unió términos de música, geología y meteorología para defender un nuevo tipo de sociedad:

> Ha llegado el momento de hacer realidad la promesa de la democracia y transformar nuestra inminente elegía nacional en un salmo creativo de hermandad. Ha llegado el momento de sacar nuestra política nacional de las arenas movedizas de la injusticia racial y llevarla a la sólida roca de la dignidad humana (...). Es nuestra esperanza que las oscuras nubes del prejuicio racial pasen pronto, y que se disipe la espesa niebla de la incomprensión de nuestras comunidades empapadas por el miedo, y que en algún futuro no muy lejano las radiantes estrellas del amor y la fraternidad brillen sobre nuestra gran nación con toda su fulgurante belleza.[7]

Las lenguas criollas surgen de la fusión de lenguas. Hace poco, los lingüistas estudiaron un nuevo criollo inventado por niños. En cualquier remota aldea de Australia, es habitual que los ancianos hablen tres idiomas: el *warlpiri* (su lengua aborigen), el *kriol* (un criollo basado en el inglés) y el inglés. Los padres hablan a los niños utilizando un lenguaje infantil que alterna libremente los tres idiomas. Los niños consideraron que la mezcla de los padres era la lengua nativa, y construyeron su propia sintaxis. El resultado es el *light warlpiri,* un nuevo idioma que incluye innovaciones que no formaban parte de las lenguas originales: por ejemplo, la nueva palabra *you'm* se refiere a una persona tanto en presente como en pasado, pero no en futuro: una formulación que no existe en el habla de sus padres. A medida que el cerebro de los niños reconstruye los materiales en bruto de su experiencia, el idioma de la aldea sigue evolucionando: las lenguas tradicionales poco a poco se ven suplantadas por la versión mixta.[8]

El cerebro humano a menudo mezcla muchas fuentes al mismo tiempo. En la Edad Media, los compositores europeos crearon piezas vocales en las que se cantaban textos distintos a la vez. Incluso mezclaban los idiomas. Una famosa pieza combinaba un *Kyrie* latino con dos textos laicos franceses. Cuando la primera parte vocal canta un himno sagrado, la segunda ensalza «el verdadero amor en el mes de mayo», y el tercero advierte a los bígamos «que se quejen de sí mismos, no contra el papa». Si nos trasladamos quinientos años después, descubrimos que la mezcla musical sigue viva y en forma en la música hip hop, en la que las letras, las melodías, las partes pegadizas y los riffs de músicas anteriores se reutilizan o se fusionan para crear una nueva canción. Por ejemplo, el éxito de Dr. Dre de 1992 «Let Me Ride» incorpora un ritmo de batería de James Brown, voces de Parliament y efectos sonoros de King Tee.[9] Un riff puede abrirse paso a través de toda la cultura musical: un solo de batería de The Winston de los años 60 se ha incorporado a más de mil canciones, desde Amy Winehouse a Jay Z.[10]

A menudo, combinar cosas en un segundo plano produce un salto tecnológico. Normalmente una fotografía se obtiene con una sola apertura de la lente, que deja pasar una cantidad fija de luz: como resultado, algunas partes quedan subexpuestas y otras sobreexpuestas. Si le sacas una foto a tu madre delante de una ventana, la totalidad de la luz que entra la ensombrece. La fotografía de alto rango dinámico (HDR por «high dynamic range») consigue que todo quede con el contraste correcto. Funciona de la siguiente manera: una cámara digital dispara una serie de tomas muy rápidas de la misma escena, pero todas con una apertura diferente que deja pasar distinta cantidad de luz. Como resultado encontramos una colección de fotos, algunas subexpuestas y otras sobreexpuestas, y toda la gama intermedia. A continuación el software combina las múltiples fotografías para optimizar el contraste local, es decir, el grado en que los objetos adyacentes se ven distintos uno del otro. La fotografía final es la construcción mixta de las diferentes fotografías, y a menudo se dice que es más real que la realidad, y todo ello gracias a una mezcla encubierta de diferentes exposiciones.

Los macrodatos pueden conducir a una forma de macro-combinación. Cuando tecleas un párrafo en Google Translator, el ordenador no intenta entenderte. Lo que hace es comparar lo que has escrito con una inmensa base de datos de traducciones y búsquedas humanas existentes, palabra por palabra y locución por locución para ver cuál se parece más. El resultado es que el software no necesita diccionario: la traducción es una cuestión de estadística. Le da igual lo que estés diciendo: tu texto no es más que un mosaico de los textos de los demás.

En la polifonía renacentista, puedes oír la mezcla de textos; en Google Translator, se da sin que te des cuenta.

A veces la yuxtaposición de dos fuentes es evidente, mientras que en otras resulta difícil de adivinar: las fuentes pueden mezclarse hasta el punto de que cueste separarlas. Como ejemplo de fusiones inconfundibles, consideremos la manera en que el cerebro de I. M. Pei consiguió que una pirámide egipcia resultara familiar en el patio del Louvre, o la manera en que las redes neuronales de Frida Kahlo fusionaron su cara con el cuerpo de un ciervo herido.

Como ejemplo de fuentes mezcladas de manera más completa, consideremos la proyección del artista Craig Walsh de caras humanas sobre árboles, o la obra de Elizabeth Diller y Ricardo Scofidio *Blur Building*, que es medio edificio medio nube, en la que miles de chorros de agua producen paredes de vapor.

El mismo grado de combinación se puede encontrar en las orillas arenosas de Brasil. Si mezclas el fútbol y el voleibol, obtienes ese popular deporte llamado futvóley, que se juega con una pelota de fútbol en una pista de vóley playa. Al igual que en el fútbol, los jugadores pueden tocar la pelota con cualquier parte de su cuerpo excepto las manos; al igual que en el voleibol, los equipos se van lanzando la pelota sobre la red hasta que toca el suelo, lo que supone un punto para el oponente. En el fútvoley, el mate se ve reemplazado por un movimiento llamado el *shark attack,* en el que un jugador levanta la pierna lo bastante para impactar la pelota por encima de la red.

En la otra punta del espectro de mezclas, encontramos aquellas en que es difícil separar las fuentes. Por ejemplo, no

resultó fácil darse cuenta de que el cuadro de Jasper Johns *O Through 9* consiste en esos dígitos superpuestos.

Este tipo de mezcla completa provocó que la civilización humana diera un gran salto adelante. Hace poco menos de diez mil años, los pobladores de Mesopotamia comenzaron a extraer cobre. Varios miles de años después, sus descendientes comenzaron a extraer estaño. Ninguno de esos dos metales es conocido por su dureza. Sin embargo, cuando se mezclaron, crearon la aleación del bronce, que es más duro que el hierro forjado. Encontramos la primera prueba de esa mezcla intencionada alrededor del 2500 a. C.: los artefactos de bronce de este periodo poseen una concentración mayor de estaño que la que encontramos en la mena de cobre natural. Acababa de nacer la Edad de Bronce: esta mezcla de cobre y estaño se convirtió en el material preferido para fabricar armas y armaduras, así como monedas, esculturas y vasijas. El bronce es una mezcla que oculta sus orígenes: costaría deducir que la combinación de dos metales blandos pueda producir esa aleación duradera de lustre dorado.[11]

Al igual que la aleación del bronce, los compuestos, las tinturas, las pociones y los elixires se crearon mezclando completamente sus componentes. En 1920, el creador de perfumes Ernest Beaux mezcló docenas de esencias naturales, incluyendo la rosa, el jazmín, la bergamota, el limón, la vainilla y el sándalo por primera vez con unos elementos sintéticos llamados aldehídos. Numeró los frascos con las distintas recetas y le pidió a su jefa, Coco, que escogiera su preferido. Ella los olió todos y escogió el frasco número cinco, y así fue como nació el perfume más famoso del mundo, Chanel N.º 5.

El cerebro repasa constantemente nuestro almacén de experiencias, y a menudo se le ocurren conexiones de lo más remotas. Cuando los Estados Unidos entraron en la Segunda Guerra Mundial, el ilustrador Norman Rockwell se basó en la industria moderna, en la conquista de los derechos de la mujer y en el cuadro de Miguel Ángel del profeta Isaías para introducir un nuevo personaje, Rosie la remachadora. Tal como escribe el científico cognitivo Mark Turner: «El pensamiento humano se extiende a través de vastas extensiones de tiempo, espacio, causalidad y materia (...). El pensamiento humano es capaz de recorrer todas estas cosas, ver conexiones entre ellas y mezclarlas.»[12]

La mayor parte del tiempo no sabemos que hacemos mezclas sin darnos cuenta, pero la polinización cruzada del saber sigue generando nuevas tecnologías. Por ejemplo, los microfluidos son una piedra angular del diagnóstico médico: una muestra de sangre se separa en pequeños canales sobre un plato especialmente diseñado, y en cada canal la sangre se analiza para encontrar diferentes patógenos. Por desgracia, el proceso de fabricación es caro y consume mucho tiempo, con lo que el equipo queda fuera del alcance del mundo en vías de desarrollo. En busca de una alternativa asequible, Michelle Khine y su equipo dieron con una solución sorprendente: Shrinky Dinks. El juguete consiste en unas hojas de plástico que se han precalentado y estirado hasta un tamaño lo bastante grande como para que un niño pueda dibujar encima. Cuando las hojas se vuelven a calentar, se encogen a su tamaño original, y convierten la obra de arte del niño en una miniatura. Utilizando una impresora láser y una tostadora, el equipo de Khine descubrió que podía inscribir canales en el Shrinky Dinks, calentar el plástico y encogerlo hasta formar un plato microfluídico funcional. Sin más coste que unos cuantos peniques por hoja, habían convertido un juguete en un mecanismo de análisis de sangre.

Cuando Albert Einstein trabajaba en su teoría de la relatividad general, creía que sería como ir en ascensor. Si el ascensor estaba en la Tierra, entonces la gravedad provocaría que al dejar caer una bola esta acabara en el suelo. Pero ¿y si estaba en el espacio exterior a gravedad cero, en un ascensor que ascendiera a gran velocidad? Al soltar una bola parecería caer exactamente de la misma manera, en este caso porque el suelo iría hacia ella a gran velocidad. Einstein comprendió que esos dos escenarios serían imposibles de distinguir: nunca sabríamos si la bola cae por culpa de la gravedad o por la aceleración. Su «principio de equivalencia» resultante demostró que la gravedad podía considerarse un tipo de aceleración. Cuando mezcló las ideas del ascensor y los cielos, obtuvo una inesperada intuición de la naturaleza de la realidad.

La mezcla es un poderoso motor de innovación porque permite que diferentes líneas de pensamiento se combinen para crear cosas novedosas. Aunque el reino animal alcanza la diversidad mediante la combinación sexual, siempre se ve limitado a las parejas genéticamente parecidas que viven al mismo tiempo. Por el contrario, una mente humana representa una enorme jungla de recuerdos y sensaciones en la que el apareamiento de ideas carece de limitación ninguna.

6. VIVIR EN LA COLMENA

Cuando los ingenieros de la NASA invirtieron la corriente eléctrica a bordo del Apolo 13 para recargar las baterías del módulo de mando, estaban doblando, al igual que cuando Picasso distorsionó los cuerpos humanos en *Les Demoiselles d'Avignon.* Cuando los ingenieros hicieron pedazos el equipo, estaban rompiendo, al igual que Picasso cuando fracturó el plano visual. Cuando los ingenieros unieron cartón, plástico, un calcetín y una manguera para construir un filtro de aire, estaban mezclando, al igual que Picasso cuando incorporó máscaras ibéricas y africanas a su retrato. Los materiales en bruto de los ingenieros y el artista eran diferentes, pero innovaron por los mismos medios: doblaron, rompieron y mezclaron lo que conocían. El resultado es que cada uno de ellos hizo historia, unos con un atrevido rescate, el otro con una obra de arte pionera.

Doblar, romper y mezclar son las herramientas que utiliza nuestro cerebro para transformar la experiencia en algo novedoso; son las rutinas básicas del software de la invención. Los materiales en bruto proceden de todos los aspectos de nuestra interacción con el mundo: formas de hablar, riffs musicales, juguetes, fotos, conceptos reveladores y todos los recuerdos que hemos acumulado. Al entrelazar esas tres operaciones, la mente humana dobla, divide y fusiona sus experiencias en formas nuevas. Nuestra civilización florece a partir de estas zigzagueantes ramas de derivaciones, reensamblajes y recombinaciones.

Pero hemos de considerar otro aspecto: el cerebro humano constantemente genera un excedente de ideas nuevas, pero la mayoría cae en el olvido. ¿Por qué hay tantas ideas creativas que no consiguen entrar en la corriente sanguínea social?

DÓNDE VAMOS ESTÁ CULTURALMENTE CONDICIONADO

No todas las ideas creativas encuentran su público. El mero hecho de doblar, romper y mezclar no garantiza que los espectadores aprecien el resultado final. El acto de creación no es más que la mitad de la historia: la otra mitad es la comunidad a la que va a parar la creación. La novedad es insuficiente: también hace falta que encuentre eco en la sociedad. La escritora Joyce Carol Oates describe la escritura de una novela como una especie de «experimento colosal y dichoso que se hace con palabras y se somete al juicio de tus coetáneos». Y lo que piensan tus coetáneos del experimento depende de la cultura en la que están insertos: las creaciones que se valoran en cualquier sociedad dependen de lo que ha habido antes que ellas. Los productos de nuestra imaginación se ven impulsados por la historia local.

Por ejemplo, lo que encuentras creativamente interesante depende de dónde vives. Los dramaturgos franceses del siglo XVII seguían las tres unidades dramáticas de Aristóteles: una obra ha de centrarse en una trama principal, tener lugar en un solo escenario y dentro de un solo día. Los dramaturgos ingleses contemporáneos, como Shakespeare, conocían estas convenciones, pero prefirieron no hacerles caso. Así, Hamlet abandona Dinamarca para ir a Inglaterra en un acto y regresa varias semanas después en el siguiente. Durante ese mismo periodo, el teatro noh japonés no representaba de manera

119

realista el espacio y el tiempo: dos personajes podían estar uno junto al otro y no coincidir en la obra.[1] Lo que se representaba en Londres y Tokio no podría haberse representado en París, porque las normas eran demasiado diferentes. Los creadores y el público por igual están sujetos a limitaciones culturales: una idea que surge en un lugar no tiene por qué poder trasladarse a otro, porque no se ha alimentado del mismo pasto cultural.

Del mismo modo, durante siglos los franceses y los ingleses siguieron criterios diferentes en el diseño de jardines. Los jardines franceses de los siglos XVII y XVIII contaban con un claro eje simétrico y estaban muy cuidados: se sometían al mismo rigor arquitectónico que un palacio. Al mismo tiempo, los jardines ingleses poseían caminos tortuosos y serpenteantes, y la vegetación crecía libremente. Se concebían para que parecieran desordenados. Capability Brown, uno de los principales jardineros ingleses del siglo XVIII, comparaba sus jardines con la poesía: «Aquí pongo una coma. Allí, cuando se hace necesario interrumpir la vista, coloco un paréntesis. Un poco más allá inserto un punto e inicio otro tema.»[2] Este enfoque de dejar que un jardín creciera a sus anchas nunca habría colado entre sus colegas franceses.

El jardín del palacio de Versalles, en Francia, y un jardín inglés diseñado por Capability Brown.

De igual modo, la Viena de los siglos XVIII y XIX era un semillero de compositores progresistas: Haydn, Mozart, Beethoven y Schubert vivían y trabajaban allí. No obstante, a pesar de su atrevimiento, ninguno de ellos compuso jamás una partitura en la que se pidiera a los músicos que tocaran un poco desafinados, o que se viera interrumpida por prolongados silencios, o que utilizara la expulsión del aire como rasgo expresivo, o el compás cambiara de velocidad, todo ello características habituales del gagaku, la música de la corte imperial japonesa, creada a medio mundo de distancia. Por muy imaginativos que fueran los compositores occidentales, circulaban por los estrechos canales de su propia cultura.

El ballet europeo de esta época idealizaba el movimiento elegante realizado sin esfuerzo aparente: cuando un bailarín saltaba, tenía que dar la impresión de que por un momento flotaba en el aire sin que su cara trasluciera ninguna emoción. Por el contrario, la danza india contemporánea seguía arraigada a la tierra, con movimientos corporales enérgicos y retorcidos, y rápidos gestos con la cabeza, las manos y los pies. Al cambiar fácilmente las expresiones faciales y la postura, un bailarín indio podía alternar entre representar a Shakti el creador y Shiva el destructor dentro de la misma danza: una dualidad impensable en el ballet clásico europeo. Aunque podríamos imaginar que la creatividad no tiene límites, nuestro cerebro, y lo que produce, está conformado por el contexto social.

Y no es solo que esté constreñido por la cultura: incluso las verdades científicas se reciben de manera distinta en lugares distintos. Durante la Segunda Guerra Mundial, los Estados Unidos dieron la bienvenida a los científicos emigrados que huían de la Alemania nazi, entre ellos Einstein, Szilard, Teller y el resto de un pequeño grupo que creó la primera bomba atómica, acabando así con la guerra. Pero los nazis les llevaban la delantera, pues también tenían de su parte a brillantes científicos como Werner Heisenberg. ¿Por qué los nazis no ganaron entonces la carrera nuclear? El medio cultural jugó un papel fundamental. Mientras la reputación de Einstein crecía en el mundo libre, varios científicos alemanes nacionalistas rechazaban sus teorías tachándolas de «ciencia judía», y declaraban que no valía la pena prestarles más atención.[3] Entre los detractores estaba el premio Nobel alemán Philipp Lenard, que proclamó que las teorías de Einstein «nunca estuvieron pensadas para ser ciertas». Por el contrario, según Lenard el propósito subversivo de la ciencia judía era confundir y engañar al pueblo alemán. Por culpa del filtro de sus prejuicios, los nazis comprendieron la verdad científica de manera distinta que los estadounidenses.[4]

No solo las teorías, sino también los inventos encuentran un destino diferente según dónde se conciben. Consideremos una tecnología avanzada que se creó al mismo tiempo en dos lugares distintos después de la Segunda Guerra Mundial. En Bell Labs de New Jersey, los ingenieros desarrollaron un pequeño dispositivo capaz de amplificar la señal eléctrica de manera más eficaz que los grandes tubos de vacío que se utilizaban entonces. A ese invento lo llamaron «transistor». Mientras tanto, en un laboratorio de Westinghouse situado en una pequeña aldea cerca de París, dos científicos exnazis descubrieron un dispositivo casi idéntico al que llamaron «transitrón». Bell Labs lo remitió a la oficina de patentes de los Estados Unidos, y Westinghouse a la francesa. Al principio, pareció que los franceses se iban a imponer: los dispositivos producidos por sus laboratorios eran de mayor calidad que los americanos. Pero la ventaja pronto se disipó. En París la idea no halló eco: los funcionarios del gobierno perdieron interés y dirigieron sus recursos a la energía nuclear.[5] Mientras tanto, el transistor de Bell Labs se hizo más fiable y más fácil de fabricar, y comenzó a utilizarse en las radios portátiles. Al cabo de una generación, los transistores se encontraban en todos los dispositivos electrónicos, y con el tiempo acabaron siendo la base de la revolución digital. En los Estados Unidos, los inventores consiguieron capitalizar el invento que definió las décadas posteriores. Al otro lado del Atlántico, el transitrón sufrió un cortocircuito.

No solo importa *dónde* vives, sino también *cuándo* vives. Las culturas evolucionan; los gustos y las actitudes cambian. Pensemos en *El rey Lear* de Shakespeare, que acaba con el personaje que da título a la obra arrodillado ante el cadáver de su amada hija Cordelia, después de que la hayan ahorcado. Grita Lear: «¿Por qué un perro, un caballo o una rata pueden vivir, y tú ya no alientas?» Pocas generaciones después de Shakespeare, Nahum Tate adaptó la obra para que tuviera un final feliz. Con ello, *El rey Lear* convergía con los criterios artísticos y culturales de la Inglaterra de la Restauración, en la cual la justicia poética era obligatoria. En la nueva versión, Cordelia vive, la verdad y la virtud triunfan, y el rey Lear recupera el trono, un paralelo con la recuperación de la monarquía por parte de Carlos II.[6] Durante más de un siglo, la versión de Tate suplantó la de Shakespeare. Algo parecido se podría decir de la obra de Lillian Hellman *La calumnia (The Children's Hour)*, que cuenta la historia de dos profesoras a las que se acusa de un ilícito romance lesbiano. Cuando se convirtió en película en la década de 1930, la supuesta relación se convirtió en heterosexual, debido a las exigencias de la época. Varias décadas más tarde, el mismo director, William Wyler, hizo otra versión cinematográfica: las prohibiciones morales habían desaparecido y se restauró el relato original de Hellman.

Al igual que ocurre con las obras de teatro y las películas, el progreso científico también se ve conformado por el momento histórico. Muchos elementos del método científico que hoy en día consideramos indispensables —la experimentación, la publicación de resultados, la descripción detallada de los métodos, que pueda reproducirse, que una comunidad de científicos examine las ideas– surgieron a finales del siglo XVII en Inglaterra en el periodo posterior a la guerra civil que asoló el país. Anteriormente, las ciencias naturales no investigaban mediante la experimentación, sino a través de la revelación individual y la especulación teórica. Los datos científicos quedaban en un segundo plano ante la intuición visionaria. Al término de la guerra civil, los científicos buscaban una manera de estrechar lazos por el bien del país. El químico Robert Boyle consideraba que la prueba tangible que proporcionaban los experimentos era una manera de crear un consenso más sólido. No obstante, sus métodos encontraron una feroz oposición, sobre todo por parte del filósofo Thomas Hobbes, que opinaba que las decisiones tomadas por un comité eran poco fiables y susceptibles de manipulación. Recelaba sobre todo de la élite que dominaba la comunidad científica.[7]

El método experimental de Boyle acabó prevaleciendo no solo a causa de sus méritos científicos, sino también porque satisfacía las necesidades de su tiempo. La revolución de 1688 derrocó el poder absoluto del monarca en favor del poder parlamentario. Fue en este contexto donde floreció el método experimental de Boyle: democratizó la ciencia poniendo énfasis en la investigación colectiva. Anteriormente, cuando los reyes mandaban con absoluta autoridad, los científicos poseían un peso desmesurado para declarar cuanto se les antojaba. Ahora que la supremacía era del Parlamento, también lo era de los científicos ciudadanos.[8] Algo tan fundamental como la búsqueda de la verdad quedaba conformado por sus circunstancias culturales.

Es precisamente debido a la importancia del contexto histórico que las innovaciones nacen en un momento concreto. En la línea temporal de la historia encontramos puntos que representan innovaciones que cualquiera *pudo* haber inventado antes –todas las piezas y partes estaban al alcance de cualquiera–, solo que nadie *lo hizo*. Consideremos el diálogo que aparece en el relato de Ernest Hemingway «Colinas como elefantes blancos», en el que un hombre y una mujer hablan, de manera indirecta, de un aborto:

–La cerveza está buena y fría –dijo el hombre.
–Está deliciosa –dijo la chica.
–La verdad es que se trata de una operación de lo más simple, Jig –dijo el hombre–. Ni siquiera puede decirse que sea una operación.
La chica miró el suelo, donde se apoyaban las patas de la mesa.
–Sé que no te afectará, Jig. No es nada, de verdad. Es solo para dejar que entre el aire.
La chica no dijo nada.
–Iré contigo y estaré todo el tiempo a tu lado. Tan solo dejan que entre el aire y luego todo es perfectamente natural.
–¿Y qué haremos luego?
–Luego estaremos bien. Igual que estábamos antes.[9]

Todas las frases del pasaje anterior están escritas en un inglés sencillo. No había nada que impidiera a los autores de cien años antes escribir en el mismo estilo. Pero nadie lo hizo. Al contrario, los escritores de generaciones anteriores se expresaban de manera distinta. Consideremos este diálogo de la novela de James Fenimore Cooper *Los pioneros,* publicada un siglo antes:

–Me aflige presenciar el despilfarro que inunda este país –dijo el juez–. Los colonos tratan sin el menor respeto los bienes de los que podrían disfrutar, con la prodigalidad de prósperos aventureros. Usted mismo no está exento de esta censura, Kirby, pues causa terribles heridas a estos árboles cuando una pequeña incisión surtiría el mismo efecto. Le ruego encarecidamente que recuerde que tienen siglos de antigüedad, y que cuando uno desaparezca ninguno de los que le sobrevivan podrá remediar la pérdida.[10]

Los lacónicos personajes de Hemingway mantienen toda una conversación con el mismo número de palabras. Aunque Hemingway escribía con un vocabulario parecido al de Cooper, su prosa no es compatible con el lector decimonónico, que la habría considerado demasiado indirecta y escasa.

Del mismo modo, todo lo que Earle Brown necesitó para componer su obra de 1961 *Available Forms I* estaba a disposición de los compositores del siglo XIX, como Beethoven: la anotación, los instrumentos, la afinación temperada occidental. Pero ningún compositor de esa época habría escrito una pieza en la que las partes de los músicos están formadas por casillas numeradas llenas de música, y en la que el director improvisa señalando a cada intérprete lo que tiene que tocar, dándole la entrada y la salida a su antojo. Como resultado de esta flexibilidad, *Available Forms I* nunca suena igual dos veces. Para la sensibilidad occidental del siglo XIX, la música estaba cuidadosamente realizada y coordinada, y tenía que sonar de manera parecida y reconocible a cada escucha. Un compositor de esa época podría haber escrito una pieza como *Available Forms I,* pero se hubiera alejado demasiado de las normas culturales, y la posibilidad era por tanto inviable para un creador y su público.

Por culpa de las características de su historia, cada emplazamiento limita la obra que allí se produce. A pesar de que la obra creativa aspira a la eternidad, básicamente depende de su medio.

UN EXPERIMENTO EN EL LABORATORIO DEL PÚBLICO

En marzo de 1826, el compositor Ludwig van Beethoven estaba sentado en un bar al otro de la calle de la residencia vienesa en la que se estaba estrenando su último cuarteto de cuerda. Ya profundamente sordo, no habría sido capaz de oír el concierto, pero si se mantenía alejado era porque la posible reacción del público a su último movimiento le tenía un tanto inquieto. Beethoven lo había titulado *Grosse Fuge:* la Gran Fuga. De una duración de diecisiete minutos, era el movimiento final más largo que se había escrito nunca, de la misma duración que muchos cuartetos de cuerda enteros. Dentro de un solo movimiento prolongado, encerraba una rápida obertura, otra parte lenta y elegante, un interludio que era una especie de danza y un vivo y entusiasta final. La *Grosse Fuge* equivalía a un minicuarteto de cuerda autónomo de cuatro movimientos. Y no solo eso, sino que el movimiento final contenía sonidos y ritmos complejos que en época de Beethoven nadie había oído antes. Al colocar un movimiento final tan exigente para rematar un cuarteto de extensión ya completa, Beethoven sabía que le estaba exigiendo mucho a su público.

Beethoven estaba atrapado en una situación creativa habitual: cuando llega el momento de presentar tu obra, no existen las ideas infalibles. La creatividad es un acto intrínsecamente social, un experimento en el laboratorio del público. Cualquier obra nueva se evalúa en un contexto cultural, de manera que la recepción de cualquier innovación depende de lo que ha habido antes y de lo cerca o lejos que está de sus antepasados. Constantemente intentamos juzgar si hemos de ser muy fieles a los criterios de la comunidad o intentar ir más allá; buscamos el lugar ideal entre la familiaridad y la novedad.

Al componer un movimiento final tan atrevido, Beethoven había decidido apostarlo todo a la novedad. De manera que se quedó sentado en el bar y esperó a que su amigo Holz, el segundo violinista, le transmitiera el veredicto del público. Holz llegó por fin, y muy excitado le dijo a Beethoven que el cuarteto había sido un éxito: el público había pedido que se repitieran los movimientos centrales. Beethoven se animó. Pero acto seguido le preguntó por la *Grosse Fuge.* Holz le contestó que, por desgracia, nadie había pedido un bis de esa pieza. Amargamente decepcionado, Beethoven maldijo a ese público compuesto, según el, de «asnos y ganado», y dijo que la *Grosse Fuge* era el *único* movimiento que valía la pena tocar dos veces.[11]

El experimento de Beethoven había ido demasiado lejos, según los criterios de la comunidad. Un crítico presente en el estreno escribió que el movimiento final era «tan incomprensible como el chino».[12] Incluso los admiradores más acérrimos de Beethoven consideraron que la obra les había superado. A su editor le preocupaba que la polémica provocada por el último movimiento perjudicara la demanda de toda la pieza. Por ese motivo, el editor le pidió a Holz que le transmitiera una propuesta a Beethoven: que eliminara la *Grosse Fuge* y escribiera un último movimiento nuevo. Holz escribió:

> Mantuve ante Beethoven que su Fuga, que se apartaba de lo habitual y sobrepasaba en originalidad incluso a los últimos cuartetos, debería publicarse como una obra separada (...). Le comuniqué que [su editor] estaba dispuesto a pagarle unos honorarios suplementarios por el nuevo final. Beethoven me dijo que se lo pensaría.

Beethoven tenía fama de prestar poca atención a las capacidades de sus intérpretes o a las facultades del público; pero esta vez, de manera insólita, estuvo de acuerdo con su editor.[13] A la hora de tener que hacer frente a un resultado decepcionante, Beethoven optó por una solución intermedia: regresó a su estudio y compuso un último movimiento nuevo y lírico, más suave y amable que la *Grosse Fuge,* y de un tercio de su extensión. No consta en ningún documento por qué lo hizo, pero es un ejemplo llamativo del compromiso entre el impulso creativo y la comunidad que va a recibirlo.

El dilema de Beethoven se ha repetido incontables veces: ¿hay que crear algo que no se aleje de lo familiar o algo que explore un terreno nuevo? En busca del punto ideal entre ambos, los creadores a veces se inclinan por lo conocido. Parece algo más seguro, porque se construye sobre lo que la comunidad ya conoce y ama. Pero pecar de conservador conlleva otro riesgo: el público puede que avance sin ti.

Consideremos el smartphone BlackBerry. En 2003, la empresa tecnológica RIM introdujo el primer BlackBerry en el mercado. Su principal innovación era un teclado completo QWERTY, que permitía responder correos electrónicos y contestar llamadas telefónicas. En 2007, los teléfonos BlackBerry tenían tanto éxito que el valor de las acciones de la empresa se multiplicó por ocho. RIM se convirtió en una de las empresas más boyantes del sector tecnológico. Ese mismo año Apple introdujo el primer iPhone. La cuota de mercado y el precio de las acciones de BlackBerry siguieron subiendo durante un tiempo, alcanzando nuevos máximos, pero la atención del público comenzó a dirigirse hacia los teléfonos táctiles. Sin embargo, BlackBerry se mantuvo fiel a su diseño. Esperaba que el iPhone fuera una moda pasajera. A los pocos años, la cuota de mercado de la empresa había descendido un 75 por ciento, y el precio de las acciones se había desplomado desde un máximo de 138 dólares a 6,30. ¿Cuál fue el error de Black-Berry? Se aferró demasiado tiempo a su idea, y no supo ver que los teléfonos se transformaban rápidamente en dispositivos multimedia. En un BlackBerry, el teclado físico limita el tamaño de la pantalla y reduce el placer de ver películas y utilizar las aplicaciones. Lo que había funcionado en 2007 unos años más tarde ya no era óptimo. La empresa había sido demasiado tímida en su avance, y no había ido lo bastante lejos.

El mismo destino recayó sobre Eastman Kodak. George Eastman inventó el primer rollo de película flexible en 1885. A mediados de la década de 1970, Eastman controlaba un increíble 90 por ciento de las ventas de película y un 85 por ciento de las ventas de cámaras de los Estados Unidos. Nueve de cada diez fotografías tomadas en el país eran «momentos Kodak». No obstante, la empresa, demasiado centrada en acaparar las ventas de película analógica, respondió con demasiada vacilación a la tecnología digital. Aunque introdujo su propia línea de cámaras digitales, no supo prever hasta qué punto la nueva tecnología suplantaría el revelado químico. En el 2012, la empresa que había fundado la industria fotográfica se declaró en bancarrota.

Una y otra vez, empresas que habían tomado la delantera con una atrevida innovación se quedaron atrás al no saberse adaptar al cambio de los tiempos. Si en el año 2000 querías ver una película en casa, lo más probable es que te dejaras caer por el Blockbuster de tu barrio, al igual que otros millones de ciudadanos. Fundada por un programador de ordenadores, Blockbuster fue una empresa pionera en el uso del software de rastreo, que hacía un seguimiento de las tendencias de alquiler y procuraba que los lanzamientos más populares estuvieran siempre en stock. En su momento de más éxito, Blockbuster tenía once mil tiendas en todo el mundo. Pero la empresa no consiguió responder con suficiente rapidez al aumento de la banda ancha, que permitía ver las películas directamente en tu casa. En 2014 la última tienda Blockbuster cerró sus puertas en Estados Unidos. Alquilar una película en un videoclub se había convertido en algo del pasado. Al igual que BlackBerry y Kodak, Blockbuster había creído durante demasiado tiempo que su solución era la más adecuada.

Como os dirán los antiguos empleados de esas compañías, a veces aferrarse a los éxitos anteriores no es suficiente, sino que hay que dar un gran salto para que el público se fije en ti. Es lo que ocurrió cuando la iluminación eléctrica reemplazó la de gas, los automóviles reemplazaron los carruajes de caballos, las películas sonoras reemplazaron las mudas, el transistor reemplazó los tubos de vacío y los ordenadores de mesa reemplazaron las unidades centrales.

Podría parecer que la revolución es la clave. Pero esa estrategia embarranca con la misma frecuencia que los pasos que son demasiado graduales.

IR DEMASIADO LEJOS SIN QUE NADIE TE SIGA

Entre 1865 y el comienzo de la Segunda Guerra Mundial, hubo varios centenares de intentos de crear un lenguaje universal. La meta consistía en construir una lengua «perfecta» que resultara fácil de aprender y resolviera las dificultades del lenguaje natural. Muchos dignatarios, entre ellos Eleanor Roosevelt, se manifestaron a favor de sus esfuerzos, creyendo que una lengua compartida favorecería la paz mundial. Aparecieron idiomas con nombres tan pintorescos como auli, espido, esperido, europal, europeo, geoglot, globaqo, glosa, hom-idyomo, ido, ilo, interlingua, ispirantu, latino sine flexione, mundelingva, mondlingvo, mondlingu, novial, occidental, Perfektsprache, simplo, ulla, universalglot y volapük.[14] Casi todos se construían de manera parecida: anclados en raíces europeas, pero con una ortografía y una sintaxis más lógica y sin terminaciones irregulares.

Nadie se acercó tanto a lo que sería un lenguaje universal como L. L. Zamenhof, el inventor del esperanto. En el esperanto, cada letra equivale a un solo sonido. Todos los verbos se conjugan igual. El vocabulario se construye añadiendo prefijos y sufijos de significados predecibles. Por ejemplo, el sufijo *eg* significa grande en tamaño o intensidad; *vento* significa viento, mientras que *ventego* significa fuertes vientos; *domo* significa casa, y *domego* significa mansión.[15]

131

Al principio, el esperanto era un idioma utilizado tan solo por Zamenhof y su futura esposa, y en él se escribían cartas de amor. Pero después de que Zamenhof publicara el tratado de introducción del esperanto, comenzó a tener seguidores. Se celebraron congresos internacionales. En 1908, el pequeño territorio belga-prusiano de Neutral Moresnet inició un movimiento para rebautizarse como Amikejo («Lugar de la Amistad»), en lo que sería el primer Estado libre que hablaría esperanto. El movimiento esperantista alcanzó su máximo impulso después de la Segunda Guerra Mundial: medio millón de personas elevaron una petición a las Naciones Unidas para adoptarlo como idioma oficial. En 1948 sus defensores afirmaron que el esperanto había «capeado todas las tormentas y soportado la prueba del tiempo (...). Se ha convertido en la lengua viva de personas vivas (...) dispuesto a servir a una escala mucho mayor».[16]

Esta declaración acabó siendo el cénit del esperanto. A partir de ahí el entusiasmo por el nuevo idioma menguó: nunca fue adoptado como primer o segundo idioma de ningún país, y solo hay un millar de hablantes autóctonos que han aprendido el idioma de niños. Aunque nuestro mundo globalmente interconectado se vería enriquecido por un lenguaje universal, pedirle a la población que aprendiera un idioma completamente nuevo era un paso demasiado grande. A pesar de sus evidentes ventajas, un lenguaje universal ha resultado ser algo demasiado revolucionario.

Se han intentado muchas soluciones igualmente radicales en otros temas, pero también se han quedado por el camino. Consideremos el calendario. Desde que el papa Gregorio introdujo al calendario gregoriano en 1582, muchos pensadores han presionado para medir los días y las estaciones de una manera mejor. Después de todo, ¿no sería preferible tener un calendario en el que todos los meses fueran igual de largos y se pudiera utilizar el mismo calendario un año tras otro? En

1923, las llamadas a desbancar el calendario gregoriano se hicieron tan imperiosas que la Liga de Naciones patrocinó una competición mundial. El ganador fue un calendario perenne de trece meses ideado por Moses Cotsworth. Tal y como este lo concibió, cada mes tenía veintiocho días, y cada año comenzaba en domingo. El decimotercer mes –llamado sol en honor al astro rey de nuestro sistema– se insertaba entre junio y julio. George Eastman, el fundador de Eastman Kodak Company, estaba tan entusiasmado con el calendario de Cotsworth que lo convirtió en el oficial de su empresa durante sesenta años. Sin embargo, los Estados Unidos se opusieron al plan de la Liga de Naciones, descontentos con que su Cuatro de Julio cayera ahora en el «17 de Sol». A pesar de años de insistencia, la propuesta de convertir el calendario de Cotsworth en universal murió en 1937.

Varias décadas más tarde, Elizabeth Achelis propuso el Calendario Mundial: un calendario de doce meses que nunca cambia. Teniendo en cuenta que a las cincuenta y dos semanas de siete días les falta uno para ser un año completo, el último día del año se designaba como «Día Mundial», de manera que el ciclo pudiera comenzar otra vez en domingo. Los grupos religiosos objetaron que el día extra trastocaba su ciclo de adoración semanal, y el resultado fue que las Naciones Unidas tampoco lo ratificaron.

Siguieron llegando propuestas. El autor de ciencia ficción Isaac Asimov propuso el Calendario Estacional Mundial, que eliminaba los meses y dividía el año en cuatro estaciones de trece semanas cada una. Al igual que el Calendario Mundial, contaba con un día extra al final del año. El calendario Simetría 454 de Irv Bromberg presentaba unos meses de veintiocho o treinta y cinco días; en lugar de un día cada año, añadía una semana *bisiesta* en diciembre una vez cada cinco o seis años.

Estos calendarios novedosos tuvieron seguidores, pero, al igual que los lenguajes universales, no acabaron de afianzarse.

Había que superar demasiados problemas. En nuestro mundo interconectado actual, sería imposible una transición en fases; habría que actualizar prácticamente todo el software. Y sustituir un nuevo sistema también significaría que habría que recalcular las fechas históricas, o la gente tendría que aprender dos sistemas: uno para el pasado y otro para el futuro. Una y otra vez, las molestias causadas por el calendario del papa Gregorio no se han visto compensadas por la inconveniencia de cambiarlo. Aunque ahora los calendarios aparezcan decorados con modelos en bañador o bomberos sin camisa, el calendario del papa renacentista sigue vigente.

A pesar de que la industria glorifica la renovación, adentrarse en aguas inexploradas es peligroso. Por ejemplo, ahora que el mundo se enfrenta a los peligros del cambio climático y a un posible agotamiento de los combustibles fósiles, la industria del automóvil duda entre hacer que los motores convencionales sean más eficientes (una solución intermedia) o pasarse a otra tecnología, como el motor eléctrico o el de hidrógeno (una solución renovadora). Uno de los inconvenientes de los vehículos eléctricos es que tardan en recargarse: en la actualidad, decenas de veces más de lo que cuesta llenar un depósito de gasolina. Por ello, la empresa Better Place propuso una solución novedosa: el cambio de baterías. Llegas a una gasolinera, y en cuestión de minutos cambias tu batería agotada por una llena. La empresa escogió Israel como base ideal de pruebas por el pequeño tamaño del país y la conciencia ecológica de la población. Con el apoyo del gobierno, Better Place construyó 1.800 estaciones de servicio por todo el país y las abrió. La empresa contaba con que una masa crítica se pasaría a los coches eléctricos. Por desgracia, resultó difícil superar la inercia de la gente: a pesar de una gran campaña publicitaria, los compradores de coches no estaban dispuestos a dar el paso. Better Place no pudo vender suficientes vehículos para que las estaciones fueran solventes.

Seis años después de su triunfal debut, la compañía se declaró en bancarrota.

Vivimos en un perpetuo tira y afloja entre lo predecible y lo sorprendente. Lo que se centra tan solo en lo que funciona puede acabar aburriendo, pero si nos apartamos demasiado de nuestra zona de confort, a lo mejor nos encontramos con que nadie nos acompaña. El equilibrio perfecto entre la familiaridad y la novedad es un blanco móvil, y cuesta acertar. Incontables ideas han acabado en el basurero de la historia porque se erró el tiro: las flechas no llegaron a la diana o fueron demasiado lejos. Cuando Microsoft actualizó su software a Windows 8, fue criticado por ir demasiado lejos: la reacción fue tan hostil que quienes lo habían creado fueron despedidos. Mientras tanto, las actualizaciones de Apple fueron criticadas por demasiado conservadoras. Como dice Joyce Carol Oates, la creatividad es siempre un experimento.

Los gustos culturales cambian constantemente, y no siempre avanzan a zancadas regulares. A veces se arrastran y a veces saltan. Además, la dirección del movimiento no es siempre predecible. Por eso el esperanto sigue siendo una aspiración no satisfecha, y Blockbuster está desapareciendo de nuestra memoria colectiva. No es sencillo saber cuándo una jugada acabará en gol.

LA BÚSQUEDA DE LA BELLEZA UNIVERSAL

Todos somos humanos, por lo que, a pesar de los caprichos del contexto cultural, ¿podría existir una belleza universal que estuviera por encima del dónde y el cuándo? ¿Podrían existir unos rasgos inmutables de la naturaleza humana que condicionaran nuestras elecciones creativas, una melodía intemporal que guiara las improvisaciones de la vida cotidiana? Siempre ha existido la búsqueda de esos universales, porque su valor como Estrella Polar podría guiar nuestras elecciones creativas.

Uno de los candidatos más citados para la belleza universal es la simetría visual. Consideremos los dibujos geométricos de las alfombras persas y los techos de la Alhambra en España, creados en lugares y periodos históricos distintos.

Pero la relación entre belleza y simetría no es absoluta. El arte rococó fue popular en la Europa del siglo XVIII, y rara vez era asimétrico, mientras que los jardines zen son valorados precisamente por su *falta* de simetría.

Nacimiento y triunfo de Venus, de François Boucher, y un jardín zen.

De manera que quizá deberíamos buscar la belleza universal en otra parte. En 1973 la psicóloga Gerda Smets realizó unos experimentos utilizando electrodos en la cabeza (algo conocido como electroencefalografía o EEG) para registrar los niveles de actividad cerebral producidos por la observación de diferentes formas. Observó que el cerebro muestra una respuesta máxima ante formas que poseen una complejidad de más o menos el 20 por ciento.

La segunda fila empezando por arriba muestra aproximadamente un nivel de complejidad del 20 por ciento (de Smets, 1973).

Los recién nacidos se quedan mirando más rato las formas que poseen un 20 por ciento de complejidad que las otras. El biólogo E. O. Wilson sugirió que esta preferencia podría dar lugar a una belleza universal biológicamente impuesta en el arte humano:

Podría ser una coincidencia (aunque no lo creo) que más o menos el mismo grado de complejidad sea compartido por una gran parte del diseño de frisos, enrejados, colofones, logogramas y diseños de banderas (...). El mismo nivel de complejidad caracteriza parte de lo que se considera atractivo en el arte primitivo y en el arte y el diseño modernos.

Pero ¿tiene razón Wilson? Puede que el estímulo sea un punto de arranque para la estética, pero ahí no se acaba todo. Vivimos en sociedades que de manera crónica se esfuerzan por sorprender e inspirarse unas a otras. En cuanto una complejidad del 20 por ciento se convierte en hábito, pierde su atractivo, y los humanos buscan otras dimensiones de la novedad.

Consideremos dos pinturas abstractas realizadas con pocos años de diferencia: una es de Vasili Kandinski, y la otra de su compatriota ruso Kazimir Malévich. La caótica colisión de colores de Kandinski en *Composición VII* (1913) posee una gran complejidad, mientras que la prodigiosa serenidad del cuatro de Malévich *Blanco sobre blanco* (1918) posee la coherencia visual de un paisaje cubierto por la nieve. Incluso con las mismas limitaciones biológicas (y trabajando en el mismo contexto cultural y prácticamente al mismo tiempo), Kandinski y Malévich produjeron unas obras radicalmente diferentes.

De manera que el arte visual no está condenado a seguir ninguna receta. De hecho, en cuanto Smets concluyó sus experimentos, preguntó a los participantes qué imágenes *prefe-*

rían. Ahí no hubo consenso.[17] Una mayor respuesta cerebral a la complejidad del 20 por ciento no predecía en absoluto las preferencias estéticas de los sujetos, que se distribuían por todo el espectro. Cuando llega el momento de juzgar la belleza visual, no existen reglas biológicas absolutas.

De hecho, el entorno en que vivimos puede cambiar nuestra manera de ver. En la ilusión de Müller-Lyer (abajo), el segmento *a* se percibe como más corto que el segmento *b,* aunque son exactamente de la misma longitud. Durante muchos años, los científicos consideraron que este era un rasgo universal de la percepción visual humana.

No obstante, los estudios interculturales revelaron algo sorprendente: la percepción de las ilusiones varía ampliamente, y los occidentales son atípicos.[18] Cuando los científicos midieron lo diferentes que les parecían los segmentos a diferentes grupos humanos, se encontraron con que la mayor distorsión pertenecía a los occidentales. Entre los zulúes, fangs e ijaws de África, quienes la observaban eran más o menos la mitad. Los bosquimanos del Kalahari, que son cazadores-recolectores, no cayeron en esa ilusión: enseguida se dieron cuenta de que *a* y *b* tenían la misma longitud.[19] Literalmente, la gente educada en Occidente no ve las cosas de la misma manera que los cazadores-recolectores del Kalahari. La experiencia del mundo cambia lo que uno considera cierto, y la visión no es ninguna excepción.[20]

¿Y la música? ¿No nos referimos a menudo a ella como un lenguaje universal? La música que escuchamos diariamente parece seguir unas normas consistentes. Pero si examinamos la música indígena de alrededor del mundo nos encontramos con una gran diversidad en lo que escuchan y cómo lo escuchan, con una variedad que va mucho más allá de la práctica familiar occidental. Cuando en Occidente los padres quieren que su bebé se duerma le cantan una nana, que poco a poco se va transformando en un susurro. Pero los pigmeos aka cantan cada vez *más fuerte* mientras le dan golpecitos al niño en la nuca. En la música clásica occidental, tocar afinado se considera hermoso, pero en la música japonesa tradicional, tocar desafinado se considera atractivo. En la música de algunas culturas indígenas, cada uno toca a su propia velocidad; en otras, como el canto gutural de Mongolia, la música no posee melodía reconocible; y en otras, la música se interpreta con instrumentos poco habituales, como los tambores de agua de las islas Vanuato, que marcan el ritmo sobre las olas. Los metros occidentales suelen acentuar cada segundo, tercer o cuarto pulso, pero los ritmos búlgaros incorporan unas estructuras métricas de siete, once, trece y quince pulsos, y existen ciclos rítmicos indios de más de cien pulsos. La afinación temperada occidental divide la octava en doce tonos de igual separación, mientras que la música clásica india divide la octava en veintidós tonos de desigual separación.[21] El oído occidental oye el tono agudo y grave, pero incluso eso resulta ser una construcción cultural: para el pueblo gitano de Serbia, los tonos son «grandes» y «pequeños»; para la tribu obaya-menza, son «padres» e «hijos»; y para el pueblo shona de Zimbabue, son «cocodrilos» y «gente que persigue a los cocodrilos».[22]

A pesar de estas diferencias, ¿existen lazos subyacentes en la música? ¿Se da alguna preferencia biológica a la hora de combinar los sonidos? Los científicos propusieron que todos nacemos con amor por la consonancia, y lo pusieron a prueba en bebés. Como los niños de entre cuatro y seis meses no pueden decirnos lo que piensan, hay que buscar pistas para su comportamiento. Un equipo de investigación instaló altavoces a cada lado de una habitación. En uno de ellos sonaba un minueto de Mozart. A continuación apagaron el altavoz, y en el otro sonó una versión distorsionada del mismo minueto, en la que la música de Mozart se convertía en un desfile de chirriantes disonancias. En el centro de la habitación había un bebé sentado en el regazo de uno de los padres, y los investigadores medían cuánto tardaba la criatura que escuchaba cada pieza en apartar la mirada. ¿Los resultados? Los bebés prestaron atención durante más tiempo al Mozart original que a la versión distorsionada. Parecía una prueba convincente de que la preferencia por la consonancia es innata.[23]

Pero más adelante los expertos en cognición musical comenzaron a poner en entredicho esta conclusión. Para empezar, existe música indígena, como el canto folclórico búlgaro, que se caracteriza por una predominante disonancia. Incluso dentro de la cultura occidental convencional, los sonidos que se consideran agradables han cambiado con el tiempo: las sencillas armonías consonantes del minueto de Mozart habrían asustado a un monje medieval.

Las científicas cognitivas Sandra Trehub y Judy Plantinga decidieron rehacer el experimento de los bebés. Se encontraron con un resultado sorprendente: los bebés escuchaban más tiempo cualquier muestra de música que oyeran primero. Si primero les ponían la versión disonante, mantenían la atención igual que si les ponían antes la consonante. La conclusión fue que no nacemos con una preferencia innata por la consonancia.[24] Al igual que ocurre con la belleza visible, los sonidos que apreciamos no son algo innato.

Los científicos se han esforzado por encontrar universales que constituyan un vínculo permanente en nuestra especie. Aunque todos lo hacemos con predisposiciones biológicas, un millón de años de doblar, romper y mezclar han diversificado nuestras preferencias. Somos productos no solo de la evolución biológica, sino también de la evolución cultural.[25] Aunque la idea de la belleza universal es atractiva, no capta la multiplicidad de creaciones a través del tiempo y el espacio. La belleza no está predestinada genéticamente. A medida que exploramos la creatividad, nos desarrollamos estéticamente: todo lo nuevo que consideramos hermoso contribuye a la definición de la palabra. Por eso a veces contemplamos grandes obras del pasado y no nos llaman mucho la atención; y, a la vez, encontramos espléndidos objetos que generaciones anteriores no habrían aceptado. Lo que nos caracteriza como especie no es una preferencia estética concreta, sino los múltiples y sinuosos senderos de la propia creatividad.

UN MUNDO SIN INTEMPORALIDAD

El dramaturgo del siglo XVII Ben Johnson saludó a Shakespeare, su contemporáneo, como alguien «no perteneciente a una época, sino a todos los tiempos».[26] Cuesta discutírselo: el Bardo nunca ha sido más popular que en la actualidad. En 2016, la Royal Shakespeare Company dio una gira mundial y representó *Hamlet* en 196 países. Las obras de Shakespeare se reponen y se reinterpretan continuamente. Las personas cultas de todo mundo lo citan. Shakespeare es una herencia que transmitimos de manera orgullosa a nuestros hijos.

Pero no tan deprisa, Ben. ¿Y si dentro de quinientos años podemos conectar implantes neuronales que nos den acceso directo a los sentimientos de los demás? Podría darse el caso de que la gran profundidad de nuestra experiencia cerebro-a-cerebro nos resulte tan placentera que ver una obra de tres horas de duración en un escenario (en la que los adultos se disfrazan y fingen ser otra persona y hablar de manera espontánea) se convierta en algo de mero interés histórico. ¿Y si los conflictos de los personajes de Shakespeare acaban pareciendo caducos, y en su lugar preferimos argumentos sobre ingeniería genética, clones, la eterna juventud y la inteligencia artificial? ¿Y si existe tal exceso de información que la humanidad ya no puede permitirse volver la mirada una o dos generaciones atrás, o ni siquiera uno o dos años?

Parece difícil imaginar un futuro en el que Shakespeare esté ausente de la oferta cultural, pero quizá sea un precio que tengamos que pagar por nuestra constante inventiva. Cambian las necesidades de los tiempos, la comunidad pasa página. Nos deshacemos de cosas sin cesar, hacemos sitio para lo nuevo. Incluso esas obras creativas consagradas por la cultura quedan olvidadas. Aristóteles fue el autor más estudiado del medioevo europeo. Todavía lo veneramos, pero más como una figura decorativa que como una voz viva. Por lo que se refiere a la producción creativa, lo «temporal» suele tener también fecha de caducidad.

Pero Shakespeare nunca ha desaparecido del todo: aun cuando sus obras se conviertan en coto de especialistas, el Bardo seguirá viviendo en el ADN de su cultura. Por lo que se refiere a la inmortalidad, quizá eso sea suficiente. Teniendo en cuenta la avidez de novedades de los humanos, si una obra creativa sobrevive cinco o seis siglos, ya ha alcanzado algo que pocas consiguen. Honramos a nuestros antepasados viviendo de manera creativa nuestra época, aunque eso signifique deshacerse del pasado. Es posible que Shakespeare quisiera ser el más grande dramaturgo de su época, pero es de suponer que no el último dramaturgo de todos los tiempos. Su voz se sigue oyendo junto a la de aquellos que ha inspirado. Algún día el hombre que escribió que «todos los hombres y mujeres (...) tienen su salida y su entrada en escena» puede que pase a un segundo plano en el escenario de la historia. La fugacidad y la obsolescencia son el precio que pagamos por vivir en culturas que se remodelan constantemente.

Estamos tan acostumbrados al mundo que nos rodea que sus cimientos creativos suelen ser invisibles. Pero todo –edificios, medicamentos, coches, redes de comunicación, sillas, cuchillos, ciudades, electrodomésticos, camiones, gafas de sol, neveras– es el resultado de la labor de asimilación, procesado y producción de cosas nuevas de los seres humanos. En cada momento del tiempo, somos los herederos del funcionamiento cognitivo del software de los miles de millones de personas que nos han precedido. Ninguna otra especie se esfuerza tanto en explorar territorios imaginarios. Ninguna otra está tan decidida a convertir lo ficticio en real.

A pesar de todo, no siempre somos tan creativos como nos gustaría. ¿Qué podemos hacer, pues, para desarrollar más completamente nuestro potencial? Veámoslo a continuación.

Segunda parte
La mentalidad creativa

7. NO PEGUE LAS PIEZAS

La LEGO película (2014) sumerge a los espectadores en un mundo construido enteramente de piezas de construcción de colores: no solo los edificios, sino también la gente, el cielo, las nubes, el mar, incluso el viento. El protagonista, una figurita llamada Emmet, intenta impedir que el malvado Megamalo congele el mundo con el Kragle, una misteriosa y poderosa sustancia. La única manera de detener a Megamalo consiste en encontrar la Pieza de Resistencia, una pieza mítica que neutraliza el Kragle. En el mundo de LEGO, las figuritas cantan el himno «Todo es horrible» mientras Emmet lucha por convencerlos de su inminente final.

A mitad de película, esta da un giro inesperado e introduce la acción real: resulta que el universo LEGO existe en la imaginación de un muchacho llamado Finn. En realidad, Megamalo es el padre de Finn, conocido como el Hombre de Arriba. Ha construido una elaborada ciudad de piezas de LEGO en el sótano de la casa, con rascacielos, bulevares y un tren elevado. Enfadado con su hijo porque le ha interrumpido, el Hombre de Arriba planea pegar todas las piezas permanentemente con Krazy Glue. La Pieza de Resistencia resulta ser el tapón del Krazy Glue. La ciudad de LEGO del Hombre de Arriba es el resultado de innumerables horas de esfuerzo.

Es hermosa, incluso perfecta, pero el público naturalmente se pone de parte del deseo de Finn de seguir construyendo y reconstruyendo, y se opone al plan de congelar el progreso del mundo.

Gracias a la inquietud del cerebro humano, no solo pretendemos mejorar la imperfección, también manipulamos las cosas que parecen perfectas. Los humanos no solo deshacemos lo que está mal, sino a veces incluso lo que está bien. Puede que diferentes creadores admiren o desprecien el pasado, pero todos comparten una característica: no quieren pegar las piezas. Tal como lo expresó el novelista W. Somerset Maugham: «La tradición es una guía, no un carcelero.» Puede que veneremos el pasado, pero no es intocable. Como hemos visto, la creatividad no surge de la nada: nos basamos en el almacén de materiales en bruto de la cultura. Y del mismo modo que un chef compra los mejores ingredientes para preparar una nueva receta, a menudo buscamos lo mejor de lo que hemos heredado para crear algo nuevo.

En 1941 los nazis trasladaron a los judíos polacos al gueto de Drogóbich, en lo que sería su última parada antes de enviarlos a morir a los campos de concentración. Entre los condenados había un escritor de enorme talento llamado Bruno Schulz. Aunque Schulz se había salvado temporalmente de la deportación gracias a un oficial nazi que admiraba su obra, otro oficial lo acribilló a tiros en medio de la calle. Pocas obras de Schulz sobrevivieron a la guerra. Entre sus únicas obras publicadas había una colección de relatos, *La calle de los cocodrilos*. Con los años el libro fue ganando renombre, y, un par de generaciones más tarde, el escritor estadounidense Jonathan Safran Foer le rindió homenaje. Pero en lugar de imitarlo, utilizó la tecnología del troquelado para recortar porciones del texto de Schulz y convertirlo en una especie de escultura en prosa. Foer no eliminó lo que *no* le gustaba, sino que escogió lo que adoraba. Mostró su admiración por la obra de Schulz convirtiéndolo en algo nuevo. Al igual que Finn, manipuló algo que ya estaba bien.

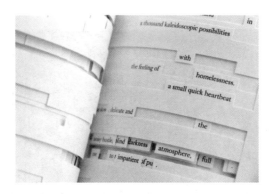

Una página del *Árbol de códigos* de Jonathan Safran Foer.

Generación tras generación, volvemos a montar los ladrillos de la historia. Édouard Manet deshizo algo que estaba bien para crear su cuadro de 1863 *Le Déjeuner sur l'herbe.* Sirviéndose del grabado del siglo XV *El juicio de Paris,* de Raimondi, como punto de arranque, transformó las tres figuras mitológicas de la esquina inferior derecha en dos caballeros burgueses y una prostituta repantingados en un parque parisino.

149

Posteriormente, Picasso deshizo lo que Manet había hecho bien para crear su versión del cuadro, al que dio el mismo nombre.

Y posteriormente, Robert Colescott remodeló el icónico cuadro de Picasso *Les Demoiselles d'Avignon* y lo convirtió en *Les Demoiselles d'Alabama*.

De vez en cuando las sociedades intentan que perduren las convenciones. Durante el siglo XIX, la Academia de Arte Francesa impuso sus criterios en el arte visual. Su intención era prescribir cómo tenía que ser el gusto del público y lo que se consideraba apropiado comprar. El criterio de la Academia era lo bastante amplio como para incluir a grandes pintores de estilos opuestos, desde los clasicistas a los líderes del movimiento romántico. Pero, al igual que el Hombre de Arriba, a lo largo del tiempo la Academia comenzó a querer pegarlo todo.

Cada dos años, la Academia presentaba un salón artístico, el foro más importante del país para las obras recientes. Era el lugar en el que tenías que exponer si querías dejar huella en el mundo del arte francés. El salón siempre fue muy selectivo, pero en 1863 el gusto del jurado se había vuelto demasiado estrecho: rechazaron miles de lienzos, muchos de pintores ya consagrados. Entre los rechazados se encontraba *Le Déjeuner sur l'herbe* de Manet. El jurado quedó escandalizado por su descarada sexualidad y su manejo aparentemente descuidado del pincel.

Anteriormente, los artistas cuya obra había quedado excluida no podían hacer otra cosa que aceptar su destino. Pero en esta ocasión, eran demasiados los artistas que habían desbaratado lo que según la Academia estaba «bien». Fueron tantos los pintores rechazados que los artistas protestaron. El clamor fue tan inmenso que el emperador Napoleón III visitó la sala de exposiciones para ver las obras rechazadas. Ordenó que se inaugurara un Salon des Refusés: un salón de rechazados cerca de la exposición principal para que el público pudiera juzgar por sí mismo. Más de cuatrocientos artistas se inscribieron. La Academia no se esforzó mucho en que el Salon des Refusés estuviera presentable: los lienzos estaban colocados de cualquier manera y había pocas indicaciones; no se publicó ningún catálogo. En comparación con el salón principal, parecía un mercadillo. A pesar de ello, la exposición de cuadros rechazados fue un punto de inflexión en la historia del arte occidental. Señaló el paso de los temas mitológicos e históricos a otros más contemporáneos. Las pinceladas meticulosas dieron paso a técnicas de pintura más experimentales.[1] Miles de personas se agolpaban en las abarrotadas salas, contemplando con enorme interés las obras que la Academia había deseado que no vieran nunca. La necesidad de zarandear la tradición había triunfado sobre los esfuerzos de mantenerla a cualquier precio.

El cerebro humano constantemente ha remodelado las piezas que tiene delante, y ese impulso hace evolucionar la ciencia y el arte. Los geólogos de principios del siglo XX, por ejemplo, creían que los continentes no se habían desplazado nunca. Según ellos, el atlas de la Tierra tenía el mismo aspecto en aquel momento que en cualquier otro de la historia; la estabilidad de la Tierra no estaba puesta en entredicho.[2] Teniendo en cuenta los datos disponibles en la época, se trataba de un argumento sólido basado en observaciones de campo.

Pero en 1911, Alfred Wegener leyó un artículo que afirmaba que a ambos lados del Atlántico se habían encontrado plantas y animales idénticos. Los científicos lo explicaron postulando que puentes terrestres, ahora hundidos, habían conectado antaño las dos orillas. Pero Wegener no podía dejar de pensar que la línea costera de África y la de Sudamérica encajaban perfectamente como un puzle. Posteriormente descubrió inesperadas correspondencias entre los estratos rocosos del sur de África y Brasil. Mediante una simulación mental, Wegener encajó los siete continentes en una sola masa terrestre que denominó Pangea. Postuló que este supercontinente debía de haberse partido hacía cientos de millones de años, y que sus enormes trozos se habían ido separando de manera gradual. El ensamblaje mental que hizo Wegener le permitió «ver» la historia de nuestro planeta de una manera que otros no habían conseguido: había descubierto la deriva continental.

Wegener presentó su hipótesis en un artículo publicado en 1912, y su libro *Los orígenes de los continentes y los océanos* se publicó tres años más tarde. Igual que Darwin había postulado que las especies evolucionan, Wegener afirmó que nuestro planeta cambia con el tiempo. La teoría de Wegener arrancaba los continentes de sus amarras y les permitía flotar como nenúfares. El hecho de que su modelo fuera contrario a la opinión imperante no le preocupó. Le escribió a su suegro: «¿Por qué vacilamos a la hora de arrojar por la borda viejas opiniones? (...). No creo que las viejas ideas sobrevivan otros diez años.»

Por desgracia, el optimismo de Wegener estaba fuera de lugar. Su obra fue ampliamente saludada con desdén y ridiculizada: para los científicos de la época resultaba «herética» y «absurda». El paleontólogo Hermann von Ihering bromeó diciendo que la hipótesis de Wegener «estallaría como una pompa de jabón». El geólogo Max Semper escribió que la demostración de la «realidad de la deriva continental se ha emprendido con medios inadecuados y es un completo fracaso». Semper añadía a continuación que sería aconsejable que Wegener «dejara de honrar la geología con su presencia y buscara otros campos hasta este momento descuidados para escribir encima de la puerta "Oh, san Florián, respeta esta casa"».

Wegener se enfrentó a varios problemas importantes. Casi todos los geólogos hacían trabajo de campo y no eran teóricos.[3] Para ellos los datos que tomaban y tenían entre manos lo eran todo. Wegener carecía de pruebas físicas. Solo podía aducir indicios circunstanciales de que los continentes antaño estuvieron unidos; era imposible volver atrás el reloj centenares de millones de años para aportar una prueba directa. Y peor aún, solo podía especular acerca de *cómo* se habían movido las placas de la Tierra. ¿Cuál era el motor geológico que había provocado esos desplazamientos sísmicos? Para sus colegas, Wegener había empezado la casa por el tejado: su hipótesis era demasiado deudora de la imaginación.

En un intento de convencer a sus contemporáneos, Wegener emprendió varias peligrosas expediciones hacia el norte para medir el movimiento de los continentes. No regresó de la última. Wegener se extravió a temperaturas gélidas mientras volvía a la estación base y murió de un ataque al corazón en noviembre de 1930. Estaba tan lejos que su cadáver no se recuperó hasta varios meses más tarde.[4]

Al cabo de varios años, la combinación de nuevos dispositivos de medida dio lugar a un aluvión de datos acerca del fondo oceánico, los campos magnéticos y las técnicas de fechado. Los resultados obligaron a los geólogos a reconsiderar la teoría descartada de Wegener. Con cierta vacilación, el geólogo Charles Longwell escribió: «La hipótesis de Wegener ha resultado tan estimulante y ha tenido implicaciones tan fundamentales en la geología que merece el interés respetuoso y favorable de todos los geólogos. Se han presentado reveladores argumentos a su favor, y sería necio rechazar cualquier concepto que ofrezca una posible clave a la solución de los profundos problemas de la historia de la Tierra.»[5] Unas décadas más tarde, el geólogo John Tuzo Wilson –que inicialmente había menospreciado la teoría de Wegener– cambió de opinión: «Esta concepción es algo que ninguno de nosotros había esperado a partir de nuestras limitadas observaciones (...). La Tierra, en lugar de parecer una estatua inerte, es algo móvil y vivo (...). Es una de las importantes revoluciones científicas de nuestro tiempo.»[6]

La deriva continental fue aceptada por los mismos que anteriormente la habían menospreciado. El impulso de Wegener de desafiar el *statu quo* –despegar los fragmentos continentales– había quedado reivindicado.

Las personas creativas a menudo rompen con su propia tradición cultural, e incluso se enfrentan a la suya propia. En la década de 1950 el pintor Philip Guston era una joven estrella de la escuela neoyorquina del expresionismo abstracto, y pintaba campos de color que parecían nubes.

A B.W.T. (1950) y *Pintura* (1954), de Philip Guston.

Después de varias retrospectivas importantes de su obra a principios de los años 60, Guston dejó de pintar una temporada, abandonó la escena artística neoyorquina y se trasladó a una casa aislada de Woodstock, Nueva York. Reapareció varios años más tarde. En 1970, se inauguró en la Galería Marlborough de Nueva York una exposición de su obra reciente. Pilló a sus admiradores por sorpresa: Guston se había pasado al arte figurativo. Mantenía su característica paleta de colores rojos, rosas, grises y negros, pero ahora pintaba imágenes grotescas a menudo deformes de miembros del Ku Klux Klan, cigarrillos y zapatos.

Riding Around (1969) y *Flatlands* (1970), de Philip Guston.

La reacción fue hostil de manera casi unánime. En una reseña aparecida en el *New York Times*, el crítico de arte Hilton Kramer calificó su obra de «torpe», y dijo que Guston se comportaba como «un tarugo grande y adorable». El crítico de la revista *Time*, Robert Hughes, se mostró igualmente desdeñoso. En relación con el tema del Ku Klux Klan, escribió: «Como declaración política, [los lienzos de Guston] son tan simplones como el fanatismo que denuncian.» Con toda esa publicidad negativa, la Galería Marlborough no renovó el contrato con el artista. Al romper con lo que los demás consideraban que estaba bien, Guston había decepcionado a muchos de sus más fervorosos admiradores. Pero se mantuvo en sus trece y siguió pintando arte figurativo hasta su muerte, en 1980.

Hilton Kramer nunca rectificó su opinión, aunque otros sí lo hicieron. En 1981 Hughes publicó una reevaluación de su obra:

> Los cuadros que Guston comenzó a pintar a finales de los 60 y exhibió por primera vez en 1970 eran tan distintos de su obra habitual que parecían un cambio radical deliberado e incluso de mal gusto (...). Si en aquella época alguien hubiera sugerido que el Guston figurativo ejercería una poderosa influencia en el arte estadounidense de diez años más tarde, la idea habría parecido increíble.
>
> Sin embargo, puede que haya sido así. En la década transcurrida, hemos encontrado una descontrolada proliferación de pintura figurativa torpe y un tanto punk en los Estados Unidos: cuadros que ignoran el decoro o la precisión en beneficio de una dicción ingeniosamente tosca y basada en el expresionismo. Está claro que Guston es el padrino de esta escuela, y por esta razón su obra suscitó más interés entre los pintores que tenían menos de treinta y cinco años que entre el resto de sus coetáneos.[7]

Y no solo fue el caso de Philip Guston. A finales de la década de 1960, los Beatles eran ya unos músicos consumados que habían alcanzado una enorme fama. Pero aunque producían un éxito tras éxito, el grupo seguía experimentando. Sus esfuerzos creativos alcanzaron la cima en el *White Album,* publicado en 1968. Surgió de la estancia del grupo en un *ashram* de la India y de la relación amorosa de John Lennon con la artista de vanguardia Yoko Ono. La última canción, «Revolution 9», consiste en un collage de loops que se repiten, cada uno a su propia velocidad, incluyendo fragmentos de música clásica que suenan al revés, clips de música árabe y al productor George Martin diciendo: «Geoff, enciende la luz roja.» ¿De dónde venía el título? Lennon grabó a un ingeniero de sonido que decía: «Esta es la prueba EMI número nueve», y a continuación unió las palabras «número nueve» y las reprodujo una y otra vez. Como le contó posteriormente a la revista *Rolling Stone,* era «mi cumpleaños y mi número de la suerte». Como era el corte más largo del álbum, el mensaje era que el grupo que había roto con las tradiciones de la música pop de la década de 1950 también consideraba llegado el momento de romper con sus propias tradiciones. Tal como expresó un crítico musical: «Durante ocho minutos, en un álbum oficialmente titulado *The Beatles* no había Beatles.»[8]

La destrucción creativa de las propias estructuras no se da solo en el arte, sino también en la ciencia. Uno de los biólogos evolutivos más importantes del mundo, E. O. Wilson, había pasado décadas investigando un enigma de la naturaleza: el altruismo. Si uno de los objetivos que definen a un animal es transmitir sus genes a la siguiente generación, ¿qué sentido tiene arriesgar su vida por otro? La solución de Darwin fue la selección familiar: los animales muestran un comportamiento no egoísta para proteger a sus parientes biológicos. Con Wilson al frente, los científicos evolutivos se unieron alrededor de la idea de que cuanto mayor fuera el número de genes en común, mayor era la probabilidad de una selección familiar.

Pero Wilson no estaba dispuesto a pegar las piezas. Después de cincuenta años defendiendo la selección familiar, cambió de postura. Comenzó a defender que los nuevos datos contradecían el modelo establecido. Algunas colonias de insectos compuestas de parientes cercanos no mostraban altruismo, y otras colonias con un patrimonio genético más diverso se comportaban de manera mucho menos egoísta. Wilson desarrolló una nueva teoría: hay entornos que exigen el trabajo en equipo para sobrevivir, y en esos casos se favorece genéticamente una tendencia a la cooperación. En otras situaciones, cuando el trabajo en equipo no nos proporciona ninguna ventaja, los animales miran por sí mismos, incluso a expensas de sus parientes.[9]

La reacción al artículo de Wilson fue feroz. Muchos importantes biólogos argumentaron que había perdido el rumbo y que su artículo no se debería haber publicado nunca. En una reseña del libro titulada «El declive de Edward Wilson», Richard Dawkins, uno de sus colegas más prestigiosos, no ahorró ninguna crítica: «Me ha recordado el antiguo chiste de *Punch* en el que una madre sonríe radiante al paso de un desfile militar y exclama orgullosa: "Ahí está mi chico, es el único que lleva el paso." ¿Es Wilson el único biólogo evolutivo que lleva el paso?»[10]

Pero a Wilson no le importaba no ir al paso de sus colegas. Otros se quedaron atónitos ante el hecho de que una figura tan venerada, ganador de dos premios Pulitzer, arriesgara su posición como científico. Pero Wilson, un innovador consumado, no tenía miedo de cambiar radicalmente su opinión para ir allí donde la ciencia lo llevaba, aunque ello significara echar al traste su propio legado. El jurado todavía debate la veracidad de la propuesta de Wilson (podría acabar siendo incorrecta), pero, acierte o no, no es de los que consideran que las piezas están pegadas para siempre.

El ser humano se renueva constantemente deshaciendo lo que está bien: los teléfonos de disco se convierten en teléfonos de botones, que a su vez se convierten en móviles que parecen un ladrillo, luego en teléfonos de bisagra y luego en smartphones. Los televisores se vuelven más grandes y más finos, y sin cables, curvados y en 3D. Incluso cuando las innovaciones entran en el flujo sanguíneo cultural, nuestra sed de novedades no acaba de saciarse.

El Stradivarius «Lady Blunt».

Pero ¿existe algún logro que alcance un estado de perfección tal que las mentes posteriores ya no se atrevan a tocarlo? Para encontrar una creación así, basta con considerar el violín Stradivarius. Después de todo, la meta de un lutier es crear un instrumento que consiga proyectar un tono profundo y hermoso hasta la última fila de la sala de conciertos y que al mismo tiempo sea cómodo de tocar. En manos del lutier italiano Antonio Stradivari (1644-1737), las proporciones, la elección de la madera, e incluso el barniz de marca registrada alcanzaron su punto culminante. Más de trescientos años después, sus instrumentos siguen siendo los más codiciados del mercado. En una subasta, un Stradivarius puede alcanzar los quince millones de dólares. De manera que parece improbable que alguien intente mejorar un Stradivarius, donde el instrumento alcanza su cenit.

Pero el innovador cerebro humano simplemente no entiende el concepto de dejar algo al margen. Basándose en las investigaciones contemporáneas sobre acústica, ergonomía y materiales sintéticos, los lutieres actuales han explorado la fabricación de violines más ligeros, de sonido más potente, más fáciles de sujetar y más duraderos. Consideremos el violín de

El violín de fibra de carbono de Leguia y Clark.

Luis Leguia y Steve Clark, construido de materiales compuestos de fibra de carbono. Además de ser ligero, no le afectan los cambios de humedad, una característica desafortunada de los instrumentos de madera, que se agrietan.

Durante una competición internacional de violín celebrada en 2012, se pidió a una serie de violinistas profesionales que tocaran y valoraran diversos instrumentos, nuevos y viejos. El truco era que los músicos llevaban unas gafas opacas para no poder ver qué instrumento estaban tocando, y se utilizaron perfumes para enmascarar los olores distintivos de los violines antiguos.

Solo un tercio de los participantes valoró como ganadores los instrumentos antiguos. Se utilizaron dos Stradivarius, y el más famoso fue el que quedó en último lugar. La prueba puso en entredicho que el Stradivarius represente un nivel que ya no se pueda superar.

Puede que no sea fácil desbancar a un Stradivarius como gran objeto de deseo, pero hay paulatinos avances que conducen a un violín moderno que es más potente, menos vulnerable al desgaste y más barato que su ilustre predecesor. Cuando un solista sale a escena con un instrumento sintético y toca las sublimes melodías del *Concierto para violín* de Beethoven, no parece tan descabellado deshacer algo tan «perfecto» como un Stradivarius.

Nadie quiere vivir el mismo día una y otra vez. Aun cuando fuera el día más feliz de tu vida, los sucesos ya no tendrían el mismo efecto. La supresión por repetición acabaría haciendo mella en nuestra felicidad. Como resultado, continuamente alteramos lo que ya funciona. Sin ese impulso, la rutina haría perder sabor a nuestras experiencias más deliciosas.

Es fácil dejarse intimidar por los gigantes del pasado, pero ellos son los trampolines del presente. El cerebro remodela no solo lo imperfecto, sino también lo que nos gusta. Al igual que Finn destruyó el montaje del Hombre de Arriba, nosotros también estamos obligados a llevar los últimos adelantos a nuestra mesa de trabajo.

8. MULTIPLICAR LAS OPCIONES

En 1921, el Comité Presupuestario de la Cámara de Representantes de los Estados Unidos recibió al científico George Washington Carver, del Tuskegee Institute de Alabama, una institución para alumnos de color. Tomó asiento en un edificio en el que ningún negro había tenido anteriormente ningún cargo, en la capital segregada de un país racialmente dividido.

Carver había estado buscando una solución para las tierras agotadas por culpa de generaciones de cultivo del algodón, y había identificado el cacahuete y su pariente próximo, el boniato, como cultivos ideales para las rotaciones. Pero Carver también comprendió que ningún granjero del Sur estaría dispuesto a cultivar cacahuates si no existía mercado para ellos. Aquel día de 1921, la misión de Carver consistía en defender el cacahuete como cultivo económicamente viable. Le concedieron diez minutos para exponer su caso.

Carver afirmó que si todas las demás verduras quedaran destruidas, «con el boniato y el cacahuete se conseguiría una ración perfectamente equilibrada de nutrientes». Pero todavía no había acabado la frase cuando le interrumpió el congresista John Q. Tilman: «¿Le gustaría acompañarlo con una sandía?»

Sin dejarse amilanar por ese comentario racista, Carver prosiguió con su declaración, enumerando una profusión de productos a base de cacahuete que había inventado: helado de cacahuete, tintes de cacahuete, comida para palomas de cacahuete y una golosina en barra de cacahuete. Transcurridos sus diez minutos, Carver les propuso parar, pero el presidente del comité le instó a que continuara. Otros diez minutos adicionales resultaron ser insuficientes, momento en el cual el presidente dijo: «Prosiga, hermano. Su tiempo es ilimitado.»

Carver les habló de la leche de cacahuete. Les puso al corriente de un ponche de cacahuete con sabor a fruta que, aseguró ante el comité, no violaría las leyes de la Prohibición. Pasó a comentar la harina de cacahuete, las tintas de cacahuete, el condimento de cacahuete, el queso de cacahuete, la comida para el ganado de cacahuete, una salsa Worcestershire de cacahuete y una crema facial de cacahuete. Mencionó el café de cacahuete. Cuando terminó, había presentado más de cien maneras de preparar los cacahuetes. Su testimonio concluyó después de cuarenta y siete minutos afirmando que solo había leído la mitad de su lista. El presidente le dio las gracias por su tiempo y observó: «Queremos felicitarle, señor, por la manera en que ha manejado el tema.»[1] Tras haber ideado una gran cantidad de usos para el cacahuete, Carver tuvo un gran éxito en el congreso y se convirtió en un héroe popular para los granjeros del Sur.

Generar opciones es la piedra angular del proceso creativo. Picasso pintó quince variaciones del lienzo *Mujeres de Argel* de Delacroix, veintisiete del famoso *Le Déjeuner sur l'herbe* de Manet y cincuenta y ocho de *Las meninas* de Velázquez.

De manera parecida, Beethoven compuso seis variaciones de una canción folclórica suiza, siete variaciones de «God Save the Queen» y doce variaciones de un tema de Mozart. En 1819, el compositor austriaco Anton Diabelli mandó un tema para

Las meninas, de Diego Velázquez.

Cinco de las cincuenta y ocho variaciones de Picasso de *Las meninas.*

un vals a sus colegas, pidiéndoles que aportaran una variación para un volumen que pretendía publicar. Beethoven no quedó satisfecho con una, y compuso treinta y tres variaciones para el tema de Diabelli, un espectro de opciones que eclipsó las de todos los demás.

Si los zombis escaparan de sus películas de terror, es de presumir que no serían capaces de crear muchas opciones: sus cerebros solo pueden llevar a cabo subrutinas preprogramadas. Como hemos visto, es el mismo tipo de rutina que funciona cuando nos llevamos el tenedor a la boca, movemos las piernas para caminar o conducimos un coche. Un camino neuronal concreto lleva a cabo todo el trabajo pesado, y el comportamiento está predeterminado. Pero el bosque de conectividad que hay dentro del cerebro nos permite continuamente ir más allá de la costumbre. Cuando el cerebro nos presenta muchas opciones, se sale del sendero de menor resistencia e intenta utilizar una extensión más amplia de sus redes. En lugar de seguir algoritmos fijos, el cerebro dobla, rompe y mezcla su acervo de experiencias, imaginando alternativas.

Carver, Picasso y Beethoven exhibieron su proliferación de opciones. A menudo, sin embargo, la generación de opciones tiene lugar en un segundo plano. Consideremos la novela de Ernest Hemingway *Adiós a las armas*. Acaba cuando Catherine, la enamorada del narrador, muere al dar a luz a su hijo, que también nace muerto. Mientras Hemingway trabajaba en el trágico final de la novela, escribió cuarenta y siete finales distintos. El primero dice: «Eso es todo lo que tengo que contar. Catherine murió, vosotros moriréis y yo moriré, y eso es todo lo que puedo prometeros.»

En un borrador posterior, el bebé sobrevivía:

Podría hablaros del chico. No parecía importante, excepto que para mí era un problema, y que Dios sabe que yo estaba mejor sin él. De todos modos, él no forma parte de esta historia. Comienza una nueva. No es justo comenzar una nueva historia al final de una vieja, pero así ocurren las cosas. El único final es la muerte, y el nacimiento el único principio.

Otra versión se centraba en el día posterior a la muerte de Catherine:

Mientras me despertaba del todo tuve la sensación física de vacío de ver la luz eléctrica todavía encendida a plena luz del día a la cabecera de la cama y de estar en el mismo lugar donde me había quedado la noche anterior y este es el final de la historia.

Otro final imparte al lector una lección:

En la vida aprendes unas cuantas cosas, y una de ellas es que el mundo nos destroza a todos, y que después muchos consiguen ser fuertes. Lo que no te destruye te mata. Mata a los muy buenos y a los muy amables y a los muy valientes de manera imparcial. Si eres uno de ellos puedes estar seguro de que te matará, aunque no tendrá ninguna prisa.[2]

Finalmente Hemingway creó su versión definitiva. En el final publicado, la criatura nace muerta. El narrador expulsa a las enfermeras de la habitación y se encierra con su esposa muerta:

Pero haberlas echado y cerrado la puerta y apagado la luz no sirvió de nada. Fue como despedirse de una estatua. Al cabo de un rato salí del hospital y regresé al hotel bajo la lluvia.

Al releer el final de *Adiós a las armas,* nadie sospecharía que una abundancia de opciones dio lugar a la última página de la novela.

De los miles de huevos que el salmón pone cada año, muchos mueren antes de nacer, mientras que otros perecen siendo jóvenes. Pocos alcanzan la edad adulta.

De manera parecida, nuestro cerebro produce una superabundancia de opciones: muchas no llegan a la conciencia, y de entre las que lo consiguen, son muchas más las que sucumben.

Consideremos cómo los hermanos Wright determinaron la manera óptima de dirigir un avión en medio del viento: fabricaron treinta y ocho superficies de ala, cada una con diferentes formas y curvaturas. O los seis años que dedicó Charles Kettering a inventar el motor diésel: «Probamos una cosa tras otra hasta que el propio motor nos dijo por fin exactamente lo que quería.»[3] En el Eureka Innovation Lab de Levi's, los diseñadores de ropa prueban miles de variantes de tintes y patrones de tela tejana hasta crear los tejanos de moda del año siguiente; unas cámaras registran todos los experimentos de los diseñadores para que los patrones escogidos se puedan reproducir posteriormente.[4]

Lo mismo se podría decir más o menos del diseñador Max Kulich, a quien Audi le pidió que diseñara un vehículo de movilidad personal. Dibujó muchísimas opciones. En algunas el conductor iba sentado, en otras de pie. Algunas opciones tenían una rueda. Otras dos o tres. Probó con una versión que llevaba un asiento para bebés detrás. En otra el conductor iba sobre ruedas, sin manillar. Experimentó con la inclinación del conductor, el tamaño de las ruedas y la forma del manillar. Consideró un modelo plegable, e imaginó que se podría incluir en el maletero de un Audi junto con la rueda de repuesto.

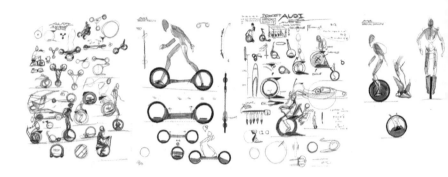

Al final, uno de los diseños que envió a Audi fue el City-Smoother, un modelo plegable con asiento.

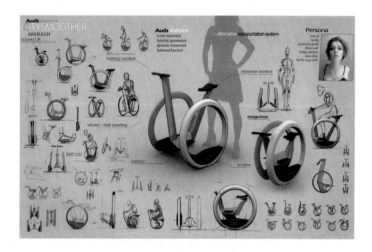

Como resultado de la fecunda imaginación humana, una gran parte de lo que creamos acaba en el suelo de la sala de montaje. Los despachos de arquitectura dibujan numerosas alternativas para cada edificio. Para diseñar el Flea Theater de Nueva York, la Architectural Research Office elaboró setenta fachadas distintas.

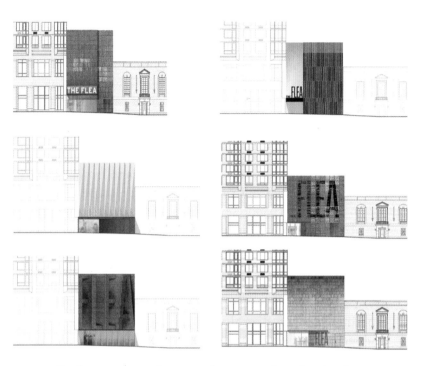

De las setenta, solo una sobrevivió a la criba de ideas.

La proliferación de opciones no solo es importante para diseñadores y arquitectos, sino también para los químicos. Cuando una empresa farmacéutica se propone desarrollar un nuevo fármaco, emprende una tarea complicada: la sustancia debe atacar la enfermedad, pero respetar al paciente. El método tradicional consiste en identificar un producto químico y aprender a modificarlo. Un químico aplicado debería ser capaz de modificar entre cincuenta y cien fármacos nuevos al año. Pero a menudo es un proceso demasiado lento; suelen necesitarse unas diez mil variaciones para descubrir el compuesto ideal. Para cuando se encuentra la molécula óptima del fármaco, han transcurrido años de esfuerzo y gasto. Para optimizar y acelerar el proceso, los químicos orgánicos han ideado nuevas maneras de proliferar las opciones. En lugar de poner a prueba los compuestos uno por uno, los químicos llevan a cabo pruebas simultáneas, en las que, por ejemplo, experimentan con diez alcoholes y diez ácidos mezclados de diferente manera en una placa que contiene cien pozos de reacción de microtamaño.[5] Y utilizan decenas de placas al mismo tiempo. En la última década, el uso de esta producción automatizada en la investigación ha revolucionado el descubrimiento de fármacos.

Y después de que un producto llegue al mercado, las mentes más inventivas no dejan de engendrar ideas. El inventor estadounidense Thomas Edison lanzó su fonógrafo en enero de 1878. Al público le encantó como novedad, pero resultaba frágil y de difícil manejo. Para que el interés del público no decayera, Edison elaboró una lista de futuros usos del fonógrafo:

1. Escribir cartas y todo tipo de dictados sin ayuda de un taquígrafo.
2. Libros fonográficos que les leerán a los ciegos sin ningún esfuerzo por parte de estos.

3. Enseñar elocución.
4. Reproducir música.
5. «Grabaciones familiares»: un registro de dichos, recuerdos, etc., de miembros de la familia con su propia voz, y las últimas palabras de personas agonizantes.
6. Cajas de música y juguetes.
7. Relojes que anunciarían con un habla articulada la hora de volver a casa, ir a una comida, etc.
8. La conservación de idiomas reproduciendo exactamente la pronunciación.
9. Con propósitos educativos, como por ejemplo conservar las explicaciones de un profesor, de manera que el alumno se pueda remitir a ellas en cualquier momento, y clases de ortografía y otras disciplinas para ser reproducidas en el fonógrafo y que queden grabadas en la memoria.
10. Una conexión telefónica, con lo que ese instrumento sería de ayuda para transmitir discos imperecederos de gran valor, en lugar de ser tan solo receptor de una comunicación momentánea y fugaz.[6]

Edison reconoció que la proliferación de opciones sería necesaria para la supervivencia de su idea. Tal como lo expresó: «Cuando hayas agotado todas las posibilidades, recuerda una cosa: quedan más.»

Vemos la diversidad, y la enorme inversión en alternativas, en el árbol de la vida de la naturaleza, que se ramifica sin cesar. ¿Por qué? Porque el camino más seguro hacia la extinción consiste en invertir demasiado en una sola solución. Del mismo modo, la fuerza de la humanidad radica en nuestra capacidad para diversificarnos mentalmente. Cuando nos enfrentamos a un problema, no se nos ocurre una sola solución; por el contrario, engendramos una amplia variedad.

La proliferación de opciones también afecta a nuestras empresas y gobiernos: invertir en una amplia variedad de enfoques alternativos aumenta las probabilidades de solucionar un problema. Consideremos lo que ocurrió en el siglo XVIII en Gran Bretaña, cuando una armada de barcos se perdió y encalló, provocando la muerte de dos mil marineros. Fue el último de una serie de trágicos accidentes navales provocados por una mala navegación. El problema era que los marineros no conocían la longitud precisa, es decir, su posición en el eje este-oeste.[7] Para calcularlo, había que saber la velocidad del barco, cosa que exigía poder medir su avance. Pero los relojes de péndulo de la época no servían de mucho, porque el cabeceo y el bamboleo del barco perjudicaban su coordinación. De manera que los marineros arrojaban un trozo de madera por la borda y estimaban lo deprisa que la nave se alejaba de él. Tan toscas aproximaciones a menudo conducían al desastre, pues las fragatas perdían el rumbo.

Ante las continuas pérdidas de la flota, el Parlamento tomó una atrevida decisión para que la gente buscara soluciones más allá de las habituales: anunció la concesión de un premio de veinte mil libras (el equivalente a un millón de dólares en dinero actual) a cualquiera que ideara una forma de medir la longitud de manera precisa. Como escribe el historiador de la ciencia Dava Sobel: «El hecho de apelar al dinero convirtió quizá a la Junta de Longitud en la primera agencia oficial de investigación y desarrollo del mundo.»[8]

Los primeros resultados no fueron prometedores. La Junta de Longitud evaluó propuestas para una serie de dispositivos con nombres tan imaginativos como *fonómetro, pirómetro, selenómetro* y *heliómetro*. Ninguno funcionó. Quince años después de que se anunciara el premio, la Junta todavía no había encontrado una sola propuesta digna de apoyo. Durante todo este tiempo ni siquiera se molestaron en convocar una sola reunión: tan solo mandaron cartas de rechazo.

Pero siguieron invitando a la gente a que hiciera propuestas. Más de veinte años después de la convocatoria del premio, John Harrison, un relojero autodidacta de una pequeña población de Yorkshire, dio un paso adelante con el diseño de un reloj al que no le afectaba la navegación. De todas las personas que intentaron encontrar una solución, ese artesano de una remota población sin duda era el que tenía menos probabilidades de tener éxito. Pero Harrison era un maestro en su oficio. Gracias a las mejoras en el diseño y en los materiales, su reloj H-1 fue la primera propuesta que la Junta consideró digna de poner a prueba en alta mar. Los resultados fueron esperanzadores aunque no concluyentes, de manera que a Harrison se le concedió un capital inicial para que siguiera trabajando.

La competición se alargó durante décadas. Finalmente Harrison dio un paso de gigante. Comprendió que todos sus diseños presentaban un error fatal: su tamaño los hacía demasiado vulnerables al balanceo del barco. Razonó que la única manera de diseñar un reloj fiable en el mar era prescindir completamente del péndulo. En 1761, Harrison presentó a la Junta su «reloj marítimo» H-4. Tenía menos de quince centímetros de diámetro, y era el primer reloj de bolsillo del mundo. Al permitir que los capitanes leyeran la hora con impecable precisión, el H-4 allanó el camino para una época dorada de la exploración marítima.[9]

Si observamos por el retrovisor, el progreso a menudo parece una línea narrativa de descubrimiento y avance. Pero eso es una ilusión. Cada momento histórico se caracteriza por una red tupidamente ramificada de caminos de tierra que acaban reduciéndose a unas pocas carreteras pavimentadas. En 1714 nadie podría haber predicho que un desconocido relojero de una aldea rural solucionaría el problema más inabordable de la navegación. Todo el Parlamento sabía que tenía que arrojar una amplia red. Enfrentados a un problema que exigía una solución creativa, su respuesta fue procurar que proliferaran las opciones.

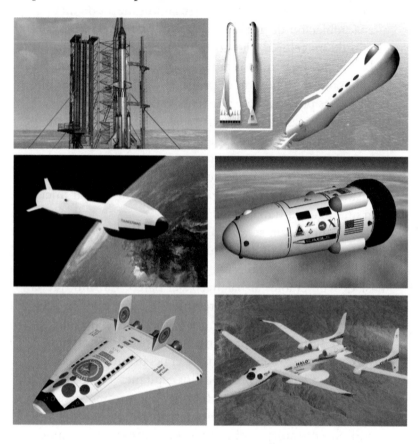

La competición por el XPrize ha seguido los pasos del Premio Longitud. Para el primer XPrize de 2004, el objetivo era una nave espacial suborbital reutilizable: se ofreció un premio de diez millones de dólares al primer equipo que consiguiera que una tripulación alcanzara los cien kilómetros de altura dos veces en dos semanas. Competían veintiséis naves de todo el mundo, con diseños que iban desde el cohete hasta las alas de aeroplano.

El premio finalmente fue a parar al SpaceShipOne de Mojave Aerospace.

Al extender una amplia red, dieron un paso más a la hora de realizar el sueño de un viaje espacial privado. Y esta estrategia de participación colectiva se está haciendo cada vez más popular. Cuando Netflix quiso potenciar sus algoritmos para sugerir películas de manera personalizada, la empresa comprendió que sería más barato ofrecer un premio global de un millón de dólares que hacerlo dentro de la empresa. Netflix publicó una muestra de datos, con el objetivo de mejorar un 10 por ciento su mejor registro. Compitieron decenas de miles de equipos. Casi nadie dio la talla, pero hubo dos equipos que sobrepasaron el umbral deseado de Netflix, que, con una pequeña inversión, había abordado un problema animando a que se presentaran miles de soluciones.

La innovación exige unos cuantos callejones sin salida, que a veces son costosos. Un ejemplo es el panel solar de la compañía Solyndra. En 2011, entraron en bancarrota y no pudieron pagar 536 millones de dólares en garantías federales. Más de mil empleados perdieron su trabajo. En medio de las acusaciones de fraude, el FBI entró en la sede de la compañía. Supuso un importante revés para la Administración Obama, que había patrocinado la empresa como una firma innovadora y creadora de puestos de trabajo. Para los que se oponían a la Administración, era un ejemplo de incompetencia gubernamental y un derroche del dinero de los contribuyentes.

Si lo consideramos de manera aislada, el fiasco de Solyndra fue un bochorno para la Administración; pero aunque es importante exigir responsabilidades al gobierno, atacarlo por el fracaso es contraproducente. ¿Por qué? Porque un gobierno que solo apuesta por lo seguro es incapaz de innovar. Fijémonos en el historial global del Departamento de Energía: de 34.000 millones de dólares en préstamos de capital inicial, la tasa de no devueltos fue menor del 3 por ciento. Mientras que el Congreso había reservado fondos para cubrir las pérdidas previstas, el programa de energía renovable acabó dando beneficios. El apoyo del gobierno impulsó un aumento de la inversión privada, lo que condujo a una brusca caída del precio de la tecnología solar. Además, Solyndra generó varios conceptos creativos. Contrariamente a los paneles planos a los que estábamos acostumbrados, los suyos eran cilíndricos, con lo que siempre había alguna parte que daba al sol. Los paneles también eran a prueba de viento, lo que potencialmente abría nuevos mercados en climas borrascosos. Solyndra fracasó no porque fuera una mala idea, sino porque el precio de las placas solares cayó más deprisa de lo que estaba previsto, y la empresa fue incapaz de reducir los costos de fabricación al mismo ritmo: las fuerzas del mercado fueron difíciles de prever.

El fracaso resulta difícil de digerir, pero cuando se trata de invertir en innovación, es imposible apostar tan solo por el caballo ganador. El secretario de Energía, Ernest Moniz, declaró a la Radio Nacional Pública después de la debacle de Solyndra: «Hemos de procurar no rehuir los riesgos, porque de lo contrario no vamos a avanzar en el mercado.»[10]

Contamos con que el comportamiento automatizado está libre de errores. En situaciones en las que los resultados tienen que ser de fiar, como por ejemplo llevarte el tenedor a la boca, la poda neuronal elimina las opciones superfluas. Queremos teclear de manera correcta, correr sin caernos, tocar una escala perfecta en el violín. Pero la proliferación de opciones exige una actitud diferente hacia el error. Hay que abrazar el error, no evitarlo. En el comportamiento automatizado, el error es un fracaso; en el pensamiento creativo, es una necesidad.[11]

Un billón de especies distintas circulan por el planeta, y el gran éxito de la Madre Naturaleza se reduce a un solo principio: la proliferación de opciones. Nunca sabe de antemano qué funcionará en un nuevo ecosistema (¿garras? ¿alas? ¿pozos de calor? ¿placas óseas?), de manera que lleva a cabo una gran abundancia de pruebas para ver cuál perdura. El número de especies existentes ahora mismo representa menos del uno por ciento del total que probaron suerte. Y algunas predicciones estiman que hasta un 50 por ciento de las plantas y animales que viven en la actualidad habrán desaparecido en el 2100.[12] Desde los dodos hasta los plesiosaurios pasando por los mamuts, muchas buenas ideas acabaron desapareciendo.

Y lo mismo se puede decir en el mundo de las artes, las ciencias y las empresas. Muchas ideas no se afianzan en el terrario social del momento, con lo que la única estrategia fiable es la diversificación permanente. Las mentes laboriosas se esfuerzan por generar un flujo continuo de alternativas. Aplican de manera enérgica su software creativo, y continuamente se preguntan: «Y ahora, ¿qué?»

9. EXPLORAR A DIFERENTES DISTANCIAS

Cada año, la población de las colmenas de abejas se divide en dos. La mitad se queda donde está, mientras que la otra mitad va en busca de campos llenos de flores que le proporcione un nuevo hogar. Es un clásico equilibrio entre exploración y explotación: antes de que los campos que ocupan se agoten, algunas abejas van a buscar terrenos más fértiles. Como las abejas no saben dónde están esos terrenos, despliegan una avanzadilla de reconocimiento. Esta avanzadilla barre el terreno en todas direcciones desde el nido y vuela a diferentes distancias.

De manera parecida, los humanos poseen la capacidad de generar opciones a diferentes distancias de los modelos actuales. Por ejemplo, sabemos que Albert Einstein fue un científico cuyos saltos imaginativos remodelaron nuestra comprensión del espacio y el tiempo. Pero también se ocupó de cuestiones más prácticas, aportando diseños para una nueva nevera, una brújula giroscópica, un micrófono, partes de avión, ropa impermeable y un nuevo tipo de cámara. El hombre que contempló lo que ocurre cuando te acercas a la velocidad de la luz también patentó la blusa que puede observarse en la página siguiente.

La mente creativa de Thomas Edison también se alejó a diferentes distancias de la colmena. Entre las primeras patentes de Edison se encontraban algunas más modestas, que

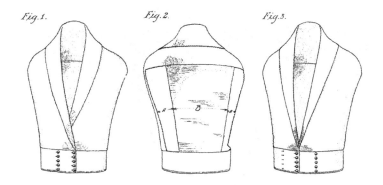

La blusa que patentó Albert Einstein.

simplemente eran retoques de inventos anteriores, como la mejora del teléfono de Graham Bell. Pero también estaba el diseño de un fonógrafo innovador. Entre sus cuadernos de bocetos encontramos esbozos de un motor de avión, treinta años antes del primer vuelo de los hermanos Wright. Entre otras andanzas que lo alejaron de la colmena, intentó de manera infructuosa diseñar un sistema telegráfico submarino. Edison tenía fama de ser un hombre con un enfoque práctico y sensato, pero cuando le encargaron escribir su autobiografía, acabó componiendo una novela futurista (que nunca se publicó). Imaginó un mundo utópico en el que el ser humano había evolucionado para vivir bajo el mar en «moradas con paredes de madreperla» en las que «unos motores solares proporcionaban energía solar, existía la fotografía submarina mediante el uso del calor radiante [y] había también un sistema de papel moneda sintético, internacional e uniforme al que no le afectaba el agua».[1] Entre sus innovaciones y sus fantasías, Edison se pasó la vida explorando a diferentes distancias.

Una similar profusión de distancias caracteriza a menudo el diseño. Sarah Burton, de la casa de modas Alexander McQueen, creó el vestido nupcial que llevaba Kate Middleton en su boda real.

179

Pero también creó otros trajes nupciales que había muchas menos probabilidades de que alguien los llevara en una boda imperial.

De manera parecida, a principios de la década de 1930, el diseñador industrial Norman Bel Geddes ideó multitud de productos comerciales: elegantes cocteleras y candelabros, la primera máquina de refrescos completamente metálica, la primera bomba de gasolina con un indicador de precio automático, y una cocina ligera hecha de metal en planchas que describió como «una sencilla máquina de cocinar sin florituras, artilugios ni decoración para disfrazarla».[2] Pero Bel Geddes no se quedó ahí. También imaginó coches y autobuses de aspecto futurista con depósitos de gasolina en las aletas de cola, y un coche volador llamado el Avión de Carretera. Entre otros productos extravagantes estaba el Restaurante Aéreo, en el que los comedores quedarían sobre el nivel del suelo con más de veinte plantas de altura y girarían mediante un mecanismo rotatorio.[3] También ideó una casa de paredes móviles que podían llegar hasta el techo, como las puertas de un garaje.

Invenciones de Norman Bel Geddes: Autobús número 2, la Casa sin paredes, el Restaurante Aéreo y el Avión de Carretera.

181

Bel Geddes pasó toda su carrera desarrollando ideas más cerca y más lejos del contexto de su época. Entre sus éxitos comerciales se incluye un aspirador Electrolux, la máquina de escribir eléctrica IBM y la Emerson Radio Patriot. Pero su imaginación no se limitaba al mercado contemporáneo: en su artículo de 1952 «Hoy en 1963», Bel Geddes concibió a la imaginaria familia Holden, que vivía en un mundo en el que los automóviles volaban, la ropa era desechable, la televisión en tres dimensiones y la energía solar, algo habitual.[4] Este tipo de pensamiento flexible posibilita encontrar el equilibrio perfecto entre familiaridad y novedad.

Leonardo da Vinci fue también un maestro de la exploración entre lo cercano y lo lejano. Como ingeniero consumado se enfrentó a problemas del mundo real, algunos de relevancia inmediata, mientras que otros en su día se tildaron de ciencia ficción. Entre los de aplicación inmediata, sabía que las esclusas del canal navegable de Milán eran difíciles de accionar y propensas a inundarse. De manera que se puso manos a la obra y generó una solución novedosa: sustituyó la puerta de caída vertical con una puerta doble con goznes que se abría

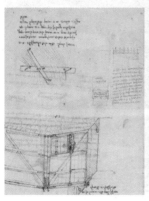

Bosquejo de Da Vinci para una esclusa del canal,
y la esclusa de Milán construida según su diseño.

de manera horizontal y proporcionaba un cierre más hermético.[5] Era un cambio modesto que resultó de valor perdurable, pues el diseño básico todavía se utiliza.

Entre la parte más imaginativa de su obra, encontramos el sueño de volar. Anotó sus ideas en cuadernos personales llenos de miles de hojas de esbozos, anotaciones y dibujos. Entre las páginas encontramos el diseño de un paracaídas. Probablemente no fue la primera persona que hizo uno (un ingeniero italiano desconocido se le había adelantado).[6] Pero Leonardo fue el primero que inventó un modelo funcional. Calculando concienzudamente el tamaño de la tela que se necesitaba para interrumpir la caída del saltador, Leonardo llevó a cabo una descripción y un dibujo detallados:

> Si un hombre coge una tienda de campaña hecha de lino cuyas aberturas se han tapado, de unos doce brazos [unos siete metros] de ancho y doce de alto, podrá lanzarse desde cualquier gran altura sin sufrir ningún daño.

Aún faltaban varios siglos para que el hombre pudiera volar: no fue hasta la invención del globo de aire caliente, en el siglo XVIII, cuando el francés Louis-Sébastien Lenormand «reinventó» el paracaídas. En 2006, por fin, transcurrido medio milenio desde que Leonardo esbozara su paracaídas, su diseño se puso a prueba. Adrian Nicholas construyó un facsímil utilizando los materiales que hubiera podido encontrar en el Milán del siglo XV, como lona y madera. El paracaídas pesaba casi noventa kilos, pero Nicholas estaba dispuesto a intentarlo. Ascendió a tres mil metros en un globo de aire caliente, se puso el dispositivo y saltó. El paracaídas funcionó. Posteriormente afirmó que el descenso con el paracaídas renacentista «es mucho más suave que con los paracaídas modernos».[7] Leonardo había innovado lejos de su colmena. Quinientos años más tarde, su invención aterrizó en los remotos campos del futuro.

Detalle del esbozo de un paracaídas de Da Vinci,
y el salto de Adrian Nicholas, quinientos años después.

Las abejas exploradoras a veces se aventuran en terrenos a los que nunca llegará la colmena. Del mismo modo, muchas ideas visionarias nunca ven la luz del día. El Avión de Carretera y la casa de paredes móviles ocupan un futuro que nunca sucedió. De la misma manera, los cuadernos de Da Vinci están llenos de ideas que nadie llevó a la práctica, como por ejemplo su «ciudad ideal», que nunca se construyó. Así que cuando algo radical acaba atrayendo seguidores, nos incorporamos y prestamos atención.

Recordemos el destino de la *Grosse Fuge* de Beethoven: Beethoven voló muy lejos cuando la compuso, pero cuando se dio cuenta de que había ido demasiado lejos, volvió a la colmena, sustituyéndola por un movimiento final menos ambicioso. Hasta el final de su vida, Beethoven siguió insistiendo en que la *Fuga* rechazada era una de sus mejores obras. Pero se adelantó tanto a su tiempo que, a pesar de la fama del compositor, fue ignorada durante generaciones. Incluso cientos de años después de su muerte, los críticos seguían refiriéndose a esa pieza como algo «adusto, tosco, intrascendente, dificultoso, extravagante, cerebral, oscuro, impracticable, insensato, descabellado, ilógico, informe y sin sentido».[8] Pero al final Beethoven fue reivindicado. La admiración por su música condujo a una reevaluación de su movimiento final rechazado, y los críticos reconocieron que, al igual que Picasso había dado un salto arriesgado con *Les Demoiselles*, Beethoven había dado un salto equivalente un siglo antes. La retórica de la música clásica estaba cambiando a principios del siglo XX: las innovaciones que tanto habían escandalizado al público de Beethoven comenzaban a convertirse en algo habitual. La *Grosse Fuge* se considera ahora uno de los máximos logros del compositor. Aunque no estaba claro que la comunidad musical llegara a seguirlo, la inesperada sorpresa es que con el tiempo lo hizo, mucho después de su muerte.

Como hemos visto, a la hora de generar creaciones útiles nos encontramos con un reiterado problema: nunca sabes lo que el mundo necesita ni cómo va a recibirlo. La persona que simplemente retoca un poco con el arte anterior puede que no dé ningún gran paso adelante, mientras que la persona que siempre sueña con máquinas del tiempo y estadios submarinos puede que nunca acabe de desarrollar las competencias para poner en práctica sus ideas. En lugar de permanecer a una distancia fija, la estrategia óptima consiste en generar una variedad de ideas, algunas de las cuales permanecen cerca del nido, mientras que otras vuelan mucho más allá.

10. TOLERAR EL RIESGO

A finales del siglo XIX, ciudades como Nueva York y Chicago comenzaron a expandirse no solo a lo ancho, sino también a lo alto: por todo el paisaje urbano empezaron a levantarse rascacielos. Con ellos vinieron los primeros ascensores. Los modelos iniciales iban con vapor o energía hidráulica, y eran lentos, poco fiables, costosos y difíciles de mantener. Cuando se generalizó el uso de la electricidad, el inventor estadounidense Frank J. Sprague atisbó una oportunidad. No fue el primero en construir un ascensor eléctrico, pues una empresa alemana ya había hecho una demostración de un modelo primitivo una década antes. Pero Sprague estaba decidido a coger esa idea incipiente y darle viabilidad comercial. A los pocos años, Sprague y un colega suyo habían patentado todo lo necesario para construir un ascensor eléctrico capaz de llevar pasajeros arriba y abajo en un rascacielos metropolitano.

Pero no fue fácil entrar en el duro mercado de la construcción de ascensores: la Otis Elevator Company, que había construido los sistemas hidráulicos del modelo anterior, contaba prácticamente con el monopolio de toda la nueva construcción. Sprague se jactaba de que sus ascensores eléctricos superaban a cualquier sistema hidráulico, pero los promotores inmobiliarios se resistían a adoptar una tecnología que aún no se

186

había probado. Sprague comprendió que si iba a enfrentarse a la Otis Company, tendría que asumir casi todo el riesgo.

Necesitaba encontrar un edificio que le permitiera organizar una demostración de su sistema, y encontró un socio dispuesto en los promotores del Postal Telegraph Building, un proyecto de rascacielos de catorce pisos en Nueva York. Negoció un contrato para instalar seis ascensores. Las condiciones favorecían a los constructores: Sprague no cobraba ningún adelanto. Para sellar el acuerdo aceptó que, si el sistema no respondía a las expectativas que había creado, instalaría un sistema hidráulico y lo costearía él mismo.

Sprague trabajó contra reloj para diseñar, fabricar y poner a prueba las partes. Mientras tanto, pasaba apuros para pagar las facturas. Justo cuando había conseguido un importante inversor, se desató un pánico financiero, que restringió el crédito y obligó al inversor a dar marcha atrás. Sprague metió su propio dinero en la empresa para que siguiera siendo solvente.

Cuando por fin se instaló el primer ascensor, Sprague anunció que él y su equipo harían el viaje inaugural. Los pasajeros subieron en el sótano. Se cerraron las puertas y el ascensor comenzó a subir. Y subió y subió: pasó el primer piso, el segundo, el tercero... pero cuando llegaba a la planta superior Sprague comprendió que algo no iba bien: el ascensor no estaba frenando. Pasó la planta superior y siguió subiendo. En el umbral de ser los pioneros del ascensor del mañana, Sprague y sus colegas estaban a punto de salir disparados por el techo.

El cerebro alcanza su máximo creativo cuando cambia la seguridad por la sorpresa, la rutina por lo desconocido. Pero estos altos mentales tienen un coste: son arriesgados. No se puede intentar hacer algo sin precedentes y esperar tranquilamente los resultados.

El viaje de Sprague en ascensor no fue la primera de sus altas apuestas. Unos años antes, se encontraba a oscuras al pie de una colina en Richmond, Virginia, a punto para probar un vagón de tren eléctrico.

El primer vagón de tren eléctrico extraía la energía de los raíles. Unos voluminosos motores eléctricos iban incorporados a los compartimentos de los pasajeros, con lo que estos viajaban acalorados y estrechos. Sprague tuvo la idea de desplazar los motores al bastidor inferior, despejando los compartimentos y alimentando el tren mediante una línea eléctrica suspendida sobre la vía férrea.

Los primeros resultados de Sprague tuvieron luces y sombras: en una de las pruebas, uno de los motores comenzó a soltar chispas, y uno de los patrocinadores de Sprague tuvo que saltar para esquivarlas. Nadie resultó herido, pero aquello ahuyentó a los inversores. Intuyendo que allí había una oportunidad, algunos hombres de negocios le dieron noventa días para que tendiera veinte kilómetros de vía y montara cuarenta automotores. Solo le pagarían si todo el sistema funcionaba.

Sprague sabía que corría un peligroso riesgo: había aceptado construir «tantos motores como estaban en uso en todos los demás trenes del mundo».[1] Como escribió posteriormente: «Solo teníamos el esquema de una locomotora y algunos aparatos experimentales, y quedaban ciento y pico detalles esenciales sin determinar.»

El proyecto tuvo un inicio accidentado. Mientras se colocaban los raíles, Sprague contrajo fiebres tifoideas. Cuando se recuperó, descubrió que las vías estaban mal instaladas, con las juntas sueltas y unas curvas peligrosamente cerradas. Pero lo peor fue que descubrió que las colinas eran más empinadas de lo que esperaba, dificultando aún más el reto de crear un sistema que funcionara. Sin saber muy bien si sus locomotoras conseguirían subir las empinadas praderas, decidió hacer una prueba de noche para no llamar la atención. El automotor consiguió subir lentamente varias colinas, pero, al llegar a la cima, los motores se quemaron. Sprague decidió actuar como si no hubiera ningún problema, y esperó a que los mirones se marcharan antes de iniciar las reparaciones.

Mientras tanto, corría el reloj y el dinero se agotaba. La fecha límite original quedó atrás, y Sprague se vio obligado a renegociar. Aunque los hombres de negocios endurecieron las condiciones, Sprague no tuvo más remedio que aceptarlas: era eso o cerrar. Dio orden al responsable económico de la empresa de que «despidiera a todos los hombres que pudiera (...). Había que ahorrar hasta el último dólar y evitar pagar cualquier factura que no exigiera su abono inmediato». Para que quedara perfectamente claro, repitió que no había que pagar ninguna factura si no era absolutamente necesario.

Cuando se acercaba la fecha límite, los automotores de Sprague comenzaron a funcionar. Cuando ya la perspectiva comenzaba a ser desalentadora, lo consiguió por un pelo. Pero gracias a este salto a lo incierto, Sprague había inventado el primer sistema de tranvía eléctrico y fundado una nueva empresa, que pasó a transportar cuarenta mil pasajeros cada semana. La innovación resultó ser un logro perdurable. Los rasgos más importantes del diseño de Sprague, incluyendo los motores en el bastidor inferior y el cableado superior, siguen vigentes hoy en día.

Avancemos unos años hasta la siguiente gran apuesta de Sprague: el ascensor eléctrico, que le había llevado al interior de ese vagón expreso del Postal Telegraph Building camino a los cielos. Posteriormente recordaría que temió lo peor: «De repente imaginé que chocábamos con las roldanas superiores a una velocidad de ciento veinte metros por minuto, que se partían los cables, y que después de eso nos enfrentábamos a una caída libre de cuatro segundos, catorce pisos (...), que terminaba en una maraña de hombres y metal que posteriormente acababa inspeccionando el forense.»

Por suerte, un miembro del equipo de Sprague se había quedado en tierra. Cuando vio que el vagón ascendía de manera descontrolada, dio un golpe al interruptor maestro, lo que detuvo el ascensor. Antes de permitir que nadie volviera a montar, Sprague instaló un sistema de seguridad.

Sin dejarse amilanar por ese susto, siguió trabajando. Pero la presión económica era acuciante. Pidió dinero prestado poniendo como garantía los ingresos que esperaba obtener para comprar más componentes. Al final, consiguió llegar a la línea de meta: el sistema de su ascensor funcionaba tal como lo había anunciado. Poco después, Sprague le escribió a uno de los patrocinadores: «He trabajado con ahínco, y creo firmemente que superando muchas contrariedades. Técnicamente he ganado, y si consigo mantenerme un poco más, ganaré en todos los aspectos.»

Gracias no solo a su ingenio, sino también a su gran tolerancia al riesgo, los ascensores que utilizamos hoy proceden de su diseño.

AUDACIA ANTE EL ERROR

Un resultado creativo suele exigir muchos intentos fallidos. En consecuencia, a lo largo de la historia humana, las nuevas ideas arraigan en entornos donde el fracaso se tolera.

Consideremos el reto al que se enfrentó Thomas Edison. Uno de los problemas que habían frustrado los primeros intentos de inventar la bombilla incandescente era que el filamento se quemaba demasiado deprisa o de manera demasiado poco uniforme. Un día de 1879, Edison enrolló un pigmento de carbono puro hasta formar un hilo fino y le dio forma de herradura: el resplandor fue constante y luminoso. El filamento presagiaba un éxito, pero Edison reconoció que con eso no podía crear una bombilla comercialmente viable. Siguió investigando una alternativa. «Saqueó el almacén de la naturaleza» y probó con diversas plantas, pulpa, celulosa, pasta de harina, pasta de papel y celulosa sintética.[2] Intentó mojar el filamento en queroseno y carbonizarlo con gases de hidrocarburo. Finalmente descubrió que el bambú japonés era una elección óptima. Edison dijo posteriormente: «No es exagerado afirmar que he elaborado tres mil teorías diferentes con relación a la luz eléctrica, cada una de ellas razonable y con visos de verdad. Sin embargo, en solo dos casos mis experimentos demostraron la verdad de mi teoría.»

Edison no inventó la idea de la bombilla eléctrica, que fue obra de Humphry Davy, setenta y cinco años antes, pero su laboriosa generación de opciones y su audacia ante el error le permitieron desarrollar la primera bombilla fabricada en serie. Tal como lo expresó Edison: «Nuestra mayor debilidad es renunciar. El camino más seguro al éxito consiste en intentarlo una vez más.»[3]

Generaciones después, el físico e inventor estadounidense William Shockley desarrolló una teoría acerca de cómo ampliar las señales eléctricas utilizando un diminuto semiconductor. Pero algo fallaba en sus cálculos, pues durante casi un año la teoría no coincidía con sus experimentos. Su equipo llevó a cabo una prueba tras otra sin ningún resultado; bregaba en un laberinto de callejones sin salida. Una época desalentadora; pero eso no les detuvo. Finalmente idearon una manera de concretar el efecto previsto de Shockley, y al otro lado del laberinto emergieron en el mundo moderno del transistor. Shockley posteriormente se referiría a este periodo plagado de errores como «el proceso natural en el que un desacierto tras otro te ayuda a encontrar el camino».

Este proceso de darse de bruces contra el fracaso una y otra vez fue el que siguió James Dyson cuando inventó el primer aspirador sin bolsa. Le llevó 5.127 prototipos y quince años acertar con el modelo que finalmente acabaría en el mercado. Describe el proceso con un elogio del error:

Un inventor podría abandonar una idea muchísimas veces. Cuando llegué al prototipo número quince nació mi tercer hijo. Cuando iba por el 2.627 mi mujer y yo íbamos realmente estrechos de dinero. En el 3.727 mi mujer daba clases de arte para ganar algo de dinero. Fueron tiempos difíciles, pero cada fracaso me acercaba más a la solución del problema.[4]

EL PÚBLICO PUEDE DECIR NO

Cuando la nave Apolo 13 surcaba el espacio con una menguante reserva de oxígeno, Gene Kranz declaró a los ingenieros de la NASA que «el fracaso no es una opción». Su misión de rescate funcionó, pero el feliz desenlace no debería hacernos perder de vista el hecho de que los riesgos que corrieron eran reales. El fracaso es siempre una opción. Ni las grandes ideas tienen garantía de éxito.

Fijémonos en Miguel Ángel. Veinte años después de pintar el techo de la Capilla Sixtina, le encargaron pintar el fresco del Juicio Final sobre el altar de la capilla. Haciendo caso omiso de la ortodoxia de la Iglesia, Miguel Ángel fusionó las alegorías bíblicas con la mitología griega. En su representación del infierno cristiano pintó a Caronte, el barquero griego del Hades, transportando a los muertos, y al rey Minos juzgando a los condenados. Y todavía se apartó más de la tradición eclesiástica al pintar muchas figuras con los genitales a la vista.

El inmenso fresco de inmediato despertó polémica. Un enviado de Mantua, poco después de que se diera a conocer la obra, escribió:

> Aunque la obra posee la belleza que Su Ilustre Excelencia puede imaginar, no faltan, sin embargo, quienes la condenan. Los reverendos teatinos son los primeros en decir que no está bien que las figuras «muestren sus partes» en un lugar como ese.[5]

Un edecán del Vaticano le dijo furioso al papa Pablo III que «esa no era una obra para una capilla del papa, sino para tugurios y tabernas».[6] Los cardenales presionaron para que encalaran las paredes. El papa se puso de parte de Miguel Ángel, pero, posteriormente, el concilio de Trento impuso una prohibición a esa exhibición indecorosa. Tras la muerte de Miguel Ángel, sobre los múltiples genitales del fresco se pintaron telas y hojas de higuera. En siglos posteriores se añadieron aún más hojas de higuera.

Cuando a finales del siglo XX se restauró *El Juicio Final,* se eliminaron algunas de las hojas de higuera. Al exponerse los genitales, uno de los condenados resultó ser una mujer. Pero los restauradores decidieron mantener las hojas originales, pues fueron de la opinión de que ese velo había salvado el fresco de Miguel Ángel tanto como lo había estropeado. El hecho de que Miguel Ángel se arriesgara tanto con las autoridades eclesiásticas provocó que generaciones de católicos practicantes nunca vieran el fresco en todo su esplendoroso desnudo.

El compositor György Ligeti se encontró con un problema de recepción semejante. En 1962, la ciudad holandesa de Hilversum le encargó que compusiera una nueva obra para el cuatrocientos aniversario de la población. Ligeti presentó una idea muy poco convencional: una obra para cien metrónomos. Cada uno tenía que sonar el mismo número de veces pero a diferente velocidad; comenzarían juntos en una nube de sonido, y se irían apagando uno por uno, del más rápido al más lento.

El día del estreno, funcionarios y dignatarios se reunieron para el concierto de celebración. Se interpretó música festiva. Después, llegado el momento, Ligeti y sus diez ayudantes, todos vestidos de esmoquin, aparecieron en escena. A la señal del compositor, los ayudantes pusieron los metrónomos en marcha y dejaron que se apagaran por sí solos. Ligeti relató lo ocurrido al final de la pieza. «El último tic del último metrónomo fue seguido de un silencio opresivo. Acto seguido se escucharon gritos amenazantes de protesta.»[7]

193

La misma semana, Ligeti se sentó con un amigo para ver por televisión la transmisión del concierto. «Nos sentamos delante del televisor a la hora que estaba programada la retransmisión del concierto. Pero en lugar del concierto emitieron un partido de fútbol (...) el programa había sido prohibido a petición urgente del senado de Hilversum.»[8]

Al igual que el fresco de Miguel Ángel, la pieza de Ligeti sobrevivió, y en los años siguientes adquirió dimensiones legendarias.

Pero la supervivencia y la aceptación no es siempre el resultado. En 1981, Richard Serra ya era un artista reconocido. Ese año recibió el encargo de crear una instalación para un edificio de oficinas federal de Manhattan. Presentó *Tilted Arc*, una pieza de acero curva de cuarenta metros de largo y cuatro de alto, concebida para interrumpir el paso de los peatones por la plaza frontal. Pero mucha gente no quería desviarse cuando iba a la oficina, y comenzó a protestar contra esa «pared de metal oxidado». Casi doscientas personas en una vista pública. Los adversarios alegaron que la obra de arte era «intimidante» y una «ratonera». Algunos colegas de Serra la defendieron, y él mismo subió al estrado. Sin embargo, cuando concluyeron los testimonios, el jurado votó a favor de desmantelar la escultura por cuatro a uno. *Tilted Arc* se cortó a trozos y se la llevaron. Serra quería interrumpir la rutina, pero un lugar de paso de neoyorquinos que van con prisas no era el lugar ni el momento para hacerlo. *Tilted Arc* no se ha vuelto a ver.

La cultura humana está poblada de ideas que el público rechazó y pasaron al olvido. El incansable inventor Thomas Edison se preguntaba por qué los laboriosos estadounidenses deberían invertir en un piano Steinway cuando existían alternativas más asequibles. Con la esperanza de acercar la música a todos los lugares de clase media, ideó un piano de cemento. La Lauter Piano Company construyó unos cuantos en la década de 1930, pero por desgracia la calidad del sonido era inferior y

El efímero *Tilted Arc* de Richard Serra.

el piano pesaba literalmente una tonelada, por no hablar de que nadie quería un instrumento de cemento para decorar la sala.

Cuál será la recepción de una idea es algo imposible de controlar: por muy fabulosa que le parezca la idea al creador, puede que los vientos no le sean favorables. En 1958 la Ford Motor Company desarrolló un coche experimental al que dieron el nombre en clave de «E-car», diseñado para competir con las líneas rivales de Oldsmobile y Buick. El coche de Ford incluía numerosas características pioneras, entre ellas cinturones de seguridad de serie, luces de aviso para el nivel de aceite y el calentamiento del motor, y un innovador sistema de transmisión que funcionaba con un botón para cambiar las marchas. Ford aseguró a sus inversores que tenía un éxito entre manos. No obstante, el desarrollo de los coches fue tan secreto que la

195

empresa no hizo ninguna prueba de mercado. Presentado el «Día-E», el Ford Edsel fue uno de los grandes fiascos en la historia del automóvil: el diseño del coche, sobre todo su «parrilla de asiento de retrete», fue ampliamente ridiculizado. Según los cálculos, la empresa perdió 350 millones de dólares en solo tres años: 2.900 millones en dinero actual.

Unas décadas más tarde, la Coca-Cola, que estaba perdiendo cuota de mercado ante su rival Pepsi, reformuló su bebida insignia: New Coke se presentó en 1983 con el eslogan *Hemos mejorado lo mejor*. Por desgracia, el público no estuvo de acuerdo. Llegó una carta dirigida al «Gran Imbécil, compañía Coca-Cola». Un hombre de Seattle interpuso una demanda colectiva. Incluso el dictador cubano Fidel Castro se quejó. Setenta y cinco dolorosos días más tarde, se volvió a la fórmula original bajo el nombre de «Coke Classic». Y New Coke siguió el camino del Edsel y el piano de cemento.

No todas las ideas son bien acogidas. Miguel Ángel, Ligeti, Serra, Edison, Ford y Coca-Cola reconocieron que cuando intentas algo nuevo el triunfo jamás está asegurado. Aunque disfrutaron de muchos éxitos, nunca eludieron el riesgo.

ARRIESGAR EL FUTURO

En 1665, en su lecho de muerte, el matemático francés Pierre de Fermat propuso un elegante teorema en los márgenes de un libro, pero entonces se dio cuenta de que no tenía espacio suficiente para escribir la demostración. Murió sin desarrollarlo. Generaciones de matemáticos se esforzaron sin éxito en descubrir esa demostración esquiva; muchos se pasaron la vida luchando con el teorema hasta la muerte. Nadie estaba seguro de si Fermat tenía razón, ni de si la demostración era posible.

Cuando tenía diez años, Andrew Wiles se enteró de la historia del Último Teorema de Fermat hojeando al azar el libro en la biblioteca pública. «Parecía muy sencillo, y sin embargo ningún gran matemático de la historia había sido capaz de solucionarlo. Allí había un problema que yo, un chaval de diez años, podía comprender, y a partir de ese momento supe que nunca lo abandonaría.»[9]

El intento de solucionar el Último Teorema de Fermat era una quimera. De adulto, Wiles trabajó en secreto en el problema durante siete años. Era tal la incertidumbre del éxito que no le mencionó a su novia que estaba trabajando en el teorema hasta después de la boda.

Para abordar el problema, Wiles combinó técnicas matemáticas que jamás se habían juntado antes. Utilizó de manera creativa métodos de los que Fermat no había podido disponer de ninguna manera. Finalmente, en junio de 1993, esperó a los últimos momentos de una conferencia en Cambridge, Inglaterra, para anunciar que lo había conseguido: había solucionado el Último Teorema de Fermat. El público se quedó atónito. Al cabo de pocas horas, la noticia llenó los titulares de todo el mundo. Era una ocasión histórica: un misterio matemático que había perdurado durante más de tres siglos por fin quedaba solucionado.[10] Mientras sus colegas esperaban la publicación de sus resultados, Wiles aparecía en los medios de comunicación de todo el orbe. Tras años de esforzado trabajo en uno de los problemas intelectuales más inextricables de la humanidad, se había convertido en una celebridad internacional.

Pero Wiles había cometido un error. Quienes revisaron su manuscrito descubrieron una laguna en su lógica. Medio año después de su atrevido anuncio, su demostración del Último Teorema de Fermat quedó invalidada.

Aquel septiembre, su esposa dijo que para su cumpleaños quería la demostración correcta. Pero pasó su cumpleaños, y también el otoño y el invierno. Wiles lo intentó todo para rellenar aquellas lagunas, pero nada funcionó.

El 3 de abril de 1994 Wiles recibió un email que le anunciaba que un matemático rival había descubierto un número muy grande que desafiaba el Último Teorema de Fermat. Wiles se enfrentaba a algo que siempre había temido: la razón por la que había fracasado era porque el teorema era *erróneo*. De todos los riesgos que implicaba dedicar su vida a un reto tan formidable, ese era imposible de superar. Había apostado toda su carrera por algo que no era cierto.

Pero resultó que el email que Wiles había recibido el 3 de abril había sido originalmente enviado el 1 de abril. No era más que una broma del Día de los Inocentes. Con unas esperanzas renovadas, Wiles perseveró. Ese mismo año encontró la demostración. «Era indescriptiblemente hermosa; tan sencilla y elegante. No podía comprender cómo se me había pasado por alto, y me la quedé mirando incrédulo durante veinte minutos. Me pasé el día dando vueltas por el departamento, y una y otra vez volvía a mi escritorio para ver si seguía allí. Y allí seguía.»

El regalo llegó un año tarde, pero Wiles le entregó el manuscrito corregido a su esposa el día de su cumpleaños. La apuesta de su vida había dado frutos: sin dejarse intimidar por sus errores, Wiles había llegado a la meta.

Que nosotros sepamos, este tipo de empresa no sería posible en ninguna otra especie animal: los tiburones, las garcetas y los armadillos no emprenden proyectos largos y arriesgados. El carácter de la empresa de Wiles solo se ve entre los seres humanos. Requiere una gratificación postergada durante décadas: una recompensa abstracta e imaginada que nos impulsa a continuar.

CODA: EJERCITAR LA MENTALIDAD CREATIVA

El software de la creatividad ya viene instalado en el disco duro humano, a punto para doblar, romper y mezclar el mundo que nos rodea. El cerebro escupe un flujo de nuevas posibilidades: la mayoría no funciona, pero algunas sí. Ninguna otra especie se dedica a reimaginar el mundo con tanta vitalidad y persistencia.

Pero la mera ejecución del software no es suficiente. Los mejores actos creativos surgen cuando el pasado no se considera algo sacrosanto, sino pasto para nuevas creaciones: cuando renovamos lo imperfecto y remodelamos lo que más nos gusta. La innovación emprende el vuelo cuando el cerebro genera no solo un nuevo plan, sino muchos, y extiende sus ideas a diferentes distancias de lo que ya se conoce y se acepta. Asumir riesgos de manera audaz ante el error propulsa esos vuelos imaginativos.

¿Cuáles son las lecciones que recibimos de la creatividad y la innovación? Es una buena costumbre no conformarse con la primera solución. El cerebro es un bosque de interconectividad, pero como está construido para la eficiencia, tiende a conformarse con la respuesta más trillada; resulta difícil catapultarse hacia las ideas más inesperadas. Leonardo da Vinci desconfiaba sistemáticamente de su primera solución a cualquier problema, pues sospechaba que era el resultado de una rutina aprendida, y buscaba algo mejor.[11] Siempre procuraba desviarse del sendero de menor resistencia para descubrir lo que estaba oculto entre la riqueza de sus redes neuronales.

Desde Einstein a Picasso, los responsables de los avances más importantes fueron prolíficos, lo que nos recuerda que la producción se halla en el centro de la mentalidad creativa.[12] Al igual que tantas otras empresas humanas, la creatividad se refuerza con la práctica.[13]

Un examen de las mentalidades creativas también revela la importancia de destruir lo que hacemos bien. Los innovadores no pasan mucho tiempo haciendo lo mismo: por eso las biografías de muchos artistas e inventores se dividen en «periodos». A medida que Beethoven y Picasso envejecían, su obra seguía siendo variada y experimental. Edison comenzó su carrera con fonógrafos y bombillas, y la acabó con el caucho sintético. La estrategia de esos creadores consistía en no imitarse a sí mismos. La dramaturga ganadora del premio Pulitzer Suzan-Lori Parks siguió la misma estrategia cuando se propuso el reto de escribir una obra al día durante todo un año.[14] Su calendario completo de obras va de las viñetas realistas a las piezas conceptuales pasando por la improvisación, rompiendo constantemente el molde de lo que había hecho antes.

Gran parte del pensamiento creativo ocurre de manera inconsciente, pero podemos prender la mecha si nos colocamos en situaciones que exigen ingenio y pensamiento flexible. En lugar de basarnos en modelos ya existentes, todos tenemos la ocasión de experimentar con cualquier cosa, desde las recetas de cocina a las tarjetas de felicitación e invitaciones de fabricación casera. Proliferan los espacios para la expresión creativa: en las ciudades de todo el mundo, las Maker Faires reúnen a entusiastas de la tecnología, artesanos, cocineros, ingenieros y artistas. Florecen las FabLabs, Makerspaces y TechShops, con sus herramientas comunitarias para las ilustraciones, la joyería, la artesanía y los artilugios de todo tipo. Florecen los círculos creativos en la red, que transportan los cafés de los artistas y los garajes de los hackers a nuestro escritorio. Gracias a la naturaleza popular de estos proyectos, grandes extensiones creativas florecen a nuestro alcance.

El cerebro es plástico: en lugar de estar esculpido en piedra, constantemente reconfigura sus propios circuitos. Incluso cuando envejecemos, la novedad impulsa una constante plasticidad, y cada sorpresa dibuja nuevos caminos. El rediseño de los circuitos es incesante; toda nuestra vida es una obra en marcha. Llevar una vida creativa contribuye a mantener esa flexibilidad. Cuando remodelamos el mundo que nos rodea, también nos remodelamos a nosotros.

Ahora bien: ¿cómo podemos conseguir que una mejor comprensión de la creatividad humana lo mejore todo, ya sea en las aulas o en las salas de juntas?

Tercera parte
Cultivar la creatividad

11. LA EMPRESA CREATIVA

LOS RETOS DE LAS EMPRESAS CREATIVAS

En 2009, unos trabajadores que demolían un puente en Burbank, California, recuperaron una cápsula del tiempo enterrada por un urbanista llamado Kenneth Norwood en 1959. Predecía que los futuros ciudadanos de Burbank vivirían en edificios de apartamentos de plástico, y que la electricidad la generaría una central eléctrica subterránea que la transmitiría mediante ondas a través del suelo. Las vías públicas de la ciudad se transformarían: los aparcamientos y las zonas de aparcamiento de la calle se verían reemplazados por un sistema automatizado basado en centros regionales. Para reducir la congestión del tráfico, el reparto se haría mediante un sistema de correo subterráneo parecido a los tubos neumáticos que antaño entregaban el correo.[1] Era una visión perfectamente formulada e ingeniosa. Solo que nada de eso había ocurrido.

Norwood no fue el único que tuvo una bola de cristal poco fiable. Las exposiciones universales son foros internacionales de innovación, pero casi nunca sirven para predecir cuáles serán los grandes avances futuros. La Exposición Universal de Chicago de 1893 atrajo a millones de personas a un vasto recinto para ver los últimos adelantos en molinos de viento, barcos de vapor, telégrafos, iluminación eléctrica y el teléfono. Fue una audaz visión del mañana. Sin embargo, por ninguna parte se veían el automóvil ni la radio, inventos que en menos de dos décadas transformarían la sociedad.[2] Del mismo modo, en una época en que las unidades centrales de ordenador ocupaban habitaciones enteras, ninguno de los constructores de modelos caseros exhibidos en la Exposición Universal de Nueva York de 1964 fue capaz de ver unas décadas más allá, cuando el ordenador de mesa se convertiría en parte integrante de la vida moderna. En el espejo retrovisor de la historia, estos hitos tecnológicos ocupan un lugar destacado en el camino del progreso, pero para los que conducían hacia el mañana, los postes indicadores estaban envueltos en la niebla. Tal como reza un proverbio danés: «Las predicciones son difíciles, sobre todo las del futuro.» A cada momento, miles de millones de cerebros digieren del mundo y escupen nuevas versiones, con lo que nuestra inventiva crea una reacción en cadena de sorpresas. Por consiguiente, el futuro es difícil de prever, y no hay apuesta segura.

El resultado es que muchas ideas buenas mueren. Los primeros días del automóvil, muchos fabricantes de coches fracasaron, entre ellos ABC, Acme, Adams-Farwell, Aerocar, Albany, ALCO, American Napier, American Underslung, Anderson, Anhut, Ardsley, Argonne y Atlas, por mencionar solo los que empezaban por A.[3] En el ámbito de los videojuegos, Sears Tele-Games, Tandyvision, Vectrex y Baily Astrocade se quedaron por el camino cuando la industria se contrajo en 1983. Cuando la burbuja puntocom estalló en el año 2000, empresas como Boo.com, Freeinternet.com, Garden.com, Open. com, Flooz.com y Pets.com se fueron a pique, y los inversores perdieron cientos de millones de dólares. Las empresas de biotecnología tienen una tasa de fracaso del 90 por ciento: en los últimos años, Satori, Dendreon, KaloBios y NuOrtho se encuentran entre las grandes empresas que no han remontado el vuelo. Casi todos estos nombres han quedado olvidados, de manera que no podemos apreciar plenamente cuántos cadáveres yacen en las planicies de la innovación. Al igual que hay un Beethoven por cada cuatrocientos compositores vieneses, solo hay un Chevrolet por cada cien Clarkmobiles.

Aun cuando una idea sobreviva, puede que tenga una vida útil breve. Orville Wright estaba dando una conferencia sobre la posibilidad de que el hombre volara cuando lanzó una hoja de papel al aire. Mientras el público observaba embelesado, Wright señaló que el papel había surcado el aire como un «caballo sin domar». Observó que: «Este es el tipo de corcel que los hombres deben aprender a manejar antes de que volar se convierta en un deporte cotidiano.»[4] En aquella época los planeadores podían aprovechar las corrientes de aire, pero no había manera de guiarlos; aquellos aparatos voladores estaban a merced del viento. Para abordar el problema, los hermanos Wright inventaron el ala combada: utilizando cables guiaron el aeroplano flexionando las alas. Cuando el *Kitty Hawk* despegó en 1903, las alas combadas le permitieron girar, ladearse y convertirse en el primer vuelo humano.

Pero al mismo tiempo que los hermanos Wright eran agasajados en los Estados Unidos y Europa, su técnica de combar las alas –una piedra angular de su monumental logro– se volvió obsoleta. El científico británico Matthew Piers Watt Boulton había patentado el concepto de los alerones con bisagras en 1868, y poco después del éxito de los hermanos Wright, un aviador francés llamado Robert Esnault-Pelterie construyó un planeador utilizando el invento de Boulton.[5] Al cabo de una década, el sistema de los hermanos Wright pertenecía al pasado, mientras que los alerones (que se usan aún en todos los aviones modernos) resultaron ser más estables y fiables. La «acertada» idea de los hermanos Wright había muerto poco después de que todo el mundo la celebrara.

Cualquier empresa que quiera ser líder en innovación tiene que lidiar con un triple problema: el futuro es difícil de prever, casi todas las ideas mueren y ni siquiera los grandes conceptos perduran. ¿Qué hacen, pues, las empresas creativas?

205

En la década de 1940, la línea de autobuses Greyhound quería conseguir que viajar en autobús fuera algo más moderno. Pero ¿era el momento adecuado? El país acababa de salir de la Gran Depresión, y estaba inmerso en la Segunda Guerra Mundial. Por consiguiente, los ejecutivos llevaban sus negocios de manera conservadora. Y aun así, querían pensar en una época de prosperidad futura, por lo que invitaron al diseñador industrial Raymond Loewy a desarrollar unos conceptos imaginativos de cómo podrían ser los autobuses del futuro. El diseñador presentó el SceniCruiser, un nuevo tipo de vehículo de múltiples pasajeros que haría que mucha más gente dejara el coche en el garaje y viajara en autobús por el país. Para acomodar a más pasajeros, el SceniCruiser dispondría de la mayor distancia entre ejes jamás construida. Por primera vez, un autobús estaría equipado con aire acondicionado y cuarto de baño, además de asientos a juego, grandes papeleras sobre sus cabezas y un piso superior de asientos con claraboya y salón. Con este nuevo diseño, las familias podrían cruzar el país con estilo, disfrutando del paisaje exterior y de las comodidades interiores.

Uno de los primeros esbozos que hizo Loewy del SceniCruiser.

La propuesta era estrafalariamente ultramoderna. Loewy la dibujó en 1942, consciente de que requería herramientas y un proceso de fabricación que todavía no existía, y que probablemente tardaría varios años en existir.[6] Pero quería señalar dónde había que empezar a recorrer el nuevo camino.

Para un país que no había disfrutado de prosperidad en años, se trataba de un concepto bastante peregrino. Era imposible que el autobús funcionara tal como estaba: la distancia entre los ejes era excesiva para las gasolineras y las carreteras. Pero los ejecutivos de Greyhound intuyeron que el diseño de Loewy era prometedor, y poco después de la victoria aliada la empresa comenzó a construir prototipos. Cuando, en la posguerra, los Estados Unidos comenzaron a mejorar sus carreteras y a construir un sistema de autopistas interestatales, estaban allanando el terreno para la aparición del SceniCruiser. En 1954, el primer modelo salía de las estaciones Greyhound. Se convirtió en el autobús turístico más popular de su época.

Gracias a haber pensado más allá de las normas existentes, Greyhound estaba preparada para los nuevos tiempos.

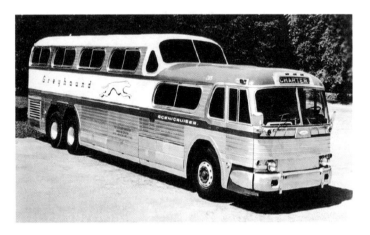

Versión reelaborada por Greyhound del SceniCruiser.

Tal como expresa el diseñador industrial Alberto Alessi: «La zona de lo "posible" es la zona en que desarrollamos productos que el cliente ha de encontrar apetecibles para comprarlos. La zona de lo "no posible" queda representada por los nuevos proyectos que la gente no está dispuesta a comprender o aceptar.» Las empresas creativas buscan actuar en la frontera de lo posible.

Rebasar esa frontera forma parte del proceso. Al igual que Greyhound, los fabricantes de coches no solo elaboran los modelos de este año, o los del año que viene, sino que ya piensan en el futuro, y diseñan conceptos de coches que poseen ruedas giratorias, en los que se entra por el parabrisas y que poseen formas extravagantes.

El Toyota FCV Plus, el Mercedes F 015,
el Toyota i-Car y el Peugeot Moovie.

¿Esperan construir estos coches conceptuales en la próxima década? Puede que sí, puede que no. Consideremos el

Mercedes-Benz Biome. Para abordar los riesgos medioambientales de las chatarrerías, los ingenieros de la empresa concibieron un coche biodegradable que parecería y se conduciría como un coche normal, pero que se crearía completamente a partir de semillas. El combustible, de emisiones cero, no se almacenaría en un tanque, sino que fluiría a través del chasis del coche y las ruedas. Su techo solar orgánico proporcionaría energía a sus componentes. De momento, el coche Biome existe tan solo en el ordenador: Mercedes no tiene ningún plan para desarrollarlo. El objetivo del coche conceptual no es *ser* el coche de la próxima temporada. Más bien, la idea es centrarse en una posibilidad de largo alcance. Te permite perfeccionar el siguiente paso examinando lo que todavía está en un horizonte lejano, vaya la sociedad en esa dirección o no.

El Mercedes-Benz Biome.

Lo mismo ocurre en la alta costura, donde la moda se proyecta hacia el futuro.

Alta costura de Pierre Cardin, Antti Asplund, Viktor&Rolf
(los dos últimos).

No está previsto que nadie lleve esta ropa de vanguardia, ni ahora, ni quizá nunca. Pero el acto de alejarse de la colmena refina nuestra idea de lo que es posible. Tal como observó el artista Philip Guston: «La conciencia humana se mueve, pero no da un salto: es solo una pulgada. Una pulgada es un pequeño salto, pero ese salto lo es todo. Te aventuras, pero vuelves... para ver si puedes avanzar esa pulgada.»

Como nadie sabe por adelantado dónde se encuentra el néctar del éxito comercial, las empresas con inventiva recorren de manera regular diferentes distancias desde la colmena. Los estadounidenses que poseen una casa saben que Lowe's son unos grandes almacenes de artículos domésticos, desde asientos de retrete a generadores caseros. Pero también ha hecho algo más innovador. Lowe's ha contratado a un equipo de escritores de ciencia ficción para que le ayude a imaginar cómo serán las casas del futuro. El equipo les presentó la Holosala: los clientes, en lugar de tener que llevarse muestras de pintura y de género de la tienda a su casa, pueden recrear sus hogares en la realidad virtual, probando los artículos de Lowe's en una representación de tamaño natural tridimensional. Los empleados de los almacenes lo han denominado el «salvamatrimonios».[7]

La Holosala de los Laboratorios de Innovación de Lowe's en acción.

De manera similar, Microsoft está construyendo la próxima generación de centros de datos, pero ahora se enfrenta a un problema crucial: los inmensos circuitos generan muchísimo calor. Microsoft está experimentando con unos tanques sumergibles herméticos que albergarían servidores en las profundidades del océano. Considerando que las placas madre son enemigas del agua, utilizar agua de mar para enfriar el equipo está lejos de ser una práctica habitual. Todavía quedan muchas cuestiones sin responder, entre ellas el impacto medioambiental; pero si funcionan, los servidores sumergibles podrían ser la ola del futuro. El primer prototipo consiguió regresar sano y salvo a la orilla, cubierto de percebes.[8]

Por poner otro ejemplo, la empresa Fisher-Price continúa mejorando sus cunas, cochecitos y juguetes, pero ya mira de reojo hacia la próxima generación de padres: examina cómo los avances tecnológicos influirán en la crianza de los hijos del mañana. Su línea «Padres del futuro» muestra una cuna hipotética con monitores de salud incorporados, una proyección holográfica en la pared que va registrando la evolución de la estatura de nuestro hijo, y una ventana que se puede utilizar como pizarra

211

digital para practicar la ortografía. Tal como dice Fisher-Price: «Algunas de las tendencias que examinamos van a ocurrir. Puede que otras no ocurran nunca. Pero inspirados por la propia infancia, con sus infinitas posibilidades, nos pusimos a imaginar todo lo que podría ocurrir en el desarrollo del niño.»

Evaluar la frontera de lo posible a veces es difícil. Consideremos el televisor Philco Predicta de finales de la década de 1950. Poseía características que ninguna televisión había tenido nunca: una pantalla relativamente plana que podía girar a ambos lados. Un anuncio de Predicta proclamaba: «Enfóquelo hacia el comedor a la hora de almorzar... ¡y luego gírelo completamente hacia la sala!»[9]

Pero los clientes lo rechazaron. El Predicta había mirado osadamente hacia el futuro, pero había quedado en el territorio «imposible» de Alessi. Los fanáticos de la televisión posteriormente lo denominaron el «Edsel de los televisores». Después de dos años en el mercado Philco cerró su división Predicta.

Por su parte, el diseñador Philippe Starck y la empresa de Alberto Alessi pasaron cinco años desarrollando la elegante y lustrosa tetera Hot Bertaa, en la que el asa y el pitorro eran la misma pieza.

Pero entonces Alessi torpedeó la tetera. Resultó que su singular diseño se calentaba demasiado para poder manejarla. Alessi lo considera «nuestro fiasco más hermoso (...), Me gustan los fiascos, porque son el único momento en el que aparecen destellos de luz que pueden ayudarte a ver dónde se encuentra  la frontera entre el éxito y el fracaso».[10] Es una «experiencia preciosa», dice, que ayuda a la empresa a desarrollar nuevos proyectos.

Resulta difícil saber qué opción saldrá triunfante, de manera que para las empresas es fundamental apoyar muchas ideas. Uno de nosotros (David) y su alumno Scott Novich han desarrollado un aparato sensorial portable: el Versatile Extra Sensory Transducer. El Vest («chaleco» en inglés) puede permitir que los sordos oigan convirtiendo los sonidos en patrones de vibración en el torso. Gracias a la plasticidad neuronal, el cerebro aprende a interpretar el mundo sónico a partir de los patrones que percibe en la piel. Pero el Vest va más allá: se puede utilizar también para transmitir a los pilotos datos sobre el estado de un avión, el estado de la Estación Espacial Internacional a los astronautas, el estado de una pierna ortopédica a los amputados, el estado invisible de la salud a una persona (como la presión sanguínea o la salud de nuestro microbioma) o el estado de la maquinaria en una fábrica. Puede conectarse directamente a Internet para que el usuario pueda consultar Twitter o los datos de la bolsa en tiempo real. Puede utilizarse para detectar robots a distancia, incluyendo, algún día, en la Luna. El Vest también se puede utilizar para alimentar nuevos flujos de datos como los infrarrojos o ultravioleta. ¿Cuál de estos usos encontrará demanda en el mercado? ¿Quién sabe? Pero la empresa de David y Scott está explorando un amplio campo de opciones.

Demostración del Neosensory Vest.

Desperdigar semillas en el mayor territorio posible es importante; incluso las pequeñas inversiones en ideas descabelladas pueden dar fruto. En la década de 1960, la Xerox Corporation ya dominaba el mercado de las fotocopias cuando entrevió otra oportunidad: pronto habría necesidad de impresoras de ordenador. Para entrar en ese mercado, calcularon que podrían aprovechar la tecnología existente, como un tubo de rayos catódicos o quizá un tambor de caracteres alfanuméricos que girara rápidamente. La investigación ya estaba en marcha cuando Gary Starkweather, un experto en óptica de la sede de Rochester de la empresa, propuso una idea alternativa y estrambótica: láseres.

La dirección de Xerox tenía muchas razones para creer que eso no funcionaría. Los láseres eran caros, difíciles de manejar y muy potentes. A los colegas de Starkweather les preocupaba que el rayo quemara las imágenes, creando copias «fantasma» de impresiones anteriores. Parecía bastante claro que el láser y la impresión no pertenecían al mismo mundo.

A pesar de todas esas reservas, el centro de innovación de Palo Alto de Xerox le dio una oportunidad a la idea de Starkweather, y le proporcionó un pequeño equipo de investigación. Tal como este recordaría posteriormente: «Había un grupo de investigación que tenía cincuenta personas, y otro que tenía veinte. Yo tenía dos.»[11] Le preocupaba que le derrotaran, sobre todo porque sus rivales trabajaban con una tecnología ya contrastada. Starkweather estaba cada vez más cerca de un modelo que funcionara, pero también los equipos que en Xerox trabajaban en otro tipo de impresoras.

Por fin, los equipos rivales escenificaron una confrontación interna. Cada equipo tenía que imprimir con éxito seis páginas: una con letras, otra con cuadrículas y otra con fotos. Fue este punto en el que la ventaja del modelo de Starkweather resultó evidente: «En cuanto se decidieron esas seis páginas, supe que ganaría, porque estaba seguro de que no había nada que no pudiera imprimir. ¿Bromeas? Si tú puedes traducirlo en bits, yo lo puedo imprimir.» A las pocas semanas de la competición, se cerraron las otras unidades de impresión. El que Starkweather se hubiera alejado tanto de la colmena le había permitido triunfar, y la impresora láser pasó a ser uno de los productos de más éxito de Xerox.

Xerox ganó la partida por haber apoyado una diversificación de ideas y enfoques, aunque fuera con pequeñas inversiones. Tal como dijo Benjamin Franklin: «Si todo el mundo piensa igual, nadie piensa.» Porque el paisaje siempre cambia, las empresas astutas que esparcen sus semillas en un territorio más amplio posible son las que acaban encontrando franjas de terreno fértil.

NO CONSIDERE QUE LA PROLIFERACIÓN
ES UN DESPERDICIO

Diversificar las opciones es solo la mitad de la historia; tirar la mayoría de opciones a la basura es la otra mitad. Tal como dijo en una ocasión Francis Crick: «El hombre peligroso es el que solo tiene una teoría, porque luchará a muerte por ella.»[12] La mejor manera de abordar cualquier cuestión, sugirió Crick, consiste en tener muchas ideas y dejar que la mayoría muera.

Consideremos el proceso habitual en el diseño industrial. Cuando Continuum Innovation se propuso construir un láser para alisar la piel, comenzó por definir los atributos deseados: en este caso algo profesional, sofisticado, elegante, accesible e inteligente. Todos los miembros del equipo creativo bosquejaron sus ideas en diarios privados. A continuación desarrollaron sus favoritas en dibujos más precisos, que ampliaron el espectro desde lo prosaico hasta lo extravagante. Eso señaló el comienzo de lo que Continuum describe como un «embudo de ideas». Después el equipo volvió a reunirse para reducir el campo a un puñado de opciones viables.

Los diseños que quedaban se ajustaron, y comenzaron las pruebas de mercado. Los diseñadores descubrieron que lo que preocupaba a las mujeres entrevistadas era sufrir alguna herida, y también que el láser constituye un peligro de incendio. A partir de ahí el equipo comprendió que era importante que el láser pareciera un dispositivo médico, que tuviera unas medidas de seguridad incorporadas y fuera sencillo de utilizar. Eso redujo las opciones aún más. Luego aparecieron modelos que les cabían en la mano a quienes los probaban, seguidos de pruebas de intención de compra para descubrir qué clientes lo comprarían. A partir de ese largo embudo de ideas surgió un claro ganador. El proceso de Continuum se basó en la proliferación: los miembros del equipo creativo contaban con numerosas alternativas sólidas de investigación, y también estaban dispuestos a ir abandonando muchas de ellas. Para descubrir a su campeón, necesitaban aportar muchos contendientes.

No es fácil prever qué solución ganará, por lo que resulta fundamental contar con un espectro de opciones que vaya de lo vulgar a lo radical. Durante los primeros días de los cajeros

Prototipos del láser para alisar la piel de Continuum Innovation.

automáticos, la gente se sentía vulnerable al sacar dinero en un lugar público. El banco Wells Fargo apeló a la ayuda de la empresa de diseño IDEO, que probó muchas ideas, entre ellas caros accesorios como periscopios o cámaras de vídeo.[13] Pero la solución final fue de lo más corriente: un espejo de ojo de pez, parecido al que utilizan los camioneros. El espejo permitía a los usuarios del cajero tener una vista panorámica de la calle que quedaba a su espalda y valorar así la seguridad del entorno. Resulta tentador concluir que Wells Fargo no necesitaba ninguna empresa de innovación para dar con la idea de pegar espejos en los cajeros, aunque al explorar diferentes instancias IDEO consiguió determinar la solución óptima.

Contar con un amplio embudo de ideas desde el principio resulta fundamental para el proceso, y la longitud del embudo se puede acortar mediante rápidas repeticiones. Consideremos el departamento de investigación y desarrollo de Google, llamado X. A fin de diseñar y filtrar velozmente nuevos productos, X tiene dos equipos: «En Casa» y «Fuera». Cuando a Google se le ocurrió la idea de un ordenador corporal –Google Glass–, el equipo de En Casa recibió la tarea de crear rápidamente un modelo que funcionara. Utilizando una percha, un proyector de bajo coste y un protector de plástico transparen-

217

te como pantalla, el equipo de En Casa construyó una maqueta del Glass en un día. El equipo de Fuera recibió la misión de dirigirse a un espacio público, un centro comercial, por ejemplo, y ver cómo reaccionaban los posibles clientes.

Uno de los primeros modelos de Google Glass pesaba tres kilos y medio, y parecía más un casco que unas gafas. El equipo de En Casa pensó que había dado en el clavo cuando consiguió que pesara menos que unas gafas normales. Pero eso no fue suficiente. El equipo de Fuera descubrió que no era solo eso, sino que era también dónde recaía el peso. A los usuarios no les gustaba notar tanta presión en el puente de la nariz. De manera que el equipo de Fuera calculó cómo desplazar el peso a las orejas. Mediante el proceso simbiótico de generación y filtrado de ideas, Project Glass fue probando rápidamente múltiples versiones de su proyecto hasta conseguir un producto pionero, elegante y que funcionara, que llegó al mercado en 2014.

Pero incluso esa versión también fue refinada por Google. Existía una enorme preocupación por si invadía la intimidad, que giraba sobre todo alrededor de si a los transeúntes les gustaba la idea de que los grabaran en vídeo. Sin embargo, abandonar Glass no perjudicó a Google como empresa: los ingenieros y diseñadores pasaron a otros equipos, utilizando lo que habían aprendido en otros proyectos. Al final, Google Glass no fue sino uno de los muchos frutos del árbol de la empresa, y no el mejor. Pero Google poseía otros en abundancia, por lo que no les molestó prescindir de algo que no funcionaba.

Generar ideas y tirar casi todas a la basura puede parecer un desperdicio, pero está en el corazón del proceso creativo. En un mundo en el que el tiempo es oro, el reto es que las horas que pasamos haciendo esbozos o devanándonos los sesos no se consideren productividad perdida. Resulta tentador racionalizar el esfuerzo, porque los empleados no tienen tiempo que perder y el mercado se mueve rápidamente. En la 3M Corporation encontramos un cuento con moraleja. Durante la mayor parte del siglo anterior, esta multinacional se consideraba una adalid de la innovación, y un tercio de sus ventas las generaban productos nuevos y recientes.[14] Pero en el año 2000 llegó un nuevo director ejecutivo. En un esfuerzo por maximizar beneficios, aplicó la política de eficiencia del proceso de fabricación al de investigación y desarrollo. Los investigadores tenían que presentar informes regulares que mostraran sus avances. Las variaciones en el proceso se miraban con desconfianza. Los beneficios cuantificables eran importantísimos. ¿El resultado? Las ventas de los nuevos productos cayeron un 20 por ciento en los cinco años siguientes. Cuando el director ejecutivo cesó, su sustituto eliminó los grilletes y el departamento de investigación y desarrollo se recuperó: de nuevo, un tercio de las ventas de 3M procedía de los nuevos productos.

La reflexión es un trampolín necesario para la innovación, aun cuando muchas veces acabe en un callejón sin salida. Como resultado, las empresas innovadoras no consideran que la abundante diversificación de ideas sea una pérdida de tiempo o esfuerzo. Por ejemplo, la empresa india Tata concede un premio «Dare to Try» (Atrévete a Intentarlo) a una idea innovadora que ayude a la empresa a comprender lo que *no* funciona. En el primer año, solo hubo tres candidatos. A medida que los empleados de Tata se sentían más cómodos exponiendo sus esfuerzos frustrados, el número de participantes alcanzó la cifra de ciento cincuenta.

Del mismo modo, X de Google recompensa a sus empleados por cualquier intento que acabe en fracaso. «No creo que exista ningún entorno de aprendizaje libre de errores», dice Astro Teller de X. «Los fracasos son baratos si los cometes al principio, y son caros si los cometes al final.»[15] El cementerio de Google está lleno de ideas que no resultaron como se esperaba: Google Wave (una experiencia de compartir contenidos más grande que el correo electrónico, y también más confusa),

Google Lively (como Second Life), Google Buzz (un lector de RSS), Google Vídeo (que compitió con YouTube), Google Answers (formular una pregunta, obtener una respuesta), publicidad impresa y por radio Google (expandir la marca a las industrias publicitarias impresas y por radio), Dodgeball (una red social de enfoque local), Jaiku (un microblog, como Twitter), Google Notebook (reemplazado por Docs), SearchWiki (anotar y reordenar resultados de búsqueda), Knol (escribir artículos generados por el usuario, como Wikipedia) y SideWiki (anotar páginas web a medida que navegas).

Cuesta conseguir que la palabra fracaso tenga una connotación positiva, porque de manera inevitable apunta a un paso atrás. Pero incluso las jugadas desacertadas son a menudo un paso adelante, pues revelan cuestiones cuya resolución nos acerca a una solución. «Tentativas» sería un término más idóneo: cosas que uno intenta y luego abandona. El proceso de diversificación y selección constituye la base de la invención en todo el mundo. Al final, el camino zigzagueante de nuestra especie viene determinado no por la plétora de ideas que se nos ocurren, sino por el número más reducido que decidimos seguir.

REVITALIZAR EL LUGAR DE TRABAJO

El 1958, a un grupo consultor alemán se le ocurre la idea de derribar las barreras a la innovación y la productividad: la «oficina ajardinada». Los escritorios se dispondrían en un entorno abierto, como el de un jardín, con senderos que seguirían el flujo de trabajo y el papeleo de la oficina. No habría «ninguna puerta cerrada a la vista, nadie estaría aislado, ningún ejecutivo disfrutaría de una vista prominente en un rincón privilegiado. Como mucho, habría unas cuantas mamparas móviles y plantas que ocultarían ciertas secciones y trabajadores a los demás».[16]

Según algunas estimaciones, en la actualidad el 70 por ciento de empresas estadounidenses cuenta con oficinas abiertas. Es lo que encontrarás en Facebook y Google. También en Apple, cuyas sedes –cuyo diseño se ha comparado a un platillo volante gigantesco– se basan por completo en una colaboración fluida. «Ofrecerán un espacio muy abierto, de manera que en algún momento del día puedas estar en las oficinas que están en un lado del círculo y más tarde en las que están en el otro lado.»[17]

Pero no fue siempre así. La empresa química DuPont, inventora del nailon, estaba segmentada en divisiones autónomas protegidas por guardas.[18] Las instalaciones de investigación de Xerox en Palo Alto, que anteriormente habían sido un centro de investigación del comportamiento animal, estaban divididas en espacios bautizados con el nombre de los anteriores habitantes animales: la impresora de láser se perfeccionó en la «sala rata». En la década de 1950, General Electric prosperó en el modelo con paneles, y en la década de 1990 también lo hicieron empresas como Nestlé y Sony. La PlayStation de Sony –uno de los productos más innovadores de la empresa– se desarrolló en un departamento de juegos independiente. ¿Se equivocaron estas empresas?

No. Los medios para incentivar la creatividad siempre están cambiando. Eso era de esperar, porque las propias maneras de innovar exigen una innovación constante. Ser productivo no demanda una sola solución. Los científicos soviéticos no contaban con un entorno como es el de la oficina abierta de Google. Los científicos de la NASA no van a trabajar en chándal; llevan camisa, pantalones y corbata. Y sin embargo llegaron al espacio.

Hay algunas razones de peso por las que la oficina abierta ha ido ganando adeptos, pero puede que las oficinas abiertas no sean el mejor plan *siempre*. Parece, más bien, que el mejor plan es edificar una cultura del cambio. Los hábitos y las convenciones excesivamente rígidos, por bien intencionados o considerados que sean, amenazan la innovación. Si analizamos la estructura de las oficinas a lo largo del tiempo, la conclusión fundamental es que no hay una sola respuesta. Podría parecer que hay un progreso en línea recta, pero eso es un mito. Si examinamos los espacios de oficinas de los últimos ochenta años, podemos ver un ciclo que se repite. Al comparar las oficinas de los años 40 con los espacios contemporáneos vemos que han descrito un círculo para regresar básicamente al mismo estilo, pasando por un periodo en los 80 en el que las particiones y los cubículos eran la norma. Puede que los colores y las tecnologías cambien, pero la distribución de los años 40 y la década del 2000 es la misma, prácticamente hasta la situación central de las columnas.

Años 40.   Años 80.   Década del 2000.

Y ya en el siglo XXI, parece que el espacio abierto muestra trazas de no gozar de tan buena acogida. «Olvidaos de la comida y bebida gratis», se queja un antiguo miembro del personal de Facebook. «El lugar de trabajo es horrible: enormes salas llenas de hileras e hileras de mesas estilo pícnic con gente sentada hombro con hombro con apenas quince centímetros de separación e intimidad cero.»[19] Un artículo del *New Yorker* titulado «La trampa de la oficina abierta» expone los males del espacio abierto, entre ellos el ruido incesante, los incómodos encuentros y más peligro de pillar un resfriado.[20] Un aluvión de críticas recientes destaca las deficiencias de los espacios abiertos, lo cual parece ser que conduce hacia la siguiente fase del ciclo: oficinas más cerradas y con intimidad.[21]

La gente que ha trabajado en empresas durante mucho tiempo suele mostrarse más bien cínica a la hora de comentar los cambios en la estructura de las oficinas. Pero estas constantes transformaciones contienen una astucia sorprendente: romper el anquilosamiento cognitivo. Siguiendo la misma analogía, cualquier consejero matrimonial le dirá que la relación puede desgastarse si la pareja se habitúa y se distancia: las rutinas se afianzan y cada vez es más difícil desviarse de ellas. Ya sea en casa o en el trabajo, el cambio puede ser perjudicial, pero sin él es difícil tener ideas nuevas.

El emblema del cambio constante era el Edificio 20 del Instituto Tecnólogico de Massachusetts. Construido como una estructura temporal durante la escasez de acero de la Segunda Guerra Mundial, ese «palacio de contrachapado» de tres plantas y del tamaño de un almacén iba a ser derribado en cuanto terminara la guerra. Pero la universidad andaba falta de espacio, y obtuvo permiso de los bomberos para dejarlo en pie. Con el tiempo, acabó siendo un polo de atracción para el personal docente de la universidad, que lo remodeló para que encajara en sus necesidades. Tal como lo expresó un profesor: «Si no te gusta una pared, la derribas de un codazo.» Otro dijo: «Si quieres hacer un agujero en el suelo para tener un poco de espacio extra vertical, lo haces. No preguntas. Es el mejor edificio experimental que se ha construido nunca.» El paisaje improvisado del edificio alentaba los encuentros fortuitos y un fácil intercambio de ideas: entre sus paredes había un batiburrillo ecléctico que incluía «un acelerador de partículas, el ROTC,* un lugar

---

* Son las siglas de Reserve Officer's Training Corps (Cuerpo de Adiestramiento de Oficiales de la Reserva): un programa de entrenamiento para que los estudiantes universitarios puedan entrar en el ejército y llegar a oficiales sin pasar por las academias militares. *(N. del T.)*

para reparar pianos y un laboratorio de cultivo celular».[22] Los físicos nucleares trabajaban cerca de los investigadores de alimentación. En ese edificio destartalado, Noam Chomsky desarrolló sus teorías pioneras sobre el lenguaje humano, Harold Edgerton se dedicó a la fotografía de alta velocidad y Amar Bose patentó sus altavoces. Allí se inventó el primer videojuego, y allí nació una gran cantidad de compañías tecnológicas. El edificio acabó siendo conocido como la «incubadora mágica». Tal como lo expresó Stewart Brand en su libro *How Buildings Learn:*

> El Edificio 20 suscita la cuestión de cuáles son las auténticas comodidades. Nos encontramos con gente inteligente que renunció a una buena calefacción y aire acondicionado, a pasillos alfombrados, ventanales, bonitas vistas, una construcción a la última y un diseño interior agradable, ¿para qué? Por unas ventanas de guillotina, unos vecinos interesantes, suelos reforzados y libertad.[23]

Trabajar a largo plazo en un edificio provisional no suele ser una opción. Así que hay otras maneras de cultivar una cultura de cambio: intercambiar las oficinas, reconfigurar las salas, cambiar la política de tiempo libre o los equipos. Poner la máquina de café *aquí,* pintar las paredes de azul, colocar un futbolín, derribar las paredes para crear un espacio abierto con suelo de cemento y sillas giratorias. Pero tampoco nos lo tomemos como definitivo, porque el modelo que ahora funciona puede que en cinco años quede obsoleto. Tampoco es importante que estos modelos funcionen para siempre. Por el contrario, la meta de la empresa creativa consiste en huir de la supresión por repetición, en que proliferen las opciones y en desmontar lo que funciona bien antes de que acabe siendo un lastre. La innovación se activa alterando la rutina.

Una cultura de cambio no solo tiene que ver con el funcionamiento interno de una empresa, sino también con lo que se ofrece al público. Las empresas innovadoras no le hacen ascos a deshacer lo que está bien. Tal como lo expresó James Bell, director de General Mills: «Uno de los mayores peligros a los que se enfrenta cualquier hombre o corporación consiste en llegar a creer, tras un periodo de bienestar o de éxito, en la infalibilidad de métodos anteriores aplicados a un futuro nuevo y en cambio permanente.»[24]

Como ejemplo de agilidad, consideremos el restaurante neoyorquino Eleven Madison Park. De su carta más tradicional pasó a un menú minimalista: los ingredientes se enumeraban en una cuadrícula de 4 × 4 y los clientes escogían un ingrediente de cada hilera. A partir de estas sencillas instrucciones, el chef cocinaba un plato gourmet. El nuevo menú le granjeó al restaurante las codiciadas tres estrellas Michelin. Pero Eleven Madison no temió poner en juego su reputación intentando una vez más algo nuevo. Inspirado por los cambios de estilo que caracterizan la carrera del músico de jazz Miles Davis, el restaurante volvió a reinventarse. Eliminó del menú la cuadrícula de 4 × 4. En su lugar, a los comensales se les ofrecía un homenaje culinario de cuatro horas a la ciudad de Nueva York. Jeff Gordiner, que escribió una reseña del restaurante para el *New York Times*, describió cómo los camareros presentaban el menú degustación con un aire teatral. «Un plato emergía de una cúpula de humo, otro de un cesto de pícnic. Los camareros llevaban a cabo trucos de cartas (un guiño a los que utilizaban el monte de tres cartas para timar a la gente, antaño muy abundantes en las calles de la ciudad) y ofreciendo conferencias detalladas sobre los ingredientes y el folclore.»[25]

En su página web, el restaurante colgó una cita del pintor Willem de Kooning: «Tengo que cambiar para seguir siendo el mismo.» Los críticos gastronómicos se quedaron estupefactos ante la transformación del restaurante, pero Eleven Madison pasó a ser más popular que nunca. Y luego volvió a cambiar. Se eliminaron los trucos de cartas y volvió una atmósfera más desenfadada, más opciones para comer, menos platos y porciones más grandes. El cambio del restaurante fue recompensado con cuatro estrellas en el *New York Times*. Como escribió el crítico del periódico, Pete Wells: «Sin que nos demos cuenta, ocurren muchas cosas en este restaurante, que se define sobre todo por su movimiento fluido hacia el futuro.»[26]

Esta agilidad fue la responsable de que una empresa llamada Radio Corporation of America se convirtiera en pionera de la televisión. A principios de la década de 1930, el dominio de la RCA era tan firme que el gobierno de los Estados Unidos presentó una demanda antitrust contra la compañía. Sin dejarse intimidar, los investigadores de la RCA introdujeron la transmisión de radio FM desde lo alto del Empire State Building de Nueva York, y esas emisiones en alta fidelidad «enviaron una poderosa señal a los anunciantes radiofónicos, a los promotores y al público: la radio dominaría la radiodifusión durante los años venideros».[27] Posteriormente, en 1935, el presidente de la empresa, David Sarnoff, descubrió otra prometedora tecnología en auge, a la que al principio se le dieron nombres como «escucha visual» u «oír y ver». La transformación fue rápida. Sarnoff le remitió una lacónica nota a su ingeniero de radio principal pidiéndole que abandonara su laboratorio de inmediato para dejar paso al nuevo equipo. Cuatro años más tarde Sarnoff se presentó ante las cámaras de la Exposición Universal de Nueva York para presentar las primeras emisiones de televisión regulares del país, al tiempo que anunciaba: «Ahora añadimos la visión por radio al sonido.»

Históricamente, las empresas conservan su flexibilidad en los buenos y malos tiempos. Apple estaba próxima a la insolvencia cuando saltó al negocio musical; cuando presentó el iPod apenas había unas decenas de periodistas. Años más tarde, Apple acababa de vender dos mil millones de canciones por iTunes y un público de miles de personas saludó el paso de Jobs a la industria de la telefonía móvil.

A veces existe un hilo claro que recorre la evolución de una empresa. American Telephone and Telegraph, o AT&T, pasó del telégrafo a la radio, y de ahí a Internet. Pero a veces la evolución no es tan sencilla. Hermès se fundó en el siglo XIX para construir arneses y sillas de montar; posteriormente, cuando los coches sustituyeron a los caballos y las calesas, la empresa pasó a la alta costura. Una fábrica de papel llamada Nokia creó el primer teléfono móvil de masas.[28] Una empresa que comenzó imprimiendo naipes, que luego pasó a dirigir una empresa de taxis y era propietaria de un «love hotel», con el tiempo se convirtió en la mayor empresa de videojuegos del mundo: Nintendo.[29] Para Google, el control de la glucosa y los coches sin conductor ocupan un nicho muy diferente al de los motores de búsqueda.

La agilidad, naturalmente, es arriesgada: no todo da resultados. Consideremos el Amazon Fire Phone, que se introdujo en 2014. Amazon había entrado con buen pie en la computación en la nube, pero los móviles eran otra historia. El Fire Phone vendió tan solo 35.000 unidades en su primer mes, en un momento en el que Apple vendía esos mismos iPhones en una hora. Los clientes se quejaban de que el Fire Phone carecía de aplicaciones y de que se calentaba demasiado para manejarlo. La empresa bajó el precio a noventa y nueve centavos, y en cuanto se agotaron las existencias iniciales, dejó de fabricarlo. No obstante, fue un riesgo calculado: el fracaso del Fire Phone nunca amenazó el negocio principal de Amazon. La empresa pasó página, y su actitud aventurera la llevó a enviar flotillas de nuevos exploradores.

Las empresas creativas se preparan constantemente para cualquier convulsión. Esta actitud obedece en parte a que la acelerada revolución digital ha tenido efectos inesperados: a medida que nuestros dispositivos se van informatizando, su vida útil se encoge. El hecho de que los datos se procesen exponencialmente más de prisa ha acelerado la obsolescencia de los teléfonos, relojes de pulsera, dispositivos médicos y electrodomésticos. En 2015, por primera vez Honda no construyó ningún coche de pruebas real para su Acura TLX: lo que hizo fue utilizar un software para simular desde pruebas de colisión a las emisiones de CO_2, cosa que aceleró enormemente el proceso de producción. Además, campos que antes parecían muy alejados del mundo digital ahora forman parte de él: los robots llevan a cabo operaciones, y los boletines de noticias a veces están escritos por inteligencia artificial.[30] Desde el diseño a la manufactura pasando por la moda, el mundo se supera a sí mismo constantemente. La consecuencia es que el público tiene cada vez más ganas de cambio: si el año que viene no les trae nuevos artilugios y aplicaciones, los consumidores se sentirán decepcionados. En estas condiciones, estar ágil es más necesario que nunca.

Aunque separados por centenares de millones de años, los cerebros de las criaturas primitivas y los directores ejecutivos de las grandes empresas se formulan la misma pregunta: ¿cómo alcanzo el mejor equilibrio entre explotar mis conocimientos y explorar nuevos territorios? No hay criatura ni negocio que se duerma en los laureles de éxitos anteriores: el mundo cambia de manera impredecible. Quienes sobreviven son los más hábiles, los que reaccionan a las nuevas necesidades y las nuevas oportunidades. Por eso el teléfono móvil definitivo y decisivo no se crea nunca, ni tampoco un programa de televisión perfecto que nunca pierda atractivo, ni el paraguas perfecto, ni la bicicleta ni los zapatos perfectos.

Y por eso la meta tiene que ser generar montones de ideas. Thomas Edison ponía «cuotas de ideas» a sus empleados en Menlo Park: tenían el reto de presentar un pequeño invento cada semana y un avance importante cada seis meses. De manera parecida, Google ha introducido una exploración de ideas en su modelo de negocio: su regla 70/20/10 exige que el 70 por ciento de esos recursos vayan al negocio principal, un 20 por ciento a ideas emergentes y un 10 por ciento a elucubraciones completamente nuevas. Y también, en la Hack Week anual de Twitter, los empleados abandonan sus proyectos de trabajo diarios para generar algo nuevo. La empresa de software Atlassian tiene sus «ShipIt days», en los que a los empleados se les concede una ventana de veinticuatro horas para generar y entregar nuevos proyectos. La Toyota Corporation solicita sugerencias de sus empleados, y aspira a poner a prueba la asombrosa cifra de 2.500 ideas nuevas *cada día*.[31]

Para incentivar la innovación, las empresas creativas recompensan las ideas nuevas. Los incentivos a la innovación adquieren muchas formas: Procter & Gamble y 3M tienen sociedades de honor; Sun Microsystems, IBM y Siemens conceden premios anuales; Motorola, Hewlett-Packard y Honeywell ofrecen bonificaciones por nuevas patentes.[32] Pero esta clase de recompensas no están aún extendidas: un informe reciente revelaba que el 90 por ciento de empresas consideraba que no ofrecía una recompensa suficiente a la innovación.[33] Tal como aconseja Eric Schmidt con relación a incentivar las ideas nuevas: «Hay que pagar escandalosamente bien a la gente escandalosamente buena, sea cual sea su título o posición. Lo que cuenta es su impacto.»[34]

Las empresas creativas también proporcionan muchas materias primas y herramientas para estimular la redes neuronales de sus empleados. Edison mantenía un laboratorio bien provisto de todo lo necesario para que fuera más fácil generar ideas. La empresa de diseño IDEO cuenta con una «caja tecnológica» comunitaria llena de todo tipo de artilugios, muestras de material y piezas sueltas: un «manantial mental» para ingenieros diseñadores.[35] En Hermès, las sobras de tela y otros productos derivados de la producción comercial no se tiran, sino que se entregan a su laboratorio de innovación Petit h para que se utilicen en la experimentación: los artesanos que trabajan con estos restos han construido estanterías de sobras de cuero y un suelo de terrazo a partir de botones rotos, madreperla y cremalleras.

En el cerebro activo, las ideas se multiplican ferozmente y compiten. Unas cuantas alcanzan la conciencia consciente, pero la mayoría no llega a ese umbral y se queda en el camino. Un proceso similar ocurre dentro de las empresas creativas: las nuevas ideas e iniciativas compiten enérgicamente para recibir apoyo. Aquellas que alcanzan el umbral necesario lo obtienen; las que no, se archivan. En un mundo en el que resulta difícil leer las hojas de té, muchas ideas fracasan. Incluso las que son perfectamente funcionales puede que queden anticuadas rápidamente. La fuerza está en la diversificación y la agilidad. De manera que lo que hacen las empresas creativas es multiplicar las ideas, eliminarlas casi todas y nunca rehuir el cambio.

12. LA ESCUELA CREATIVA

Nuestros hijos pasan muchas horas de su vida en el aula. Ahí es donde se alimentan sus aspiraciones y donde por primera vez perciben lo que la sociedad espera de ellos. Cuando funciona correctamente, es un lugar donde se cultiva la imaginación.

Pero eso no siempre ocurre. Como hemos visto, el cerebro humano digiere el mundo para producir novedades, pero son demasiadas las aulas que ofrecen muy poco que digerir, y no aportan más que una dieta de regurgitación, una dieta que amenaza con dejar a nuestra sociedad hambrienta de futuros innovadores. Seguimos estancados en un sistema educativo nacido durante la Revolución Industrial, en el que el plan de estudios se regularizó: los niños escuchaban lo que el maestro les decía desde la pizarra y las campanas de la escuela imitaban las campanas de la fábrica que señalaban un cambio de turno. Este modelo no prepara a nuestros estudiantes para un mundo que no para de avanzar, en el que los trabajos se redefinen rápidamente y aquellos que generan oportunidades originales se llevan los premios.

La verdadera labor de las clases consiste en preparar a nuestros alumnos para remodelar los materiales en bruto del mundo y generar nuevas ideas. Por fortuna no es algo difícil de llevar a la práctica: no exige liquidar los planes de estudio existentes ni empezar de cero. Se trata tan solo de aplicar algunas directrices que pueden contribuir a convertir el aula en un entorno que promueva el pensamiento creativo.

UTILICEMOS LOS PRECEDENTES COMO PLATAFORMA DE LANZAMIENTO

Cuando comienza el año escolar, la profesora de arte Lindsay Esola dibuja una manzana en la pizarra y les pide a sus alumnos de cuarto que dibujen su propia manzana. La mayoría de la clase simplemente copia el ejemplo de la profesora. Este ejercicio es el punto de arranque de un semestre en el que Esola enseña a sus alumnos decenas de maneras de dibujar una manzana. Los estudiantes imitan estilos como el surrealismo, el impresionismo y el pop art, y utilizan acuarelas, el puntillismo, el mosaico, el dibujo lineal, la cera fundida, la purpurina, las pegatinas, los sellos, el hilo y más.

Si las clases se limitaran a eso, tendríamos simplemente una clase práctica de historia del arte. Pero Esola no se conforma con imitar paradigmas existentes. El trabajo del semestre tiene como finalidad la tarea denominada «Cualquier Manzana», en la que los alumnos son libres de mezclar y combinar cualquier técnica como se les antoje. En la última clase, Esola vuelve a dibujar una manzana en la pizarra, solo que esta vez casi nadie copia la de la maestra, sino que el aula se convierte en una galería de manzanas alternativas: los alumnos han utilizado todo lo aprendido y lo han desplegado en nuevas direcciones.

Una educación creativa ocupa el punto óptimo entre la imitación de modelos y el juego no estructurado. Este punto óptimo presenta a los alumnos precedentes en los que basarse, pero no condiciona ni limita sus elecciones. Los alumnos aprenden lo mejor que ha ocurrido antes y reciben la tarea de remodelarlo. Por ejemplo, una profesora de quinto le pidió a su clase que pintara el cuadro «siguiente» de su artista preferido, un cuadro que el artista no llegó a pintar pero que pudo haberlo hecho. Cada alumno estudiaba la carrera de un artista y después imaginaba lo que este habría hecho de haber vivido más tiempo. Un alumno pintó a un jugador de béisbol de la liga infantil al estilo cubista, argumentando que si Picasso hubiera vivido se habría interesado mucho por la cultura popular.

Romper el molde del pasado enseña lecciones: a que los alumnos hurguen en el pasado en busca de nuevas ideas, y a no dejarse intimidar por lo que ha habido antes. Aboga por dominar nuestra herencia cultural y al mismo tiempo tratarla como algo inacabado. Tal como dijo el poeta Goethe: «Solo existen dos legados perdurables que podemos esperar transmitir a nuestros hijos. Uno son las raíces, el otro las alas.»

Hay muchas maneras de hurgar en el pasado en busca de nuevas posibilidades. Uno consiste en que los alumnos nos cuenten una historia existente desde la perspectiva de un personaje diferente. Como inspiración, tomemos *La verdadera historia de los tres cerditos,* en la que Jon Scieszka nos relata el cuento desde la perspectiva del lobo. El lobo afirma que su intención no era estornudar y derribar las casas de los cerditos... que sus estornudos no eran más que alergia. De manera parecida, la obra de teatro de Tom Stoppard *Rosencrantz y Guildenstern han muerto* vuelve a la obra de Shakespeare *Hamlet* desde la perspectiva de dos personajes secundarios. La novela de John Gardner *Grendel* nos vuelve a relatar el poema épico *Beowulf* desde el punto de vista de uno de sus monstruos. Los alumnos, utilizando mitos y fábulas de todo el mundo, pueden transformar el punto de vista y crear algo nuevo. Otra estrategia consiste en actualizar las historias. En *Alice in tumblr-land*, de Tim Manley, el rey Arturo se divierte en Burning Man,* Pulgarcita es la estrella de un reality y el Príncipe Rana está en un parque con un cartel que reza «Abrazos gratis».

Las historias alternativas son otra técnica para afinar las intuiciones inteligentes extrapolando de manera creativa lo que los estudiantes han aprendido. La novela de Kingsley Amis *The Alteration* imagina cómo sería la actualidad si Enrique VIII nunca hubiera reinado en Inglaterra. En la versión de Amis, el hermano mayor de Enrique VIII también muere joven, pero no antes de engendrar un hijo, que derrota a Enrique y hereda el trono, a resultas de lo cual la Iglesia de Inglaterra no se funda nunca, la reina Isabel no llega a nacer y, para colmo, Martín Lutero es nombrado papa. Semejante es el caso de *El hombre en el castillo,* en la que Philip K. Dick contempla lo que habría ocurrido si las potencias del Eje hubieran ganado la Segunda Guerra Mundial. La novela de Dick añade otro giro: un novelista que vive bajo el régimen nazi ha escrito su propia historia alternativa secreta, *El saltamontes se ha posado,* en la que imagina qué habría ocurrido si los aliados hubieran ganado; en su novela, por ejemplo, los aliados capturan a Hitler y le someten a juicio.

Para los alumnos, una de las maneras más creativas de demostrar que han entendido la historia consiste en describir lo que habría ocurrido si los hechos hubieran sido diferentes. ¿Y si los españoles no hubieran contagiado la viruela a los mayas? ¿Y si Washington se hubiera roto una pierna y nunca hubiera cruzado el Delaware? ¿Y si el carruaje del archiduque Fernando no hubiera girado por donde no debía y él no hubiera sido asesinado?

---

* Se trata de un evento anual de siete días que tiene lugar en la ciudad de Black Rock, Nevada, y que comienza el primer lunes de septiembre. No acepta marcas y promueve la desmercantilización y el aprovechamiento de las energías colectivas, y asisten sobre todo creadores y artistas. *(N. del T.)*

Para desarrollar sus historias hipotéticas, los alumnos han de conocer los hechos, y no solo eso, sino también el contexto en el que se enmarcan. Los proyectos de «historia alternativa» son una manera de complementar lo que se aprende en los libros: los alumnos investigan un tema y a continuación aplican su conocimiento de una manera creativa. Demuestran que poseen un sólido conocimiento de los hechos al crear su propia versión alternativa.

Las lecciones de extrapolación también se aplican a la ciencia y la tecnología. Sheri Sheppard, profesora de Stanford, señala que hay muy pocas máquinas que se hayan construido de la nada, sino que más bien son una combinación de la técnica anterior. Añade:

> Es un proceso que conlleva una considerable creatividad. Un diseño verdaderamente inspirado es a menudo el resultado de ver la novedosa aplicación de un mecanismo, lo que significa estar familiarizado con las miles de máquinas y mecanismos que nos rodean, y ser capaz de ver cómo se pueden usar en dominios que quedan muy lejos de su intención original.

En algunas clases de ingeniería, a los alumnos se les enseña electricidad haciéndoles seguir las instrucciones para montar una linterna. Pero cuando el ejercicio se queda ahí, no es más que seguir una receta. Construir la linterna debería ser solo el primer paso. El siguiente debería ser aplicar los mismos principios para construir un ventilador, un generador de sonido o lo que se le ocurra al alumno. En lugar de considerar el manual de instrucciones como un punto final, debería considerarse un punto de partida.

Una manera de incorporar más creatividad a la educación científica consiste en hacer prototipos de ciencia ficción; es decir, diseñar productos que todavía no existen.[1] En un curso, los alumnos concebían un lápiz de proyección para ver películas y mapas, una impresora en 3D que hacía pasteles personalizados y una lavadora portátil del tamaño de una maleta.[2] Se animaba a los alumnos a considerar qué problemas solventaría la nueva tecnología y cuáles podría crear. Es otra manera de cultivar la técnica y la imaginación al mismo tiempo.

Al combinar el aprendizaje de lo ya existente con la licencia creativa del juego no estructurado, el pasado se convierte en un camino al descubrimiento. En la carrera de relevos de la creatividad humana, a los estudiantes se les da la oportunidad de recoger el testigo y correr con él hacia el futuro.

PROLIFERACIÓN DE OPCIONES

Demasiado a menudo, cuando les pedimos a los alumnos una solución creativa, nos conformamos con una sola. Pero con una sola respuesta, por buena que sea, una mente inventiva simplemente está calentando. La mejor práctica en un aula consiste en exigir a los alumnos que generen no solo una solución a un problema creativo, sino muchas.

Generar múltiples soluciones a menudo requiere entrenamiento. Desde la literatura a la ciencia, pasando por la programación, los alumnos suelen contentarse prematuramente con una respuesta; hay que animarlos y azuzarlos a que se atrevan a explorar nuevos territorios. Y ese entrenamiento tiene que empezar temprano. El libro de Antoinette Portis *No es una caja* ilustra el concepto de la proliferación de opciones para los jóvenes lectores. Alguien le pregunta al conejo protagonista: «¿Por qué estás sentado en una caja?» El conejo replica que no es una caja, sino un coche de carreras. Pero el conejo no se para ahí: también es una montaña, un robot, un remolcador, un cohete, la cofa de un barco pirata, y la barquilla de un globo de aire caliente. Siguiendo el ejemplo del conejo, los jóvenes alumnos pueden crear su propia versión de este paradigma («no es una pelota», «no es una cinta», etc.).

236

Este sencillo ejercicio infantil se puede ampliar a estudiantes mayores. Por ejemplo, en las artes, las variaciones son una manera de seguir generando posibilidades a partir de la misma fuente: con ello practicamos el doblar, romper y mezclar. Los músicos de jazz exhiben la proliferación de opciones cada vez que improvisan sobre un estándar. En las artes visuales, una atención reiterada al mismo motivo puede dar lugar a una gran abundancia de resultados, desde el ejercicio de la manzana a la serie de la bandera estadounidense de Jasper Johns.

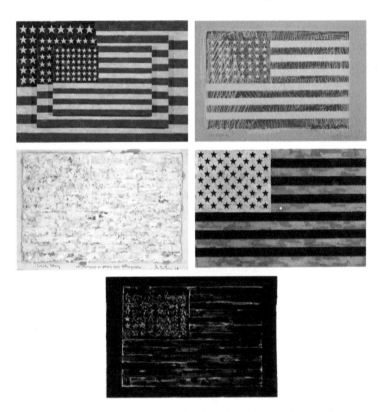

Obras de Jasper Johns: *Tres banderas* (1958); *Bandera* (1967, impresa en 1970); *Bandera blanca* (1960); *Bandera (Moratorium)* (1969); y *Bandera* (1972-1994).

La proliferación de opciones también permite que los estudiantes aprecien la diversidad natural que ven en el mundo que los rodea. Tomemos el experimento «semillas que navegan», ideado por la Sociedad Botánica de los Estados Unidos.[3] Los alumnos estudian la abundancia de medios que posee la naturaleza para dispersar las semillas: las de coco flotan río abajo; las de bardana se pegan a la piel de los animales y después caen; las de diente de león caen flotando en «paracaídas»; las de arce y fresno planean por el aire sobre diminutas alas. En el plan de estudios de la Sociedad Botánica, los alumnos tienen que competir para idear nuevas y mejores maneras de diseminar las diminutas semillas, y después ponen a prueba sus planes para ver cuál se propaga con más éxito.

Este ejercicio permite comprender de manera extraordinaria el concepto de selección natural y sus desafíos. Los estudiantes, en lugar de considerar el mundo como una serie de hechos preexistentes que hay que memorizar, generan nuevas opciones de cómo *podría* ser. Esta capacidad resulta fundamental para el innovador del futuro: mira a su alrededor y genera nuevas soluciones. Después de participar en el ejercicio de lanzar las semillas, los niños aprecian durante toda su vida los planes de la naturaleza, porque ellos mismos han intentado nuevas creaciones.

Incluso cuando la respuesta está determinada, la enseñanza creativa alienta a los estudiantes a encontrar una manera distinta de llegar a ella. En 1965, el renombrado físico Richard Feynman recibió el encargo de analizar los libros de texto de matemáticas para el Comité Curricular del Estado de California («¡seis metros de estantería, más de doscientos kilos de libros!», se quejó en su informe). Su conclusión fue que el método de impartir matemáticas, en el que los profesores enseñan a los alumnos a solucionar los problemas de una sola manera, era erróneo. Argumentó que se debería animar a los estudiantes a encontrar la solución correcta de todas las maneras posibles:

Lo que buscamos en los libros de texto de aritmética no es enseñar una manera concreta de hacer cada problema, sino más bien enseñar cuál es el problema original, y conceder una mayor libertad para llegar a la respuesta (...). Debemos eliminar la rigidez del pensamiento (...). Debemos darle libertad a la mente para que le vaya dando vueltas a la manera de solucionar los problemas (...). Una persona que utiliza las matemáticas de manera fructífera es prácticamente el inventor de nuevas maneras de obtener respuestas en situaciones determinadas.[4]

A la hora de alentar las alternativas, una estrategia eficaz consiste en inspirar a los estudiantes a que se alejen a diferentes distancias de la colmena. Igual que una empresa que cubre el espectro que va de las actualizaciones graduales hasta un asombroso departamento de investigación y desarrollo, hay que espolear a los estudiantes para que no pierdan de vista el punto de partida al tiempo que se alejan de él lo más posible. Esto es lo que crea las competencias que necesitarán para responder de manera flexible a las tareas creativas del futuro.

El principio de alejarse sucesivamente de un punto de partida queda ilustrado por las series de toros de Picasso y Lichtenstein. Ambos artistas comenzaron con imágenes realistas, pero cada uno se apartó en direcciones distintas. Picasso redujo el cuerpo a las líneas esenciales; Lichtenstein lo fue abstrayendo en formas geométricas de colores. Cuando vemos las imágenes finales de cada serie, resulta asombroso observar lo distintas que son.

El valor de recorrer diferentes distancias queda demostrado en un proyecto llevado a cabo en la Universidad Rice, donde se pide a los estudiantes que se enfrenten a una crisis sanitaria en el mundo en vías de desarrollo: cada año, centenares de miles de niños mueren de deshidratación provocada por la diarrea. Las clínicas con pocos recursos poseen goteos intravenosos (IV), pero no el costoso hardware para medir las

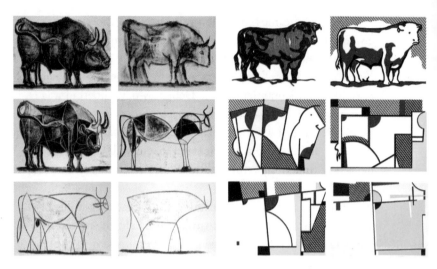

La serie de toros de Picasso de 1946 (izquierda)
y la de Lichtenstein de 1973 (derecha).

dosis correctas. En los hospitales que carecen de recursos para
hacer un seguimiento minucioso de todos los pacientes, los
bebés corren el riesgo de sufrir una sobrehidratación letal. Un
equipo de estudiantes de Rice abordó el problema y se propuso construir un goteo intravenoso que pudiera regularse de
manera barata, e incluso cuando la electricidad fallara a menudo. Comenzaron con ideas sencillas, pero no tardaron en
alejarse cada vez más de la colmena, y acabaron con una solución inesperada: una ratonera. En su dispositivo, una palanca
se engancha perpendicular al poste que lleva la bolsa intravenosa; esta cuelga de un extremo, y hay un contrapeso en el
otro. Los médicos aplican la dosis correcta ajustando el contrapeso. En cuanto el goteo ha aplicado la dosis establecida, la
palanca baja y acciona la ratonera, que se cierra de golpe e
impide el paso de más líquido.

Impacientes por poner a prueba el mecanismo, los miembros del equipo viajaron a Lesoto y Malaui, países que luchan

240

por proporcionar una atención médica adecuada. Los médicos acogieron el mecanismo con los brazos abiertos, aunque tenían que ir con cuidado para no pillarse los dedos. Los estudiantes se preguntaban si habría una manera más segura de cerrar el tubo. Utilizaron una impresora en 3D para modelar un tapón de plástico y experimentaron con todas las piezas que encontraron por el laboratorio. Pero nada funcionaba tan bien como la ratonera, por lo que idearon un sustituto menos peligroso utilizando un muelle de compresión de acero.

En Malaui, los estudiantes de Rice descubrieron otro fallo en el diseño: para que funcionara perfectamente, la bolsa intravenosa tenía que estar a metro y medio por encima de la cabeza del paciente. Pero eso también significaba que el contrapeso estaba a esa altura, y al personal médico le costaba llegar. Durante una reunión de trabajo, uno de los alumnos propuso dividir la palanca en dos brazos separados, el que llevaba la bolsa en lo alto, y el contrapeso, más abajo, y un poste que conectara los dos brazos. Ahora era más fácil regular los pesos.

Los estudiantes regresaron a Malaui y llevaron a cabo un estudio de campo: la conclusión fue que, de media, se necesitaban menos de veinte minutos para aprender cómo funcionaba el equipo, menos de dos minutos para instalarlo, y que funcionaba con precisión después de centenares de usos.[5] Un goteo intravenoso eléctrico suele costar varios centenares de dólares; los estudiantes han construido el suyo por menos de ochenta dólares. Al aventurarse a diferentes distancias de la colmena, habían solucionado un problema aparentemente insoluble.

ALENTAR LA ASUNCIÓN DE RIESGOS CREATIVA

En un conocido experimento, la psicóloga de Stanford Carol Dweck sometió a un grupo de niños a un test de matemáticas. Posteriormente, la mitad de los niños fueron elogiados por los resultados alcanzados; la otra mitad fue elogiada por el *esfuerzo* que había hecho. Después Dweck les preguntó si les gustaría hacer una prueba a un nivel un poco más difícil. Aquellos que habían sido elogiados por su esfuerzo aceptaron el reto. Pero aquellos que habían sido elogiados por sus resultados se echaron atrás, pues no querían poner en riesgo su reputación. Dweck concluyó que si los mentores elogian en exceso los logros, de manera inadvertida impiden que los estudiantes corran riesgos. Su conclusión: hay que elogiar el esfuerzo, no los resultados.[6]

Para no centrarse exclusivamente en los resultados, los estudiantes necesitan tener la oportunidad de abandonar los caminos trillados. En los videojuegos se utiliza el término *sandbox* para probar opciones a un nuevo nivel antes de competir; es decir, el jugador puede experimentar con técnicas y estrategias antes de que comience la partida. Se puede aplicar un enfoque *sandbox* a tareas creativas: se les pide a los alumnos que presenten múltiples opciones para algo creativo, pero estas no se califican, simplemente se examinan. Acto seguido el estudiante escoge su manera preferida de completar la tarea, lo cual no solo espolea a los alumnos a multiplicar opciones, sino que también les ofrece la oportunidad de arriesgarse sin ninguna penalización.

A menudo, asumir riesgos implica caminar por la cuerda floja de un problema sin la red de seguridad de una respuesta. Cualquier problema que tenga un resultado abierto promueve la toma de riesgos; son los estudiantes los que tienen que encontrar su propio camino. Consideremos el experimento de dejar caer un huevo. Las instrucciones son simples: diseñar un paracaídas para un huevo. Se trata de un reto cuya solución no es evidente. Los alumnos tienen que comprender las leyes de la gravedad y la resistencia del aire e investigar los principios de la ingeniería. El día de la demostración, suben a un lugar elevado y dejan caer su artilugio. En el primer intento, no todos aterrizan sanos y salvos, y se comprende que eso forma parte del ejercicio. Si a un estudiante se le rompe el huevo, tiene que analizar por qué: porque ha caído demasiado deprisa, porque no iba lo bastante protegido, etc. A continuación mejora el diseño y vuelve a intentarlo. El número de intentos importa menos que dejar atrás las decepciones y conseguir completar el proyecto con éxito.

No todos los problemas hay que abordarlos como si solo hubiera una respuesta correcta, y esta elección se puede ilustrar haciendo que los estudiantes creen, por ejemplo, una «superfuente». En el tipo de letra habitual, algunas letras y números son tan parecidos que apenas se los puede distinguir, sobre todo en un smartphone o en una pantalla de ordenador. Por ejemplo, el 5 y la S se confunden fácilmente, al igual que la B y el 8 o la g y la q. La meta de las superfuentes consiste en alterar las formas de las letras para maximizar la diferencia visual entre ellas. Se trata de un proyecto creativo sin una solución fija, y en el que los estudiantes pueden llevar a cabo sus tentativas desde una temprana edad.

Otra manera de alentar la asunción de riesgos consiste en enfrentarse a problemas del mundo real, problemas que todavía no han encontrado respuesta. En el proyecto «Imagine Mars» de la NASA, se pide a los estudiantes que inventen un manual para la vida en otros planetas. Para ello tienen que diseccionar todas las características que permiten que una comunidad prospere en la Tierra: encontrar zonas habitables, comida y agua, oxígeno, transporte, gestión de residuos, empleos, etc. Los estudiantes tienen que considerar qué haría falta para trasplantar todos estos rasgos al imponente paisaje marciano. ¿Cómo respiras? ¿Qué haces con la basura? ¿Dónde haces ejercicio? Utilizando materiales que van desde bolas de algodón a piezas de Lego pasando por desatascadores, los estudiantes planifican su propia comunidad. Ejercicios como estos consiguen que los alumnos reflexionen sobre la vanguardia de la ciencia (los planes de la NASA para llegar a Marte dentro de unas décadas) y les permite experimentar los riesgos inherentes a los problemas sin resolver.

Para crear una próspera sociedad de adultos creativos, resulta fundamental formar a estudiantes que asuman riesgos y no se arredren por miedo a obtener una respuesta equivocada. En lugar de hacer que nuestros hijos inviertan todo su capital intelectual en las acciones del mínimo riesgo de la vida, un portafolio mental que aspire a triunfar debería diversificarse también en inversiones más especulativas.

ATRAER E INSPIRAR

Puede que uno de los rasgos más infravalorados de la educación sea la motivación: puede ser la diferencia entre unos resultados rutinarios y unos extraordinarios. Conseguir sacar lo mejor de cada alumno es uno de los retos diarios de la enseñanza. La solución: aumentar la motivación.

Que se vea que el trabajo es importante

Que los estudiantes tengan la oportunidad de solucionar problemas de la vida real es una manera de espolear la creatividad. En gran parte del mundo en vías de desarrollo, la insuficiencia respiratoria es una causa común de la mortalidad infantil. Existen los respiradores artificiales, pero a menudo es difícil mantener los tubos de respiración pegados a la boca de los bebés sin que se caiga cuando estos se mueven. Este reto se presentó a veintiún equipos de secundaria de Houston. Los alumnos trabajaron en el proyecto por fases: primero investigaron el tema; en este caso, las causas y el alcance de la insuficiencia respiratoria infantil. Después exploraron el panorama de soluciones existentes. Sopesando factores como el coste, la seguridad, la durabilidad, la facilidad de uso y el mantenimiento, aportaron sus propias soluciones. Cada equipo presentó entre tres y cinco opciones. Finalmente construyeron prototipos a partir de materiales caseros y los probaron.

El diseño ganador fue simple e ingenioso: los tubos de respiración se ensartaban a través de unas ranuras en el gorro del bebé. Solo hacía falta hacer dos cortes en la tela. Cuando el equipo llevó a cabo unas pruebas comparativas, descubrió que su «gorro de respiración» funcionaba mejor que los métodos existentes, y prácticamente no costaba nada. Lo único que hacía falta para salvar vidas era un gorro normal de bebé y unas tijeras. Un problema adulto había sido solucionado por adolescentes.

Hacer un trabajo importante también puede contribuir a que los estudiantes se ayuden a sí mismos. Hace unos años, la arquitecta y diseñadora Emily Pilloton comenzó a trabajar con alumnos de octavo en una escuela pública experimental de Berkeley, California, donde el inglés es la segunda lengua para una mayoría de estudiantes. A Pilloton se le dio acceso a una sala vacía, y preguntó a los alumnos qué querían hacer con la sala. El consenso fue que en la escuela faltaba una biblioteca, y los alumnos querían una.

Pilloton condujo a la clase a hacer trabajo de campo en la biblioteca pública de la localidad, y después entregó un plano de la planta y les preguntó qué aspecto querían que tuviera la biblioteca. Hubo una animada discusión que llevó a otra pregunta: ¿cómo coges las distintas ideas de todo un curso y elaboras un plan viable? Los alumnos decidieron que a fin de maximizar la flexibilidad, diseñarían unas estanterías que se podrían utilizar de muchas maneras. Utilizando contrachapado y cartón, desarrollaron esa idea durante varias semanas, hasta que por fin dieron con una solución sencilla: la forma de cruz. Construyeron docenas en contrachapado.

Un día, las estanterías en forma de cruz estaban todas de lado, formando un montón de X. Los alumnos comenzaron a preguntarse: ¿qué pasaría si colocaran sus estanterías en un ángulo de cuarenta y cinco grados? Que te verías obligado a interactuar con libros que no buscabas. Si tu libro estaba debajo de un montón, tendrías que mover todos los demás. Tendrías que inclinar la cabeza para leer los títulos. Un alumno saltó con que la «x» representaba la variable desconocida en álgebra, y que la biblioteca era un lugar en el que ibas a averiguar cosas que no sabías. Su biblioteca sería el Espacio X.

Una alumna construye un estante para el Espacio X
de la Escuela Pública Experimental REALM.

Y así lo decidieron. A lo largo de la semana siguiente, los alumnos cubrieron la pared principal de la biblioteca con estanterías en forma de X. Utilizaron grupos de X para las colecciones seleccionadas (como por ejemplo las novelas gráficas), e incluso crearon mesas con X en la base. Colocaron X por toda la sala como invitación a una remodelación posterior, y, como resultado, el Espacio X nunca tiene el mismo aspecto. Los alumnos han construido su propio espacio de descubrimiento y exploración.

Tener público

Es la Noche Poética de una cafetería de Castle Rock, Colorado. Pero en el escenario no hay ningún adulto; los poetas son todos alumnos de sexto de una escuela local.[7] A estos estudiantes se les ha asignado la tarea de escribir un poema sobre un tema social para luego compartirlo en público. Sale a escena un alumno tras otro, y sus poemas cubren todo el espectro de la vida adolescente. Una niña de doce años lee un poema sobre su madre:

Mi viaje por el año pasado ha sido duro

Ella ha estado lejos

Mucho tiempo

Bebiendo, teniendo aventuras, los papeles del divorcio,
    el dinero.

(...) Creía haber perdido a la persona más importante
    de mi vida,

sin nadie que me guiara, sin nadie con quien hablar
    de nada.

Mi mejor amiga.

Todavía sonrío.

El plan de estudios de la escuela está construido sobre el modelo «Outward Bound»,* en el que los estudiantes aprenden

* Outward Bound es una organización de aprendizaje experiencial sin ánimo de lucro que promueve el crecimiento personal y las habilidades sociales de los participantes llevando a cabo expediciones al aire libre. *(N. del T.)*

a moverse por el mundo aventurándose más allá del aula. En un proyecto reciente, unos alumnos de cuarto filmaron un documental acerca de los planes para aumentar los embalses del estado inundando una popular reserva natural. Los estudiantes exploraron los dos lados de la cuestión, preguntándose qué era más importante: el progreso humano o la protección de la vida que ya había allí. Su documental se estrenó en un cine local. En otro proyecto, la escuela invita a una persona de la tercera edad a su festival anual «La vida es arte», anual, donde se exhibe al menos una pieza artística de cada alumno.

Se siguen estrategias parecidas en guarderías y escuelas de primaria progresistas, como las instituciones Waldorf y Reggio Emilia, donde la filosofía educativa se basa en alentar a los niños a explorar sus propias aficiones mediante la actividad creativa. Estas escuelas tienen como norma exhibir las obras de arte de los alumnos en los pasillos. Para que los estudiantes tengan más público, algunas escuelas de primaria se emparejan con otras en un programa denominado «campus K-12»: por ejemplo, para celebrar lecturas de poesía narrativa a través de videoconferencia, o celebrando exposiciones conjuntas en persona. A escala cívica, las instituciones culturales pueden desempeñar un papel a la hora de ofrecer un foro más amplio para el trabajo estudiantil: muchos museos y aeropuertos albergan de manera regular muestras de arte estudiantil, lo que sirve para entusiasmar a los niños. En Internet se ha creado una plataforma aún más grande. Everyartist.me permite a los estudiantes exhibir su obra en la red. Hace poco, durante el Día Nacional del Arte, se estableció un récord de obras de arte creadas en un solo día: 230.000. En el lado tecnológico, el MIT Media Lab alberga una página web en la que millones de alumnos exhiben proyectos que han creado utilizando su software educativo Scratch.

El mundo desarrollado se encuentra en medio de una epidemia de obesidad, y una parte del problema es que resulta difícil conseguir que la gente haga ejercicio. ¿Cómo se podría abordar el problema? Ese fue el desafío que asumieron siete alumnos de una escuela de primaria inglesa, espoleados por un concurso anual organizado por la Raspberry Pi Foundation, que promueve el estudio de la informática básica en las escuelas. El equipo de alumnos se centró en construir un perro robot, que consideraron podría ser un divertido compañero de ejercicio. Después de dar vueltas a muchas ideas, consideraron instalar un seguidor de actividad que mediría cuánto habías corrido, un ayudante que llevara un kit de primeros auxilios, un rastreador para encontrar lo que se te había caído, altavoces para escuchar música y una luz para guiarte en la oscuridad. Al final los alumnos decidieron construir un perro que ladrara palabras motivadoras para dar ánimos al propietario y que este hiciera ejercicio. Utilizando el ordenador Raspberry Pi, que es del tamaño de una tarjeta de crédito, construyeron un perro robot de papel maché, crearon su propio circuito y programa, y grabaron su voz. En la final, FitDog ganó el premio.

Los concursos son una buena manera de motivar a la gente, pues ofrecen reconocimiento y una recompensa material. El concurso de Raspberry Pi espoleó a docenas de equipos a competir, los cuales presentaron unos imaginativos proyectos, desde un dispensador de recetas automático hasta un software de rastreo de ojos que permite a la gente discapacitada operar un cursor de ordenador con la mirada. Entre otros concursos populares encontramos Odyssey of the Mind, un programa internacional extracurricular en el que equipos de estudiantes abordan problemas creativos y en el que tienen que hacerlo todo ellos, mientras que a los entrenadores solo se les permite supervisar y aportar materiales. Los encuentros semanales de los equipos culminan en un torneo local, y los equipos ganadores pasan a las finales nacionales. El éxito permanente de programas como Raspberry Pi y Odyssey of the Mind da fe de los poderosos alicientes de las competiciones: alientan a resolver un problema de alto nivel, y la promesa de un premio mantiene el entusiasmo y el compromiso.

Cuanto más creativos sean los niños en el aula, más se verán como creadores de su propio mundo. Esa es la meta de la escuela creativa. Las cosas cobran vida en el aula cuando lo anterior se presenta no como la respuesta, sino como un punto de partida. Consiga que los alumnos aporten muchas opciones en lugar de ofrecer una sola solución. Inspírelos a asumir riesgos en lugar de seguir el camino más seguro. Motive y anime a sus alumnos, ya sea desde dentro (retos importantes) o desde fuera (recompensas y público). Un programa de estudios que alimenta el pensamiento creativo consigue que nuestros jóvenes no sean solo turistas de la imaginación, sino guías.

LA NECESIDAD DE REGAR LAS SEMILLAS

Hacia el final de la guerra de Secesión, un grupo de hombres armados asaltó una plantación de Misuri. Secuestraron a dos esclavos –una mujer y su bebé– y solicitaron un rescate. Los propietarios de la plantación ofrecieron un caballo de carreras que había ganado muchos premios para recuperar al niño, pero los secuestradores ya habían vendido a la madre y nunca se volvió saber de ella. Cuando el niño secuestrado regresó con sus amos, estaba gravemente enfermo de tosferina. Se recuperó, pero como relataría posteriormente, su infancia fue «una guerra constante entre la vida y la muerte para ver quién se acababa imponiendo». Como era habitual, al niño le pusieron el apellido de los propietarios de la plantación, Mo-

ses y Susan Carver. Aquel chico –George Washington Carver–
posteriormente utilizaría su creatividad para defender ante el
Congreso el cultivo de cacahuetes como camino a la prosperidad para los granjeros del Sur.

¿De dónde salen los innovadores? Cualquier ambiente puede ser fecundo. Igual que es imposible predecir cuál será la próxima nueva idea, también es imposible saber de qué rincón del
globo procederá. El talento innato no es algo que predomine en
unas comunidades más que en otras. Después de cincuenta años
de pruebas de creatividad, no se ha encontrado ninguna diferencia en las familias que pasan privaciones económicas o per-
tenecen a alguna minoría: sus hijos comparten el mismo
espectro de creatividad que los ricos.[8]

Pero hay niños que reciben más atención: lecciones de
música, visitas al museo de la ciencia, mientras que otros están
desatendidos. El acceso a una educación creativa no debería de-
pender de tu código postal. Es fundamental regar las semillas
en todos los barrios.

Consideremos el Nápoles del siglo XVI. Si eras un niño
huérfano o indigente, podrías acabar en alguna de las inclusas
de la iglesia. El sistema religioso napolitano se encargaba de
enseñar a los niños que tenían a su cuidado algún oficio con
el que pudieran acudir al mercado laboral. Hoy en día, uno de
esos oficios habría sido el de programador de ordenadores. En
aquella época era la improvisación musical: la música tenía
tanta demanda que un intérprete bien preparado podía ganarse bien la vida en las óperas y las catedrales de la ciudad, además de tocando música de fondo para las reuniones sociales
de la nobleza. (Llamamos «conservatorio» a una escuela de
música porque en italiano *conservatori* significaba «orfanato».)
A los alumnos se les enseñaba a improvisar utilizando manuales llenos de *partimenti,* breves pautas que proporcionaban la
base de una interpretación espontánea. Adornando esas pautas
y enlazándolas en combinaciones flexibles, los alumnos del

conservatorio aprendían a componer música de manera improvisada a través de una práctica supervisada.

Los conservatorios de Nápoles acabaron teniendo tanto éxito que pronto comenzaron a aceptar a alumnos que pagaban una matrícula procedentes de toda Europa. A finales del siglo XVIII, muchos de los mejores titulados procedían de barrios pobres: por ejemplo, había un niño cuyo padre, albañil, había muerto al caerse mientras construía una iglesia. Aquel niño, Domenico Cimarosa, acabó convirtiéndose en un músico de la corte de Catalina la Grande de Rusia y José II de Austria.[9]

El educador Benjamin Bloom ha escrito: «Después de cuarenta años de investigación intensiva en los Estados Unidos y en el extranjero, mi principal conclusión es: lo que puede aprender una persona lo puede aprender *casi* cualquiera, siempre y cuando se le proporcionen unas condiciones de aprendizaje apropiadas anteriores y actuales.»[10]

Pero durante una parte excesiva de la historia humana, el ejemplo de Nápoles ha sido la excepción, no la regla. El despilfarro de capital creativo que ha hecho la raza humana no se limita a la clase social. Consideremos que durante la mayor parte de la historia de nuestra civilización —y todavía en muchas partes del mundo—, más de la mitad de la población humana ha carecido de una educación y de promoción profesional por culpa de su género. La niña prodigio Nannerl Mozart fue de gira por Europa con su hermano pequeño, Wolfgang, donde a menudo fue la principal atracción. Pero en cuanto le llegó la edad de casarse, sus padres frenaron en seco su carrera. La matemática Ada Lovelace ocultó su sexo utilizando un seudónimo cuando expuso los principios de la programación informática. Sus intuiciones matemáticas estaban tan por delante de su tiempo que sus colegas no sabían qué hacer con ellas; más de un siglo después, sus modelos informáticos fueron reinventados por sus homólogos masculinos. Setenta años después de los albores de Hollywood, Shirley Walker se convirtió en la primera mujer que compuso y dirigió una partitura para el estreno de una película producida por un gran estudio. Sigue siendo un caso atípico: de las quinientas películas de mayor recaudación de los Estados Unidos, solo en doce la partitura había sido escrita por una mujer.[11] En 1963, la antropóloga social Margaret Mead respondió a una pregunta acerca de las diferencias entre la creatividad masculina y femenina. Su respuesta sigue siendo más relevante que nunca:

> En aquellos países del bloque oriental en los que se esperaba que la mujer tuviera un papel igual al hombre en el mundo científico, un gran número de mujeres demostró una habilidad anteriormente insospechada. Corremos el gran riesgo de desperdiciar la mitad de nuestro talento humano vetando de manera arbitraria una disciplina a cualquiera de los dos sexos o penalizando a las mujeres que intentan utilizar su talento de manera creativa.[12]

Al dejar al margen una considerable proporción de la humanidad, derrochamos un enorme capital creativo. Es imposible saber qué descubrimientos nos hemos perdido, qué intuiciones se nos han escapado o qué problemas siguen sin solucionarse por haber despreciado la creatividad innata de tanta gente. Pero el cálculo es claro: cuantas más semillas plantamos y cuidamos, más pródiga es la cosecha de imaginación humana.

POR QUÉ LAS ARTES SON NECESARIAS PARA LAS CIENCIAS

La creatividad es el combustible del arrollador progreso de nuestra especie, y sin embargo, son pocos los que han tenido oportunidad de desarrollar plenamente sus capacidades imaginativas, algo que se refleja poderosamente sobre todo en el acceso a las artes. Mientras los estudiantes de universidades más acomodadas poseen aulas de música, baile, arte visual y enseñanza teatral, en los barrios más pobres la educación artística a menudo se considera un derroche de recursos. Un estudio de 2011 llevado a cabo por el Fondo Nacional para las Artes de los Estados Unidos preguntó a licenciados recientes si habían recibido *alguna* educación artística durante sus estudios: entre los estudiantes pertenecientes a alguna minoría, tres de cada cuatro respondieron que no.[13]

Para convertirse en pensadores inventivos, los jóvenes necesitan el arte. Porque las artes, debido a su visibilidad, son la manera más accesible de enseñar las herramientas básicas de innovación. La miniaturización que vimos en la escultura de Giacometti utilizaba la misma estrategia que la solución de Edwin Land para evitar que la luz deslumbrara en los parabrisas; la ruptura de una zona visible continua en la pintura cubista de Picasso encuentra su paralelismo en las torres de telefonía móvil; la mezcla que está a la vista en el ciervo herido de Frida Kahlo (en el que pega su cabeza al cuerpo de un animal) también sirve en las cabras-araña genéticamente modificadas.

Todas las facetas de la mentalidad creativa se pueden enseñar mediante las artes: son un campo de pruebas para doblar, romper y mezclar. Sin embargo, cuando los presupuestos escolares son reducidos, los administradores tienden a llevar a cabo un frío cálculo económico: puesto que no vivimos en el Nápoles del siglo XVI, el estudio de las artes no nos ayudará a conseguir un trabajo bien remunerado.

Pero hay razones sólidas que sustentan la conveniencia de una educación artística, incluso en las escuelas que se centran en las ciencias. Cuando se inventaron los coches, la mayor parte de la inventiva se dedicó a que funcionaran, y muy poca a que fueran cómodos. No obstante, a medida que cada vez más gente se compraba uno, la ingeniería no era suficiente: para que un coche triunfara en el mercado también tenía que tener un diseño elegante. En la actualidad, el estilo de los salpicaderos, los asientos y el chasis venden más que lo que hay debajo del capó.

Los teléfonos móviles han tenido una trayectoria parecida. Al principio, muy poca gente tenía uno. La interfaz del usuario era incómoda, pero el diseño tipo ladrillo se podía pasar por alto a la luz de la naturaleza revolucionaria de la tecnología. En la actualidad, sin embargo, miles de millones de personas miran el móvil varios centenares de veces al día. Con tantos usuarios, una mala interfaz condena un producto. Por eso empresas como Apple, Nokia, Google y otras gastan miles de millones de dólares para tener un diseño atractivo, agradable, sencillo y moderno.

El educador John Maeda defiende que cuanto más interviene una máquina en nuestra vida cotidiana, más elegante tiene que ser, además de funcional.[14] Necesitamos que en nuestros dispositivos haya arte además de inteligencia; de lo contrario, no los utilizaremos. Cada vez más empresas reconocen la necesidad de crear interfaces de buena factura. A finales de 2015, el *New York Times* informó de que IBM iba a contratar a 1.500 diseñadores industriales, un ejército de artistas, con la única meta de concebir nuevas máquinas más atractivas.[15]

Forma y función van unidos gracias al vínculo entre arte y tecnología. Hace unos años, la profesora de ingeniería de la Universidad de Agricultura y Mecánica de Texas Robin Murphy descubrió que los humanos tenían problemas a la hora de relacionarse con los robots de su laboratorio. «Los robots no establecen contacto visual. Su tono no cambia. Cuando se acercan a alguien, comienzan a violar su espacio personal.»[16] Para confiar en que un robot te salve si estás en un coche que ha volcado o en un edificio ardiendo, no es suficiente con que el robot sea mecánicamente diestro: también tiene que transmitir preocupación y afecto emocional. Así que Murphy decidió fijarse en el teatro como laboratorio de sentimientos humanos. Con la profesora de teatro Amy Guerin incorporó robots voladores a una producción de *El sueño de una noche de verano* de Shakespeare. La obra tiene lugar en un bosque poblado de hadas, y los robots interpretan a los silenciosos ayudantes de las hadas. Para que el experimento fuera aún más radical, el equipo de Murphy utilizó robots que no parecían humanos: no tenían caras, ni brazos ni piernas. El equipo de Murphy desarrolló un «lenguaje corporal» para los robots. Si tenían que transmitir felicidad, los robots daban vueltas en el aire o rebotaban arriba y abajo; para demostrar cólera, se inclinaban en un ángulo muy agudo y avanzaban lentamente; cuando se ponían traviesos, giraban rápidamente y daban algún salto. Los robots interpretaron su papel a la perfección, imitando las emociones y volando por encima del público. El hecho de trabajar en el teatro contribuyó a que los ingenieros crearan unos robots con los que fuera más fácil relacionarse, convirtiendo esas vivaces máquinas en hijos naturales del arte y la tecnología.[17]

Las artes creativas son también una manera de fomentar la asunción de riesgos. El compositor estadounidense Morton Feldman escribió en una ocasión que, aunque «en la vida hacemos todo lo posible para evitar la ansiedad, en el arte tenemos que buscarla».[18] Los alumnos aprenden el método experimental en la clase de ciencias, pero los experimentos que llevarán a cabo a menudo apuntan a un resultado predeterminado: siempre y cuando los alumnos sigan los procedimientos establecidos, llegarán al resultado previsto. En las artes, los alumnos aprenden el método experimental, pero sin ninguna garantía. La falta de respuestas forja una actitud saludable a la hora de adentrarse en territorios inexplorados.

Aprender cualquier arte nos hace mejores ingenieros. Pero hay una razón aún más profunda para justificar la importancia de las artes: aparte de mejorar las ciencias, guían la cultura.

No solo los nuevos descubrimientos, sino también la fantasía, modifican nuestras predicciones del futuro. Las obras de arte influyen constantemente en el camino venidero, porque actúan de remezclas dinámicas de la vida real, con lo que pueden servir de globos sonda y evaluarse según su propio mérito. Al simular posibles futuros, nos basamos en algo más que en nuestra experiencia real: podemos evaluar ideas sin los costes y el peligro de ir pasando de una a otra en la vida real. Tal como dijo el escritor Marcel Proust: «Gracias al arte, en lugar de ver un solo mundo, el nuestro, vemos cómo ese mundo se multiplica.» Los artistas suben sus simulaciones a la nube cultural y permiten que la especie vea no solo la realidad, sino lo posible. Las artes constantemente conforman el paisaje de opciones e iluminan caminos que nadie había visto anteriormente.

Esos caminos alternativos han influido en el curso de la historia. Napoleón atribuyó a la obra de Beaumarchais *Las bodas de Fígaro,* en la que un criado burla a un conde, haber contribuido a desencadenar la Revolución francesa. Demostró que las clases inferiores podían derrotar a sus amos, motivo por el cual los gobiernos autoritarios tienden a amordazar las artes: en cuanto surge una posibilidad, puede acabar teniendo vida propia.

Todas estas opciones poseen la capacidad de afectar a los asuntos mundanos. Durante la Segunda Guerra Mundial, el ejército aliado sondeó la ciencia ficción en busca de nuevas ideas, y reclutó a escritores de ese género para que propusieran las posibilidades más excéntricas. Las que no se utilizaron se «filtraron» a las potencias del Eje como si fueran planes reales.[19] Algo parecido ocurrió en los años posteriores a los ataques terroristas del 11 de septiembre de 2001: el Departamento de Seguridad Nacional de los Estados Unidos contrató a un equipo de autores de ciencia ficción para que desarrollaran un portafolio creativo de posibles ataques, bajo el lema de «Escritores de ciencia ficción trabajan en interés de la nación». Uno de los participantes, Aran Andrews, señaló que los escritores de ciencia ficción «pasamos toda nuestra carrera viviendo en el futuro. Los responsables de mantener la seguridad de la nación necesitan a gente a la que se le ocurran ideas disparatadas».[20]

Como somos una especie creativa, nos basamos en hechos y ficciones para movernos por el mundo. Gracias a esa zona neuronal añadida de nuestro cerebro entre la sensación y la acción, somos capaces de distanciarnos de nuestra realidad inmediata y abrirnos a posibilidades lejanas: en palabras de la poeta Emily Dickinson: «El cerebro es más vasto que el cielo.»[21] Al aportar un flujo constante de posibilidades, las artes cumplen una función importante: multiplican nuestros modelos de cómo podría ser el mundo, permitiéndonos patrullar esos amplios horizontes.

TRANSFORMAR LAS ESCUELAS CON LAS ARTES

En 2008, la Escuela Elemental H. O. Wheeler de Burlington, Vermont, era un fracaso. El recinto estaba abarrotado de botellas de cerveza y había un galopante vandalismo. Solo el 17 por ciento de alumnos de tercero alcanzaba el nivel estatal. El nivel económico del 90 por ciento de estudiantes les hacía beneficiarios de una beca comedor. Las familias con dinero evitaban la escuela: a poco más de un kilómetro de distancia había otra escuela que demográficamente era todo lo contrario, pues solo un 10 por ciento, por sus ingresos, se podía beneficiar de una beca comedor.

En un esfuerzo por salvar la escuela, Wheeler integró las artes en toda su enseñanza. Al principio los maestros se resistieron, pero la Administración señaló que, a pesar de haber recibido más cursos de alfabetización que otros maestros del estado, sus alumnos suspendían en unos niveles inaceptables.

Teniendo en cuenta que en la clasificación estatal de escuelas estaba tocando fondo, valía la pena intentar otro enfoque.

La clave de la estrategia escolar consistía en pedir a los profesores que trabajaran junto a artistas en activo. Al cabo de unos pocos años, la escuela había puesto en práctica un extenso plan de estudios en el que los alumnos rotaban entre la música, el teatro, la danza y las artes visuales, con proyectos creativos vinculados a cada una. En una unidad científica sobre la clasificación de las hojas, los alumnos tenían que dibujar diferentes hojas, y después utilizar esas formas y el dibujo de las venas para crear arte abstracto. Crearon centenares de cuencos de cerámica para una noche de «Llena el cuenco», en la que sirvieron sopa y pan a la comunidad. Los alumnos de cuarto crearon un musical, que representaron en un teatro local. Los estudiantes midieron los ángulos en los cuadros de Kandinski y bailaron alrededor de placas tectónicas. Cada viernes había una celebración de las artes en toda la escuela.

En 2015, dos tercios de los alumnos de tercero alcanzaron los niveles estatales, con una destacada recuperación en todas las edades. La cultura del recinto sufrió una mejora drástica: los maestros descubrieron que los alumnos participaban más y les hacía más felices ir a la escuela, mientras que los problemas disciplinarios y las tasas de absentismo escolar cayeron. Durante los periodos artísticos, el despacho del director era un lugar desierto, y solo ocurrían un uno por ciento de acciones disciplinarias. Y los padres también estaban más implicados: las tasas de asistencia a las reuniones de padres y profesores pasaron del 40 al 90 por ciento.

El fenómeno no pasó desapercibido en la ciudad. Una institución que estaba al borde del colapso era ahora escogida como una de las escuelas con más éxito del estado. El barrio había cambiado su percepción de aquella revitalizada escuela: si antaño se había considerado un «gueto», ahora era una escuela muy solicitada.[22]

Para millones de escolares de todo el mundo, el pensamiento creativo queda más allá del horizonte de su plan de estudios. Pero escuelas como la Wheeler demuestran el valor de reformar esa perspectiva. Sean cuales sean nuestras capacidades creativas, artísticas o científicas, todos nos merecemos la oportunidad de desarrollarlas. De lo contrario, la sociedad ofrece una educación incompleta.

UNA IMAGINACIÓN ACTIVA SIRVE PARA TODA LA VIDA

Cuando aprendemos a conducir, comenzamos con pequeños pasos: comprobar el retrovisor y los espejos laterales, poner el intermitente cuando cambiamos de carril, estar atentos al tráfico que nos rodea, mirar el cuentakilómetros. Más adelante ya podremos conducir con un café humeante en una mano, mientras hablamos con nuestra mujer e hijos con la radio encendida y el móvil sonando, todo ello ahora a una velocidad de casi cien kilómetros por hora. Del mismo modo, la meta de la escolarización creativa debería ser llevar a cabo de manera consciente el ejercicio de doblar, romper y mezclar ideas a fin de que la práctica quede interiorizada y sea algo que hagamos sin darnos cuenta mientras nos convertimos en adultos y en el resto de nuestra vida.

La creatividad no es un deporte espectáculo. Verlo y practicarlo tiene su valor, pero no basta con escuchar a Beethoven y representar a Shakespeare. Los estudiantes tienen que salir al estadio y doblar, romper y mezclar ellos mismos.

La educación se centra demasiado a menudo en mirar atrás: a los conocimientos adquiridos y los resultados confirmados. También debería apuntar hacia delante, hacia el mundo que nuestros hijos diseñarán, construirán y habitarán. Tal como escribe el psicólogo Stephen Nachmanovitch: «La educación debe aprovechar la estrecha relación existente entre el juego y la exploración; tiene que dar permiso para explorar y expresarse. Hay que legitimar el espíritu explorador, que por definición es el que lleva más allá de lo experimentado, comprobado y homogéneo.»[23]

Nuestra misión consiste en preparar a los alumnos para que multipliquen las opciones, recorran distintas distancias desde la colmena y toleren la ansiedad de no conocer el resultado. No basta con los hechos y las respuestas correctas: los alumnos también necesitan utilizar lo que saben como peldaños hacia sus propios descubrimientos. Pocos talentos son tan duraderos como una imaginación activa: influye en todos los aspectos de nuestra experiencia. Nuestras casas, ciudades, coches y aviones de dentro de unas cuantas décadas tendrán un aspecto muy diferente del de ahora; habrá nuevos tratamientos médicos, nuevos smartphones, nuevas obras de arte. El camino al futuro comienza en las guarderías de hoy.

13. HACIA EL FUTURO

Hace poco, un equipo espacial internacional llamado Breakthrough Starshot anunció un plan para enviar una nave espacial a Alpha Centauri, nuestra estrella más cercana. Al pensar en una «nave espacial», probablemente todos imaginamos un cohete muy parecido al Apolo 13, colocado en una rampa de lanzamiento. Pero una nave de ese tamaño tardaría miles de años en hacer el viaje, y cualquier avería durante el trayecto arruinaría la misión. El equipo concibió un plan alternativo: en lugar de una sola nave espacial gigantesca, lanzaría una armada de nanonaves, cada una de ellas equipada con sondas del tamaño de una oblea y una diminuta vela. Unos láseres gigantescos les darían un empujón desde la Tierra, acelerándolas hasta alcanzar una velocidad de una quinta parte la de la luz. Al igual que con un banco de peces, no todas las nanonaves sobrevivirán al viaje, aunque probablemente llegarán las suficientes para transmitir los datos a la Tierra. Este ir más allá de lo conocido ocurre constantemente a nuestro alrededor, desde nuestro espacio vital a las novelas, pasando por los sistemas educativos y la tecnología que llevamos en el bolsillo.

La presión para inventar novedades no disminuye. Nuestro cerebro continuamente nos incita a combatir lo monótono y lo predecible para mantener un equilibrio entre lo que sabemos y la novedad. Así es como nuestra especie constantemente se aleja del aburrimiento y el *statu quo*. Este instinto de zarandear la rutina es la base de la creatividad.

El proceso creativo recibe la ayuda de la naturaleza social de nuestro cerebro. Los humanos no solo estamos unidos por el contacto físico, sino también por nuestra inventiva. Los humanos sorprendemos a los demás para llamar su atención. Incluso cuando llevamos las innovaciones en nuestra sangre cultural, nuestra sed de novedad nunca se sacia. Nunca dejamos las cosas como están.

En la naturaleza encontramos signos desperdigados de inventiva, pero la creación de novedades de las demás especies palidece en comparación con las canciones y castillos de arena de un niño de cuatro años. Los cerebros humanos poseen una corteza enorme (y en concreto una corteza prefrontal gigantesca), que nos facilita poseer conceptos sofisticados y manipularlos. Puede que no seamos capaces de correr tan deprisa como un jaguar, pero nuestra capacidad de llevar a cabo simulaciones internas no tiene parangón en el reino animal. El mundo civilizado es el producto de plantearnos alternativas, construidas unas sobre otras a lo largo de generaciones. Un leve ajuste de nuestros algoritmos neuronales nos ha permitido modelar el mundo hasta darle la forma de nuestra desaforada imaginación, cosa que ha impulsado a nuestra especie en una trayectoria desenfrenada.

Como vimos en capítulos anteriores, las nuevas ideas no aparecen de la nada, sino que las fabricamos a partir de los materiales en bruto de la experiencia: la creatividad humana implica inmensos árboles del conocimiento interconectados que constantemente se reproducen entre sí. Nuestro destino es fruto de la caja de herramientas cognitiva que todos compartimos. Cuando importas una imagen a un programa de gráficos, al software no le importa si la foto es de un avión o de una cebra: por lo que a él se refiere, «girar imagen» es simplemente un algoritmo que funciona a base de datos. Del mismo modo, nuestras redes neuronales funcionan a base de inputs mentales que utilizan subrutinas estándar: si pensamos en una patente, en un riff musical, en una nueva receta o en qué vamos a decir, transformamos los materiales en bruto de nuestra experiencia doblando, rompiendo y mezclándolos. Su poder generador es fruto de las ilimitadas aplicaciones de este software cognitivo.

Piense en la creatividad que le rodea a lo largo del día. Las fachadas de los edificios, las tripas de las neveras, el diseño de los cochecitos de niña, los audífonos, los organillos, los cinturones, los smartphones, las mochilas, los cristales de las ventanas y los *food trucks:* todo ello son ramas del bosque colosal de la invención que brota alrededor de nuestra especie. Gran parte del ingenio que nos rodea no está a la vista: cuando contestamos el móvil, conducimos un coche o enviamos una misiva en el portátil, nos estamos sirviendo de siglos de creatividad de nuestra especie. Esa misma inventiva aparece en todo su esplendor cuando experimentamos las artes: en una obra de Shakespeare escuchamos neologismos, metáforas y juegos de palabras con una deslumbrante densidad; una gran pieza musical nos presenta el romper, doblar y mezclar que surge de meses pasados en el estudio de grabación. Las artes no están divorciadas del resto de nuestra experiencia: son nuestra experiencia de una manera más destilada.[1]

La innovación humana brota de un proceso continuo de ramificación y selección. Probamos muchas ideas, y unas cuantas sobreviven. Las que perduran pasan a ser la base de la siguiente ronda de invención y experimentación. Mediante esta continua diversificación y filtrado, nuestras dotes imaginativas han conseguido poner un techo sobre nuestras cabezas, han triplicado nuestra esperanza de vida, engendrado nuestras ubicuas máquinas, proporcionado un interminable desfile de maneras de cortejarnos y nos han inundado con un interminable caudal de canciones y relatos.

Muchos pintores del Renacimiento europeo pintaban leones, el poderoso y majestuoso símbolo que fue el ingrediente básico de tantas fábulas y relatos bíblicos. Pero no se puede negar que sus leones tenían un aspecto extraño.

¿Por qué? Porque ninguno de ellos había visto un león de verdad. Después de todo, eran pintores europeos, y los leones vivían a medio mundo de distancia, en África. De manera que los leones que pintaban eran los leones *de los demás pintores,* que cada vez se parecían menos a los reyes de la jungla reales. Los pintores tampoco tenían muchas fuentes en que basarse: no podían viajar por el mundo, su acceso a la literatura era limitado, y les resultaba difícil comunicarse fuera de su esfera local. Su almacén de materiales en bruto contenía solo unos cuantos estantes.

Pero todo eso cambió rápidamente.

Al igual que la Revolución Industrial marcó un punto de inflexión en la historia del mundo, puede que un día los historiadores hablen de la Revolución Creativa que comenzó durante los años de nuestra vida. Gracias a la conservación del almacenamiento digital, nos hemos construido un enorme almacén de materiales en bruto al que podemos acceder fácilmente, y gracias a ello contamos con más cosas que doblar, romper y mezclar. A nuestra disposición tenemos mucha más historia para asimilar, procesar y embellecer.

Y eso no es todo. Las reglas que gobiernan cómo se comparten estas historias están cambiando. El Gran Colisionador de Hadrones es un ejemplo de investigación que va más allá de la cultura local: aunque sus países están en conflicto, científicos de la India y Pakistán, Irán e Israel, Armenia y Azerbaiyán se han unido bajo una bandera común para un propósito más elevado: la búsqueda de la verdad científica. De la mano de estos cambios culturales, los ordenadores aumentan y democratizan la creatividad, y nos ofrecen una nueva manera de manipular lo que nos ha precedido, ya sean fotografías, sinfonías o textos escritos. Y el lugar ya no es importante: ahora que Internet ha reducido a cero las distancias entre la gente, surgen nuevas culturas que ya no están definidas por los océanos o las cordilleras. Nuestra era actual facilita más que nunca la proliferación de opciones, la creación de prototipos sin dilación y que la gente se inspire mutuamente. Todos estos acontecimientos echan gasolina al fuego del progreso.

Aunque el Renacimiento fue un punto de inflexión importante para el mundo intelectual, ahora hemos puesto una marcha mucho más veloz. Digerimos más materiales en bruto y más deprisa. Es posible que los pintores medievales no hubieran visto nunca un león, pero hoy en día conocemos hasta los genomas del león, gracias a la creatividad de una especie vecina que antaño ocupó un pequeño rincón de África y que se ha propagado por todo el planeta.[2]

Los asistentes digitales se están convirtiendo en parte de nuestras vidas: pídele una dirección a Siri o hazle una consulta de vocabulario, y ella hará una batida por la red y te dará una respuesta impresionante. Tiene un acceso sobrehumano a los datos. Pero también cuenta con una limitación fundamental: no sabe que los humanos cuelgan el teléfono y siguen con su vida; desconoce los placeres del sexo y el escozor de una guindilla. Tampoco le importa, porque vive dentro de la pecera de su propio mundo. En la inteligencia artificial, es algo que se conoce como la «hipótesis del mundo cerrado»: cuando algo está programado para una tarea en concreto, no sabe nada del mundo exterior.

La sorpresa es esta: los humanos a menudo actúan dentro de la misma limitación de un mundo cerrado. Solemos asumir que, sepamos lo que sepamos, ahí se acaba todo; estamos atados a nuestro mundo contemporáneo. Imaginamos que el futuro se parecerá mucho al presente, aun cuando las limitaciones de este enfoque son evidentes con solo observar el pasado. Cuando nuestros abuelos eran jóvenes, no imaginaban que sus bibliotecas se evaporarían para transformarse en ceros y unos en la nube; que la gente se curaría inyectándole nuevos genes en la corriente sanguínea, o que irían por la calle con un pequeño rectángulo en el bolsillo que recibiría una señal desde satélites espaciales mientras estaban en cualquier lugar del mundo. Y del mismo modo, a nosotros nos cuesta imaginarnos que dentro de unas décadas todos nuestros hijos tengan sus propios coches sin conductor. Su hijo de seis años será capaz de ir al colegio sin que nadie le acompañe: solo habrá que atarle el cinturón y adiós. Mientras tanto, en caso de emergencia su coche sin conductor a lo mejor podrá transformarse en ambulancia: si el corazón le late de manera irregular, la monitorización biológica incorporada al coche puede detectarlo y llevarle al hospital más cercano. Y no hay ninguna razón por la que tenga que ser la única persona que va en el coche. Puede que le recoja un coche sin conductor y le haga la manicura y la pedicura o le atienda el dentista mientras se dirige a su próximo destino: quién sabe si las oficinas serán completamente móviles. En cuanto exista un coche sin conductor de verdad, los asientos delanteros y el volante serán superfluos, y el vehículo puede que parezca una sala de estar con sofás o un jacuzzi andante. Pero como asumimos que nuestro mundo cambia muy poco, nos cuesta concebir cómo será el futuro.

A primera vista, parece que nuestra dificultad a la hora de imaginar el futuro es lo que podría impedir la avalancha creativa de nuestra especie. Pero la avalancha no para. ¿Por qué? Porque las artes y las ciencias nos llevan a seguir desbrozando el mundo que aún no hemos inventado. Contrariamente a Siri, no vivimos en un mundo herméticamente cerrado, sino de bordes porosos en los que se infiltra el futuro. Comprendemos nuestra vida actual al tiempo que imaginamos el futuro. Constantemente miramos más allá de la valla del presente para ver el mañana.

Existen las condiciones para que surja una oleada de innovación, pero eso solo ocurrirá con la inversión adecuada en todos los niveles de nuestra sociedad. Si no cultivamos la creatividad en nuestros hijos, nunca aprovecharemos plenamente lo que tiene de única nuestra especie. Debemos invertir en imaginación.

Esa inversión crearía un futuro que de momento solo podemos intuir. Imagine que hace ocho millones de años mantuvo una conversación con la Madre Naturaleza. Ella le dijo: «Estoy pensando en crear la versión desnuda de un mono, un mono que sea débil, que camine erguido, que exhiba los genitales y sus puntos vulnerables, y dependa de sus padres durante años antes de poder valerse por sí mismo. ¿Qué te parece?» Ni se le pasaría por la cabeza que esa criatura iba a dominar el planeta. Al igual que con la Madre Naturaleza, no podemos saber qué aspecto tendrá nuestro mundo en el futuro; no sabemos qué ideas prosperarán.

Hoy en día necesitamos regar las semillas que nos rodean, en todos los barrios. Necesitamos aulas en las que proliferen las opciones, sea posible asumir riesgos y los niños sientan la inspiración y el compromiso de enviar globos sonda hacia el futuro. Tenemos que modelar individuos y construir empresas en las que florezcan nuevas ideas, se exploren diferentes instancias, la poda forme parte del proceso y el cambio sea la norma. No sabemos a dónde nos llevará invertir en creatividad. Pero si pudiéramos ver el futuro, sus frutos seguramente nos dejarían boquiabiertos.

Ahora estamos poniendo los cimientos del mañana. Las próximas grandes ideas saldrán de doblar, romper y mezclar lo que hoy nos rodea. Tenemos a mano los ingredientes, y solo esperan ser remodelados, fracturados y combinados. Con la necesaria inversión en nuestras aulas y salas de juntas, nuestro impulso creativo cobrará todavía más impulso. Juntos exploraremos nuevas posibilidades y escribiremos la historia de nuestro futuro.

Ahora cierre este libro y transforme el mundo.

AGRADECIMIENTOS

Nos gustaría expresar nuestra gratitud al personal docente de la Universidad Rice, cuyo apoyo y aliento hizo posible la existencia de este libro: Caroline Levander, vicepresidenta de Iniciativas Estratégicas y Educación Digital; Farès El-Dahdah y Melissa Bailor, del Centro de Investigación de Humanidades; y Robert Yekovich, decano de la Shepherd School of Music. Aplaudimos la labor de los científicos cognitivos Mark Turner, de la Universidad Case de la Reversa Occidental, y Gilles Fauconnier, de la Universidad de California en San Diego, cuya teoría de la mezcla conceptual fue un importante cimiento de nuestro libro.

Nos sentimos enormemente agradecidos por las entrevistas y correspondencia con el inventor Karlheinz Brandenburg; Pamela Cogburn y Chelsea Johnson, de la Renaissance Exploratory Learning Outward Bound School de Castle Rock, Colorado; John Wesley Days Jr., de EMC Arts; la psicóloga y educadora Lindsay Esola; el arquitecto David Fisher; David Hagerman, director ejecutivo de Loewy Design, LLC; Sherry Huss, de Maker Media; la profesora Judy Klima y Bobby Riley, director de la Integrated Arts Academy at H. O. Wheeler de Burlington, Vermont; el inventor Kane Kramer; Tracy Mayhead, profesora de tecnología en la escuela primaria

271

William Law; Pascale Mussard, director artístico de Hermès Petit h; Chloe Nguyen, Kamal Shah y Erica Skerrett, de Rice 360; Michael Pavia, de Glori Energy; la arquitecta y diseñadora Emily Pilloton, de Project H; Allison Ryder y Kevin Young, de Continuum Innovations; a los diseñadores de robots Manuela Veloso, de Carnegie Mellon, y Joydeep Biswas, de la Universidad de Massachusetts-Amherst; y al químico Bayden Wood, de la Universidad Monash.

Nos gustaría expresar nuestro especial agradecimiento a las siguientes personas por compartir amablemente su trabajo con nosotros: el artista Cory Arcangel; el personal de Ansari X-Prize; Frank Avila-Goldman y Shelley Lee, herederos de Roy Lichtenstein; el artista Thomas Barbèy; el ingeniero informático y diseñador Bill Buxton; Stephen Cassell, Ethan Feuer y Jennifer Wachtel, de la Architectural Research Office; el escultor Bruno Catalano; Kwanghun Chung, del Instituto Tecnológico de Massachusetts; el tecnólogo Joshua Davis; el periodista Steve Cichon; Sarah Edelman, de Alessi S. P. A.; los artistas Chitra Ganesh y Simone Leigh; Saul Griffith y Diana Mitchell, de Otherlab; Alan Kaufman, de Nubrella Inc.; el inventor Ralf Kittmann; Che-Mong Jay Ko, de la Universidad de Illinois en Urbana-Champaign; el diseñador Jeff Kriege; Per Olag Kristensson, de la Universidad de Cambridge, y Antti Oulasvirta, de la Universidad Aalto; el diseñador Max Kulich; el fabricante de muebles Joris Laarman; Chuck Lauer, de Rocketplane Global, LLC; el artista Christian Marclay; Mukesh Maheshwari, de Ercon Composites; Amy McPherson, de Volute; Kirstie Millar, de Visual Editions; el artista Yago Partal; Sally Radic, de herederos de Philip Guston; el fotógrafo Jason Sewell; el fotógrafo Peter Stigter; Skylar Tibbits, del Instituto Tecnológico de Massachusetts; JP Vangsgaard, de Liquiglide; el escultor Zhan Wang; la artista Craig Walsh; y Marjolein Cho Chia Yuen, de GBO Innovation Makers.

Queremos agradecer la ayuda y el apoyo de Sophie Anderson, de Giant Artists; Gassia Armenian y Don Cole, de la

Biblioteca Fowler de la UCLA; el científico cognitivo Mihailo Antovic; Alan Baglia, de ARS; Patricia Baldi, del Museo del Diseño de Zúrich; Isabelle Bazso, de Simply Management; Suzanne Berquist, de Thomas Barbèy LLC; Galleries Bertoux; Robert Bilder, director del Centro Tennenbaum para la Biología de la Creatividad de la UCLA; Kim Bush, del Guggenheim Museum; David Croke y Chelsea Weathers, de la Universidad de Texas en Austin; Julia DeFabo, de Friedman Benda Gallery; Siobhan Donnelly, de VAGA; Carolyn Farb; Todd Frazier, director del Centro Médico para Artistas Escénicos del Hospital Metodista; Raphael Gatel, de la New York Gallery LLC; los doctores Daniel Giovannini y Mary Jacquiline Romero, de la Universidad de Glasgow; Sue Greco, de IBM; Julie Green, de David Hockney Reproductions; Yasmin Greenfield y Matt Lees, de PA Consulting; Carole Hwang, de CMG Worldwide; Michele Hilmes, de la Universidad de Wisconsin-Madison; Cena Jackson, de Hermès; Gretta Johnson, del Oldenburg van Bruggen Studio; Elliot Kaufman, de Arcangel Studio; Jeff Lee, de la Ryan Lee Gallery; Stephanie Leguia, de Luis and Clark Carbon Fiber Instruments; Megan Lewis, de Lowe's Companies, Inc.; el doctor John Lienhard, de la Universidad de Houston; el escritor Victor McElheny; Liz Kurtulik Mercuri, de Art Resource; el compositor Ben Morris; Andrea Morrison, de Writers House, LLC; Mike Mueller, de herederos de Norman Rockwell; Yasufumi Nakamori, Shelby Rodriguez, Marty Stein y Cindi Strauss, del Museo de Bellas Artes de Houston; Cris Piquela, de Curtis Publishing; Brigid Pierce, de la Martha Graham Company; Rebecca Rigney, de la Arthur Roger Gallery; Rory Stewart, de Mercedes-Benz; Holly Taylor, de Bridgeman Images; Eva Thaddeus, de Project Glad; y Edward Zimmerman, de Sony Pictures Television.

Nos gustaría dar las gracias a nuestros colegas de la Universidad Rice por compartir sus conocimientos con nosotros: Mary DuMont Brower, Diane Butler y Virginia Martin (Biblioteca

Fondren); Karen Capo y Margaret Immel (Alfabetización Escolar y Proyectos Culturales); Robert Curl (Química), Michael Deem (Bioingeniería); Charles Dove (Artes Dramáticas y Visuales); Suzanne Kemmer (Lingüística); Veronica Leautaud (Instituto para la Salud Global Rice 360); Joseph Manca (Historia del Arte); Linda Spadden McNeil (Universidad Rice para la Educación); Cyrus Mody (Historia); Carolyn Nichol (Química); Maria Oden y Matthew Wettergreen (Laboratorio de Ingeniería Oshman); Rebecca Richards-Kortum (Bioingeniería); y Sarah Whiting (decana de la Escuela de Arquitectura).

También deseamos expresar nuestra gratitud a Andrew Wylie, Kristina Moore, James Pullen y Percy Stubbs, de la Wylie Agency, y a nuestros editores en inglés, Elizabeth Koch y Jamie Byng. Queremos agradecer el haber colaborado con Kristina Kendall y Jen Wekelo, de New Balloon, y Jennifer Beamish y Justine Kershaw, de Blink Films. Quremos extender nuestro cordial agradecimiento a nuestros alumnos ayudantes de investigación: Sarah Grace Graves y Gregory Kamback. Queremos dar las gracias a Anne Chao, Cathy Maris y Alison Weaver por sus comentarios a los primeros borradores de nuestro manuscrito. Y finalmente, deseamos expresar nuestra profunda gratitud a nuestros editores por su atención y apoyo: Andy Hunter en Catapult, y Simon Thorogood, Jenny Lord y Helen Coyle en Canongate Books.

NOTAS

Introducción

1. Gene Kranz, *Failure Is Not an Option: Mission Control from Mercury to Apollo 13 and Beyond* (Nueva York: Simon & Schuster, 2000).

2. Jim Lovell y Jeffrey Kluger, *Apollo 13* (Nueva York: Pocket Books, 1995).

3. John Richardson y Marilyn McCully, *A Life of Picasso* (Nueva York: Random House, 1991).

4. William Rubin, Pablo Picasso, Hélène Seckel-Klein y Judith Cousins, *Les Demoiselles D'Avignon* (Nueva York: Museum of Modern Art, 1994).

5. A. L. Chanin, «Les Demoiselles de Picasso», *New York Times,* 18 de agosto de 1957.

6. John Richardson y Marilyn McCully, *A Life of Picasso* (Nueva York: Random House, 1991).

7. Robert P. Jones *et al., How Immigration and Concerns About Cultural Changes Are Shaping the 2016 Election* (Washington, D. C.: Public Religion Research Institute, 2016), <http://www.prri.org/research/prri-brookings-immigration-report>.

1. *Innovar es humano*

1. Eric Protter, ed., *Painters on Painting* (Nueva York: Dover, 2011), p. 219.

2. M. Recasens, S. Leung, S. Grimm, R. Nowak y C. Escera, (2015). «Repetition suppression and repetition enhancement underlie auditory memory-trace formation in the human brain: an MEG study», *Neuroimage,* 108, pp. 75-86.

3. Comprendemos tan bien la estructura del humor que se puede conseguir que los ordenadores sean divertidos. Lo crea o no, hay todo un campo de humor de ordenador.

4. D. M. Eagleman, C. Person, P. R. Montague, «A computational role for dopamine delivery in human decision-making», *Journal of Cognitive Neuroscience* 10, n.º 5 (1998): pp. 623-630.

5. Ian Parker, «The Shape of Things to Come», *New Yorker,* febrero de 2015.

6. Randy L. Buckner y Fenna M. Krienen, «The Evolution of Distributed Association Networks in the Human Brain», *Trends in Cognitive Sciences* 17, n.º 12 (2013): pp. 648-662, <http://dx.doi.org/10.1016/j.tics.2013.09.017>.

7. D. M. Eagleman, *Incógnito. Las vidas secretas del cerebro* (Barcelona: Anagrama, 2013).

8. D. M. Eagleman, *íbid.*

9. D. M. Eagleman, *El cerebro. Nuestra historia* (Barcelona: Anagrama, 2017).

10. Artin Göncü y Suzanne Gaskins, *Play and Development: Evolutionary, Sociocultural, and Functional Perspectives* (Mahwah: Lawrence Erlbaüm, 2007).

11. Gilles Fauconnier y Mark Turner, *The Way We Think: Conceptual Blending and the Mind's Hidden Complexities* (Nueva York: Basic Books, 2002).

12. Jonathan Gottschall, *The Storytelling Animal: How Stories Make Us Human* (Nueva York: Mariner Books, 2012).

13. Joyce Carol Oates, «The Myth of the Isolated Artist», *Psychology Today* 6 (1973): pp. 74-75.

14. Wouter van der Veen y Axel Ruger, *Van Gogh in Auvers* (Nueva York: Monacelli Press, 2010), p. 259.

15. Edward O. Wilson, *Cartas a un joven científico* (Barcelona: Debate, 2014).

2. *El cerebro altera lo que ya conoce*

1. «The Buxton Collection», Microsoft Corporation, acceso 5 de mayo de 2016, <http://research.microsoft.com/en-us/um/people/bibuxton/buxtoncollection>

2. Alexis C. Madrigal, «The Crazy Old Gadgets that Presaged the iPod, iPhone and a Whole Lot More», *Atlantic,* 11 de mayo de 2011, acceso 19 de agosto de 2015, <http://www.theatlantic.com/technology/archive/2011/05/the-crazy-old-gadgets-that-presaged-the-ipod-iphone-and-a-whole-lot-more/238679/>

3. Steve Cichon, «Everything from this 1991 Radio Shack Ad You Can Now Do with Your Phone», *The Huffington Post,* 16 de enero de 2014, acceso 19 de agosto de 2015, <http://www.huffingtonpost.com/stevecichon/radio-shack-ad_b_4612973.html>

4. Aunque los detectores de radares no se han visto reemplazados, se han visto desbancados por aplicaciones como Waze, que utilizan el *crowdsourcing* de millones de conductores para marcar las trampas de detección de velocidad. Y aunque su smartphone carece de altavoz de graves, transmite su infinita biblioteca a cualquier sistema de sonido que desee.

5. Jon Gertner, *The Idea Factory: Bell Labs and the Great Age of American Innovation* (Nueva York: Penguin Press, 2012).

6. Andrew Hargadon, *How Breakthroughs Happen: The Surprising Truth about How Companies Innovate* (Boston: Harvard Business School Publications, 2003).

7. John Livingston Lowes, *The Road to Xanadu; a Study in*

the Ways of the Imagination (Boston: Houghton Mifflin Company, 1927).

8. John Livingston Lowes, *The Road to Xanadu.*

9. Michel de Montaigne, *Ensayos* (Barcelona: El Acantilado, 2007).

10. Steven Johnson, *Where Good Ideas Come From: The Natural History of Innovation* (Nueva York: Riverhead Books, 2010).

11. Michael D. Lemonick, *The Perpetual Now: A Story of Love, Amnesia, and Memory* (Nueva York: Doubleday, 2017).

12. Ray Kurzweil, *The Age of Spiritual Machines* (Nueva York: Viking, 1999). Un primer borrador del genoma humano se anunció en 2000, y se publicó una versión actualizada en 2003. Hemos escogido 2000 como año en que se completó, aunque hay que observar que se tardó otra década en «acabar», y todavía continúan los análisis.

13. Arthur Koestler fue el primero que propuso que toda la creatividad está cognitivamente unificada, una idea posteriormente desarrollada por científicos cognitivos como Mark Turner y Gilles Fauconnier. En su seminal libro de 2002, *The Way We Think,* Turner y Fauconnier afirman que la creatividad humana se arraiga en nuestra capacidad para lo que llamamos *integración conceptual* o *mezcla de alcance dual,* de donde derivamos nuestro término *mezclar.* Del mismo modo, Douglas Hofstadter ha argumentado que nuestra capacidad para la metáfora es la piedra angular del pensamiento humano.

14. Los científicos trabajan con denuedo para visualizar la base del pensamiento imaginativo. Gracias a los avances en la producción de imágenes neuronales, ha mejorado mucho nuestra comprensión de cómo funciona el cerebro. Monitorizando el flujo de la sangre oxigenada podemos saber qué regiones participan en las diferentes tareas y qué regiones conversan en la cacofónica sala donde charlan las neuronas. Pero también hay limitaciones: la producción de imágenes neuronales es aún una tecnología joven y de baja resolución, y todavía no estamos seguros de lo que las neuronas hablan entre ellas. Por ahora, al menos, la producción de imágenes cerebrales ofrece tan solo una imagen borrosa.

15. Sami Yenigun, «In Video-Streaming Rat Race, Fast Is Never Fast Enough», *NPR*, 10 de enero de 2013, acceso 19 de agosto de 2015, <http://www.npr.org/2013/01/10/168974423/in-video-streaming-rat-race-fast-isnever-fast-enough>.

16. Robert J. Weber y David N. Perkins, *Inventive Minds: Creativity in Technology* (Nueva York: Oxford University Press, 1992).

17. Roberta Smith, «Artwork That Runs Like Clockwork», *New York Times,* 21 de junio de 2012, acceso 19 de agosto de 2015, <http://www.nytimes.com/2012/06/22/arts/design/the-clock-by-christian-marclay-comes-tolincoln-center.html?_r=0>.

3. *Doblar*

1. Victor K. McElheny, *Insisting on the Impossible: The Life of Edwin Land* (Reading, Massachusetts: Perseus Books, 1998), p. 35.

2. Michele Hilmes, *Hollywood and Broadcasting: From Radio to Cable* (Urbana: University of Illinois Press), pp. 125-126.

3. William Sangster, *Umbrellas and Their History* (Londres: Cassell, Petter, and Galpin, 1871).

4. Susan Orlean, «Thinking in the Rain», *New Yorker,* 11 de febrero de 2008, <http://www.newyorker.com/magazine/2008/02/11/thinking-in-the-rain>.

5. Enid Nemy, «Bobby Short, Icon of Manhattan Song and Style, Dies at 80», *New York Times,* 21 de marzo de 2005, acceso 5 de mayo de 2016, <http://www.nytimes.com/2005/03/21/arts/music/21cnd-short.html?_r=0>.

6. Arthur Conan Doyle, *Sherlock Holmes: The Complete Novels and Stories* (Nueva York: Bantam, 1986).

7. Como ha señalado el lingüista Noam Chomsky, el propósito de la gramática es permitirnos coger una cantidad limitada de palabras y recombinarlas de manera constante de una manera que siga siendo inteligible. «El hecho central que debe abordar cualquier teoría lingüística relevante es este: un hablante maduro es capaz de

producir una nueva frase de su idioma en el momento apropiado, y los demás hablantes lo pueden comprender de inmediato, aunque sea completamente nueva para ellos.» Para la cita, véase Jane Singleton, «The Explanatory Power of Chomsky's Transformational Generative Grammar», *Mind* 83, n.º 331 (1974): 429-431, <http://dx.doi.org/:10.1093/mind/lxxxiii.331.429>.

8. Christian Bachmann y Luc Basier, «Le Verlan: Argot D'école Ou Langue Des Keums?», *Mots Mots* 8, n.º 1 (1984): pp. 169-187, <https://dx.doi.org/10.3406/mots.1984.1145>.

9. Eugene Volokh, «The Origin of the Word 'Guy'», *Washington Post,* 14 de mayo de 2015.

4. Romper

1. Este concepto lo propusieron por primera vez en 1947, en Bell Labs, los inventores Douglas Ring y W. Rae Young. Véase Guy Klemens, *The Cellphone: The History and Technology of the Gadget that Changed the World* (Jefferson, Carolina del Norte: McFarland, 2010).

2. Copyright 1950, (c) 1978, 1991 de los Administradores del Fondo e. e. cummings, de *Complete Poems: 1904-1972,* de e. e. cummings, editado por George J. Firmage. Reproducido con permiso de Liveright Publishing Corporation.

3. M. Mitchel Waldrop, *The Dream Machine: J.C.R. Licklider and the Revolution that Made Computing Personal* (Nueva York: Viking, 2001).

4. Reinhard Schrieber y Herbert Gareis, *Gelatine Handbook: Theory and Industrial Practice* (Weinheim: Wiley-VCH, 2007).

5. Mark Forsyth, *The Etymologicon: A Circular Stroll through the Hidden Connections of the English Language* (Nueva York: Berkley Books, 2012).

6. Colin Fraser, *Harry Ferguson: Inventor & Pioneer* (Ipswich: Old Pond Publishing Ltd, 1972).

7. Alec Foege, *The Tinkerers: The Amateurs, DIYers, and Inventors Who Make America Great* (Nueva York: Basic Books, 2013).

8. Stephen Witt, *Cómo dejamos de pagar por la música* (Barcelona: Contra, 2016).

9. Helen Shen, «See-Through Brains Clarify Connections», *Nature* 496, n.º 7.444 (2013): p. 151, acceso 20 de agosto de 2015, <http://dx.doi.org/10.1038/496151a>.

10. Sarnoff A. Mednick, «The Associative Basis of the Creative Process», *Psychological Review* 69 n.º 3 (1962): pp. 220-232.

5. *Mezclar*

1. A. Lazaris *et al.,* «Spider Silk Fibers Spun from Soluble Recombinant Silk Produced in Mammalian Cells», *Science* 295, n.º 5.554 (2002): pp. 472-476, <http://dx.doi.org/10.1126/science.1065780>.

2. Hadley Leggett, «One Million Spiders Make Golden Silk for Rare Cloth», *Wired,* 23 de septiembre de 2009, acceso 21 de agosto de 2015, <http://www.wired.com/2009/09/spider-silk/>.

3. Adam Rutherford, «Synthetic Biology and the Rise of the 'Spider-Goats'», *The Guardian,* 14 de enero de 2012, acceso 20 de agosto de 2015, <http%3A%2F%2Fwww.theguardian.com%2Fscience%2F2012%2Fjan%2F14%2Fsynthetic-biology-spider-goat-genetics>.

4. Mark Miodownik, *Stuff Matters: Exploring the Marvelous Materials That Shape Our Man-made World* (Londres: Penguin, 2013). Cuando la bacteria *B. pasteurii* está en estado de latencia, puede sobrevivir durante décadas en condiciones extremas, como el corazón de un volcán; cuando está activa secreta calcita, uno de los ingredientes principales del cemento.

5. La combinación híbrida entre humanos y ordenadores está cambiando rápidamente a medida que las empresas utilizan motores de reconocimiento superhumanos (por ejemplo: algoritmos de apren-

dizaje profundo). Pero hay que observar que estos nuevos híbridos aprenden a partir de imágenes anteriormente etiquetadas por humanos.

6. Julian Franklyn, *A Dictionary of Rhyming Slang*, 2.ª ed. (Londres: Routledge, 1991).

7. Reproducido gracias a un acuerdo con los herederos de Martin Luther King Jr. c/o The Writers House como agente del propietario Nueva York, NY © 1963 Dr Martin Luther King Jr. © Renovado en 1991 Coretta Scott King.

8. Carmel O'Shannessy, «The role of multiple sources in the formation of an innovative auxiliary category in Light Warlpiri, a new Australian mixed language», *Language* 89 (2) pp. 328-353.

9. <http://www.whosampled.com/Dr.-Dre/Let-Me-Ride/>.

10. Ellen Otzen, «Six Seconds that shaped 1.500 songs», *BBC World Service Magazine,* 29 de marzo de 2015, <http://www.bbc.com/news/magazine-32087287>.

11. Miljana Radivojević *et al.,* «Tainted Ores and the Rise of Tin Bronzes in Eurasia, C. 6.500 Years Ago», *Antiquity* 87, n.º 338 (2013): pp. 1030-1045.

12. Mark Turner, *The Origins of Ideas: Blending, Creativity, and the Human Spark* (Nueva York: Oxford University Press, 2014), p. 13.

6. *Vivir en la colmena*

1. «Noh and Kutiyattam – Treasures of World Cultural Heritage», *The Japan-India Traditional Performing Arts Exchange Project 2004,* 26 de diciembre de 2004, acceso 21 de agosto de 2015, <http://noh.manasvi.com/noh.html>.

2. Yves-Marie Allain y Janine Christiany, *L'Art des Jardins en Europe* (París: Citadelles and Mazenod, 2006).

3. Richard Rhodes, *The Making of the Atomic Bomb* (Nueva York: Simon & Schuster, 1986).

4. En su reseña del libro de Gimbel, *Einstein's Jewish Science* en el *New York Times,* George Johnson dice: «No se trataba solo de

una visión estrambótica. Philipp Lenard, que obtuvo el Premio Nobel por su trabajo sobre los rayos catódicos, escribió un tratado en cuatro volúmenes sobre la ciencia verdadera y la llamó "física alemana". En su prefacio mencionaba la "física japonesa", la "física árabe" y la "física negra". Pero reservaba su ira para la "física judía": "Los judíos pretenden crear contradicciones por todas partes y romper las conexiones, de manera que, a ser posible, el pobre e ingenuo alemán ya no entienda nada de nada." Escribió que las teorías de Einstein "nunca pretendieron ser ciertas". Y es que Lenard simplemente no las entendía.» De George Johnson, «Quantum Leaps: "Einstein's Jewish Science", de Steven Gimbel», *New York Times,* 3 de agosto de 2012, acceso 11 de mayo 2016, <http://www.nytimes.com/2012/08/05/books/review/einsteins-jewish-science-by-steven-gimbel.html?pagewanted=all&_r=1>.

5. M. Riordan, «How Europe Missed the Transistor», *IEEE Spectr. IEEE Spectrum* 42, n.º 11 (2005): pp. 52-57.

6. Nahum Tate, *The History of King Lear* (Londres: Richard Wellington, 1712).

7. Nuestro agradecimiento al historiador Cyrus Mody por esta información.

8. Steven Shapin, Simon Schaffer y Thomas Hobbes, *El Leviathan y la bomba de vacío. Hobbes, Boyle y la vida experimental* (Buenos Aires: Universidad Nacional de Quilmes, 2005).

9. Ernest Hemingway, «Colinas como elefantes blancos», en *Cuentos* (Barcelona: Lumen, 2007).

10. James Fenimore Cooper, *The Pioneers* (Boone, Iowa: Library of America, 1985).

11. Maynard Solomon, *Beethoven* (Nueva York: Schirmer Books, 2001).

12. Lucy Miller, Chamber Music: *An Extensive Guide for Listeners* (Lanham: Rowman and Littlefield, 2015).

13. Charles Rosen, *El estilo clásico* (Madrid: Alianza, 2015).

14. Arika Okrent, *In the Land of Invented Languages: Esperanto Rock Stars, Klingon Poets, Loglan Lovers, and the Mad Drea-*

mers Who Tried to Build a Perfect Language (Nueva York: Spiegel & Grau, 2009).

15. George Alan Connor, Doris Taapan Connor, William Solzabacher y el Rvdmo. doctor J. B. Se-Tsien Kao, comp., *Esperanto: The World Interlanguage* (Nueva York: T. Yoseloff, 1966).

16. Connor, Connor, Solzabacher y Kao, *Esperanto: The World Interlanguage,* p. 20.

17. Gerta Smets, *Aesthetic Judgment and Arousal* (Lovaina: Leuven University Press, 1973).

18. Joseph Henrich, Steven J. Heine y Ara Norenzayan, «The Weirdest People in the World?», *Behoravial and Brain Sciences* 33 (2010): pp. 61-135, <http://dx.doi.org/10.1017/S0140525X0999152X>.

19. Marshall H. Segal, Donald T. Campbell y Melville J. Herskovits, *The Influence of Culture on Visual Perception* (Indianápolis: Bobbs-Merrill, 1966).

20. Donald A. Vaughn y David M. Eagleman, «Spatial warping by oriented line detectors can counteract neural delays», *Frontiers in Psychology,* 4: p. 794 (2013).

21. Avantika Mathur *et al.,* «Emotional Responses to Hindustani Raga Music: The Role of Musical Structure», *Frontiers in Psychology* 6, n.º 513 (2015), <http://dx.doi.org/10.3389/fpsyg.2015.00513>.

22. Zohar Eitan y Renee Timmers, «Beethoven's last piano sonata and those who follow crocodiles: Cross-domain mappings of pitch in a musical context», *Cognition* 114 (2010): pp. 405-422.

23. Laurel J. Trainor y Becky M. Heinmiller, «The development of evaluative responses to music: Infants prefer to listen to consonance over dissonance», *Infant Behavior and Development,* vol. 21, n.º 1, 1998: pp. 77-88, DOI: <https://doi.org/10.1016/S0163-6383(98)90055-8>.

24. Judy Plantinga y Sandra E. Trehub, «Revisiting the Innate Preference for Consonance», *Journal of Experimental Psychology: Human Perception and Performance* 40, n.º 1 (2014): pp. 40-49, <http://dx.doi.org/10.1037/a0033471>.

25. Tal como lo expresa el novelista Milan Kundera: «¿De qué valor estético estamos hablando si cada nación, cada periodo histórico, cada grupo social tiene sus gustos propios?», en Milan Kundera, *El telón. Ensayo en siete partes* (Barcelona: Tusquets, 2005).

26. Stephen Greenblatt, *The Norton Anthology of English Literature,* vol. B (Nueva York: W. W. Norton, 2012).

7. *No pegue las piezas*

1. Albert Boime, «The Salon Des Refusés and the Evolution of Modern Art», *Art Quarterly* 32 (1969): pp. 411-426.

2. Martin Schwarzbach, *Alfred Wegener: The Father of Continental Drift* (Madison: Science Tech, 1986).

3. Naomi Oreskes, *The Rejection of Continental Drift: Theory and Method in American Earth Science* (Nueva York: Oxford University Press, 1999).

4. Roger M. McCoy, *Ending in Ice: The Revolutionary Idea and Tragic Expedition of Alfred Wegener* (Oxford: Oxford University Press, 2006).

5. Chester R. Longwell, «Some Thoughts on the Evidence for Continental Drift», *American Journal of Science* 242 (1944): pp. 218-231.

6. J. Tuko Wilson, «The Static or Mobile Earth», *Proceedings of the American Philosophical Society,* vol. 112, n.º 5 (1968): pp. 309-320.

7. Robert Hughes, «Art: Reflections in a Bloodshot Eye», *Time,* 3 de agosto de 1981, acceso 14 de julio de 2014, http://content.time.com/time/magazine/article/0,9171,949302-2,00.html

8. Robert Christgau, *Grown Up All Wrong: 75 Great Rock and Pop Artists from Vaudeville to Techno* (Cambridge, Massachusetts: Harvard University Press, 1998).

9. E. O. Wilson, *La conquista social de la tierra* (Barcelona: Debolsillo, 2012).

10. Richard Dawkins, «The Descent of Edward Wilson», *Prospect,* junio de 2012.

8. *Multiplicar las opciones*

1. Gary R. Kremer, *George Washington Carver: A Biography* (Santa Barbara, California: Greenwood, 2011), p. 104.
2. Ernest Hemingway, Patrick Hemingway y Seán A. Hemingway, *A Farewell to Arms: The Hemingway Library Edition* (Nueva York: Scribner, 2012).
3. Alex Osborn, *Applied Imagination* (Oxford: Scribner, 1953).
4. Matthew Schneier, «The Mad Scientists of Levi's», *New York Times,* 5 de noviembre de 2015.
5. Esta técnica se llama síntesis paralela. La desarrollaron John Ellman y Michael Pavia, y se basa en la obra de los primeros pioneros de la química combinatoria.
6. Thomas A. Edison, «The Phonograph and Its Future», *Scientific American* 5, n.º 124 (1878): 1973-1974, <http://dx.doi.org/10.1038/scientificamerican05181878-1973supp>.
7. Dava Sobel, *Longitude: The True Story of a Lone Genius Who Solved the Greatest Scientific Problem of His Time* (Nueva York: Walker, 1995).
8. Dava Sobel, *Longitude.*
9. Por desgracia, Harrison nunca recibió lo prometido. Para comprobar si otros podían fabricar el complejo diseño de Harrison, la Junta de Longitud le encargó a otro relojero llamado Larcum Kendall que hiciera una copia. Kendall tardó dos años y medio en completarla. Lo único que distinguía la imitación de Kendall, llamada K-1, del original era la placa posterior, más adornada. La Junta de Longitud prefirió el K-1 al H-4 para acompañar al capitán Cook en su viaje al Pacífico; en su opinión, eso descalificaba a Harrison para el Premio Longitud. Enfermo y empobrecido, Harrison

llevó su caso al Parlamento. Al final le concedieron el dinero del premio, pero no el premio propiamente dicho.

10. Jeff Brady, «After Solyndra Loss, U.S. Energy Loan Program Turning A Profit», *National Public Radio,* 13 de noviembre de 2014, acceso 20 de agosto de 2015, <http://www.npr.org/2014/11/13/363572151/after-solyndraloss-u-s-energy-loan-program-turning-a-profit>.

11. Como nos sentimos cómodos con el error, la metáfora del cerebro como ordenador digital típico es tremendamente engañosa. Con una red neuronal artificial, si entras un patrón de ceros y unos, lo que obtienes es el mismo patrón. Lo que convierte los ordenadores en una herramienta tan valiosa es la fiabilidad. Es posible que nuestra memoria imperfecta esté en la raíz de la creatividad: introducimos un patrón de ceros y unos, y la respuesta es cada vez un poco distinta.

12. E. O. Wilson, *El futuro de la vida* (Barcelona: Galaxia Gutenberg, 2003).

9. *Explorar a diferentes distancias*

1. Neil Baldwin, *Edison: Inventing the Century* (Chicago: University of Chicago Press, 2001).

2. Norman Bel Geddes, *Miracle in the Evening: An Autobiography,* ed. de William Kelley (Garden City: Doubleday & Company, 1960), p. 347. Donald Albrecht, ed., *Norman Bel Geddes Designs America* (Nueva York: Abrams, 2012), p. 220.

3. Chad Randl, *Revolving Architecture* (Nueva York: Princeton Architectural Press, 2008), p. 91.

4. Norman Bel Geddes, «Today in 1963», artículo, University of Texas Harry Ransom Center, Norman Bel Geddes Database.

5. Joseph J. Ermenc, «The Great Languedoc Canal», *French Review* 34, n.º 5 (1961): p. 456; Robert Payne, *The Canal Builders; The Story of Canal Engineers through the Ages* (Nueva York: Macmillan, 1959).

6. Lynn White, «The Invention of the Parachute», *Technology and Culture* 9, n.º 3 (1968): p. 462, acceso 13 de abril de 2014, <http://dx.doi.org/10.2307/3101655>.

7. Damian Carrington, «Da Vinci's Parachute Flies», *BBC News,* 27 de junio de 2000, acceso 21 de agosto de 2015, <http://news.bbc.co.uk/2/hi/science/nature/808246.stm>.

8. Robert S. Kahn, *Beethoven and the Grosse Fuge: Music, Meaning, and Beethoven's Most Difficult Work* (Lanham, Maryland: Scarecrow Press, 2010).

10. *Tolerar el riesgo*

1. Frederick Dalzell, *Engineering Invention: Frank J. Sprague and the U.S. Electrical Industry* (Cambridge, Massachusetts: MIT Press, 2010).

2. Paul Israel, Edison: *A Life of Invention* (Nueva York: John Wiley, 1998).

3. Thomas Edison, en Andrew Delaplaine, *Thomas Edison: His Essential Quotations* (Nueva York: Gramercy Park, 2015), p. 3.

4. James Dyson, «No Innovator's Dilemma Here: In Praise of Failure», *Wired,* 8 de abril de 2011, acceso 21 de agosto de 2015, <http://www.wired.com/2011/04/in-praise-of-failure/>.

5. Marcia B. Hall, *Michelangelo's Last Judgment* (Cambridge: Cambridge University Press, 2005).

6. Marcia B. Hall, *Michelangelo's Last Judgment.*

7. Richard Steinitz, *György Ligeti: Music of the Imagination* (Boston: Northeastern University Press, 2003).

8. T. J. Pinch y Karin Bijsterveld, *The Oxford Handbook of Sound Studies* (Nueva York: Oxford University Press, 2012).

9. NOVA, «Andrew Wiles on Solving Fermat», *PBS,* 1 de noviembre de 2000, acceso 11 de mayo de 2016, <http://www.pbs.org/wgbh/nova/physics/andrew-wiles-fermat.html>.

10. Simon Singh, *Fermat's Enigma: The Epic Quest to Solve the World's Greatest Mathematical Problem* (Nueva York: Walker, 1997).

11. Michael J. Gelb, *How to Think like Leonardo Da Vinci* (Nueva York: Dell, 2000).

12. Dean Keith Simonton, «Creative Productivity: A Predictive and Explanatory Model of Career Trajectories and Landmarks», *Psychological Review* 104, n.º 1 (1997): pp. 66-89, <http://dx.doi.org/10.1037/0033-295X.104.1.66>.

13. Yasuyuki Kowatari *et al.*, «Neural Networks Involved in Artistic Creativity», *Human Brain Mapping* 30, n.º 5 (2009): pp. 1.678-1.690, <http://dx.doi.org/10.1002/hbm.20633>.

14. Suzan-Lori Parks, *365 Days/365 Plays* (Nueva York: Theater Communications Group, Inc., 2006).

11. *La empresa creativa*

1. «Burbank Time Capsule Revisited», *Los Angeles Times,* 17 de marzo de 2009, acceso 11 de mayo de 2016, <http://latimesblogs.latimes.com/thedailymirror/2009/03/burbank-time-ca.html>.

2. John H. Lienhard, *Inventing Modern: Growing up with X-rays, Skyscrapers, and Tailfins* (Nueva York: Oxford University Press, 2003).

3. Véase <https://en.wikipedia.org/wiki/List_of_defunct_automobile_manufacturers_of_the_United_States>.

4. Peter L. Jakab y Rick Young, *The Published Writings of Wilbur & Orville Wright* (Washington, D. C.: Smithsonian Books, 2000).

5. El aviador Robert Esnault-Pelterie comprendió que el diseño de Boulton era muy prometedor. Aprendió del éxito de los hermanos Wright y construyó un planeador parecido, pero esta vez con alerones.

6. Del intercambio de emails con David Hagerman, administrador del legado de Raymond Loewy y director de operaciones de Loewy Design.

7. Jillian Eugenios, «Lowe's Channels Science Fiction in New Holoroom», *CNN,* 12 de junio de 2014, acceso 11 de mayo de 2016, <http://money.cnn.com/2014/06/12/technology/innovation/lowes-holoroom/>.

8. John Markoff, «Microsoft Plumbs Ocean's Depths to Test Underwater Data Center», *New York Times,* 31 de enero de 2016, acceso 11 de mayo de 2016, <http://www.nytimes.com/2016/02/01/technology/microsoftplumbs-oceans-depths-to-test-underwater-data-center.html>.

9. Gail Davidson, «The Future of Television», *Cooper Hewitt,* 16 de agosto de 2015, acceso 11 de mayo de 2016, <http://www.cooperhewitt.org/2015/08/16/the-future-of-television/>.

10. Ian Wylie, «Failure Is Glorious», *Fast Company,* 30 de septiembre de 2001, acceso 11 de mayo de 2016, <http://www.fastcompany.com/43877/failure-glorious>.

11. Malcolm Gladwell, «Creation Myth», *New Yorker,* 16 de mayo de 2011, acceso 11 de mayo de 2016, <http://www.newyorker.com/magazine/2011/05/16/creation-myth>.

12. B. Bilger, «The Possibilian: What a brush with death taught David Eagleman about the mysteries of time and the brain», *New Yorker,* 25 de abril de 2011.

13. Tom Kelley, *The Art of Innovation: Lessons in Creativity from IDEO, America's Leading Design Firm* (Londres: Profile, 2016).

14. Jeffrey Rothfeder, *Driving Honda: Inside the World's Most Innovative Car Company* (Nueva York: Penguin, 2014).

15. Alyssa Newcomb, «SXSW 2015: Why Google Views Failure as a Good Thing», *ABC News,* 17 de marzo de 2015, acceso 11 de mayo de 2016, <http://abcnews.go.com/Technology/sxsw-2015-google-views-failure-goodthing/story?id=29705435>.

16. Nikil Saval, *Cubed: A Secret History of the Workplace* (Nueva York: Doubleday, 2014).

17. Patrick May, «Apple's new headquarters: An exclusive sneak peek», *San Jose Mercury News,* 11 de octubre de 2013, http://www.

mercurynews.com/2013/10/11/2013-apples-new-headquarters-an-exclusive-sneak-peek/>.

18. Pap Ndiaye, *Nylon and Bombs: DuPont and the March of Modern America* (Baltimore: Johns Hopkins University Press, 2007).

19. «'Forget the Free Food and Drinks – the Workplace is Awful': Facebook Employees Reveal the 'Best Place to Work in Tech' Can be a Soul-Destroying Grind Like Any Other», *Daily Mail,* 3 de septiembre de 2013, acceso 11 de mayo de 2016, <http://www.dailymail.co.uk/news/article-2410298>.

20. Maria Konnikova, «The Open-Office Trap», *New Yorker,* 7 de enero de 2014, acceso 17 de mayo de 2016, <http://www.newyorker.com/business/currency/the-open-office-trap>.

21. Anne-Laure Fayard y John Weeks, «Who Moved My Cube?», *Harvard Business Review,* julio de 2011, acceso 11 de mayo de 2016, <https://hbr.org/2011/07/who-moved-my-cube>.

22. Jonah Lehrer, «Groupthink: The Brainstorming Myth», *New Yorker,* 30 de enero de 2012.

23. Stewart Brand, *How Buildings Learn: What Happens After They're Built* (Nueva York: Penguin, 1994).

24. Alex Osborn, *Your Creative Power: How to Use Imagination* (Nueva York: Scribners and Sons, 1948), p. 254.

25. Jeff Gordiner, «At Eleven Madison Park, a New Minimalism», *New York Times,* 4 de enero de 2016, acceso 17 de mayo de 2016.

26. Pete Wells, «Restaurant Review: Eleven Madison Park in Midtown South», *New York Times,* 17 de marzo de 2015, acceso 17 de mayo de 2016, <http://www.nytimes.com/2015/03/18/dining/restaurant-review-elevenmadison-park-in-midtown-south.html?_r=0>.

27. David Fisher, *Tube: The Invention of Television* (Nueva York: Harcourt Brace, 1996).

28. Tony Smith, «Fifteen Years Ago: The First Mass-Produced GSM Phone», *Register,* 9 de noviembre de 2007, acceso 11 de mayo de 2016, <http://www.theregister.co.uk/2007/11/09/ft_nokia_1011/>.

29. Jason Nazar, «Fourteen Famous Business Pivots», *Forbes,* 8 de octubre de 2013, acceso 11 de mayo de 2016, <http://www.

forbes.com/sites/jasonnazar/2013/10/08/14-famous-business-pivots/#885848d1fb94>.

30. Tim Adams, «And the Pulitzer goes to ... a computer», *The Guardian,* 28 de junio de 2015, acceso 11 de septiembre de 2016, <https://www.theguardian.com/technology/2015/jun/28/computer-writing-journalism-artificialintelligence>.

31. Matthew E. May, *The Elegant Solution: Toyota's Formula for Mastering Innovation* (Nueva York: Free Press, 2007).

32. Susan Malanowski, «Innovation Incentives: How Companies Foster Innovation», *Wilson Group,* septiembre de 2007, acceso 11 de mayo de 2016, <http://www.wilsongroup.com/wpcontent/uploads/2011/03/InnovationIncentives.pdf>.

33. «How Companies Incentivize Innovation», SIT, mayo de 2013, acceso 11 de mayo de 2016, <http://www.innovationinpractice.com/How%20Companies%20Incentivize%20Innovation%20E-version%20May%202013.pdf>.

34. Eric Schmidt y Jonathan Rosenberg, *How Google Works* (Nueva York: Grand Central, 2014).

35. Tom Kelley, *The Art of Innovation* (Nueva York: Doubleday, 2001).

12. *La escuela creativa*

1. *Workshop Proceedings of the 9th International Conference on Intelligent Environments,* ed. de Juan A. Botía y Dimitris Charitos (Ámsterdam: IOS Press Ebooks, 2013), acceso 21 de agosto de 2015, <http://ebooks.iospress.nl/volume/workshop-proceedings-of-the-9th-international-conference-on-intelligent-environments>.

2. Shumei Zhang y Victor Callaghan, «Using Science Fiction Prototyping as a Means to Motivate Learning of STEM Topics and Foreign Languages», *2014 International Conference on Intelligent Environments* (Los Alamitos: IEEE Computer Society, 2014).

3. Amy Russell y Stephen Rice, «Sailing Seeds: An Experi-

ment in Wind Dispersal», *Botanical Society of America,* marzo de 2001, acceso 21 de agosto de 2015, <http://botany.org/bsa/misc/mcintosh/dispersal.html>.

4. James Gleick, *Genius: The Life and Science of Richard Feynman* (Nueva York: Pantheon Books, 1992).

5. Kamal Shah *et. al*, «Maji: A New Tool to Prevent Overhydration of Children Receiving Intravenous Fluid Therapy in Low-Resource Settings», *American Journal of Tropical Medical Hygiene* 92, n.º 5 (2015), acceso 11 de mayo de 2016, <http://dx.doi.org/10.4269/ajtmh.14-0495>.

6. Carol Dweck, *Mindset: The New Psychology of Success* (Nueva York: Random House, 2006).

7. La escuela es la Renaissance Expeditionary Learning Outward Bound School. Trissana Krupa, de sexto curso, es la poeta de «Still I Smile».

8. Véase Runco *et. al.,* «Torrance Tests of Creative Thinking as Predictors of Personal and Public Achievement: A Fifty-Year Follow-Up», *Creativity Research Journal* 22, n.º 4 (2010): p. 6. Véase también, E. Paul Torrance, «Are the Torrance Tests of Creative Thinking Biased Against or in Favor of 'Disadvantaged' Groups?», *Gifted Child Quarterly* 15, n.º 2 (1971): pp. 75-80. Resumiendo los resultados, Torrance escribió: «Un análisis de veinte estudios indica que en el 86 por ciento de las comparaciones, se vio un resultado de «ninguna diferencia» o «diferencias a favor del grupo culturalmente distinto», en Torrance, *Discovery and Nurturance of Giftedness in the Culturally Different* (Reston: Council for Exceptional Children, 1977). Estudios longitudinales han demostrado que el Test Torrance predice mejor los logros creativos que el coeficiente de inteligencia o las pruebas de la Junta Universitaria.

9. Robert Gjerdingen, «Partimenti Written to Impart a Knowledge of Counterpoint and Composition», en *Partimento and Continuo Playing in Theory and in Practice,* ed. de Dirk Moelants y Kathleen Snyers (Lovaina: Leuven University Press, 2010).

10. Benjamin S. Bloom y Lauren A. Sosniak, *Developing Talent in Young People* (Nueva York: Ballantine Books, 1985).

11. Mikael Carlssohn, «Women in Film Music, or How Hollywood Learned to Hire Female Composers for (at Least) Some of Their Movies», *IAWM Journal* 11, n.º 2 (2005): pp. 16-19; Ricky O'Bannon, «By the Numbers: Female Composers», *Baltimore Symphony Orchestra,* acceso 11 de mayo de 2016, <https://www.bsomusic.org/stories/by-the-numbers-female-composers.aspx>.

12. Maria Popova, «Margaret Mead on Female vs. Male Creativity, the 'Bossy' Problem, Equality in Parenting, and Why Women Make Better Scientists», *Brain Pickings,* s/f, acceso 11 de mayo de 2016, <http://www.brainpickings.org/2014/08/06/margaret-mead-female-male/>.

13. James S. Catterall, Susan A. Dumais y Gillian Harden-Thompson, *The Arts and Achievement in At-Risk Youth: Findings from Four Longitudinal Studies* (Washington: National Endowment for the Arts, 2012).

14. John Maeda, «STEM + Art = STEAM», *e STEAM Journal:* vol. 1, n.º 1, artículo 34. Disponible en: <http://scholarship.claremont.edu/steam/vol1/iss1/34>.

15. Steve Lohr, «IBM's Design-Centered Strategy to Set Free the Squares», *New York Times,* 14 de noviembre de 2015, acceso 11 de mayo de 2016, <http://www.nytimes.com/2015/11/15/business/ibms-design-centeredstrategy-to-set-free-the-squares.html?_r=0>.

16. Marlene Cimons, «New in Rescue Robots: Survivor Buddy», *US News and World Report,* 2 de junio de 2010, acceso 17 de mayo de 2016, <http://www.usnews.com/science/articles/2010/06/02/new-in-rescue-robotssurvivor-buddy>.

17. Robin Murphy *et al.,* «A Midsummer Night's Dream (With Flying Robots)», *Autonomous Robots* 30 (2011), <doi:10.1007/s10514-010-9210-3>.

18. Morton Feldman, «The Anxiety of Art», en *Give My Regards to Eighth Street: Collected Writings of Morton Feldman* (Cambridge, Massachusetts: Exact Change, 2000).

19. H. L. Gold, «Ready, Aim-Extrapolate!», *Galaxy Science Fiction,* mayo de 1954.

20. Mimi Hall, «Sci-fi writers join war on terror», *USA Today,* 31 de mayo de 2007, acceso 11 de mayo de 2016, <http://usatoday30.usatoday.com/tech/science/2007-05-29-deviant-thinkers-security_N.htm>.

21. Emily Dickinson; hay versión castellana en *Antología bilingüe.* Trad. de Amalia Rodríguez Monroy (Madrid: Alianza, 2015).

22. Katrina Schwartz, «How Integrating Arts in Other Subjects Makes Learning Come Alive», KQED News, 13 de enero de 2015, <https://ww2.kqed.org/mindshift/2015/01/13/how-integrating-arts-into-other-subjectsmakes-learning-come-alive/>. Keith McGilvery, «Burlington principal wins national award», WCAX, 31 de marzo de 2016, <http://www.wcax.com/story/31613997/burlington-principal-wins-national-award>.

23. Stephen Nachmanovitch, *Free Play: Improvisation in Life and Art* (Nueva York: Jeremy P. Tacher/Putnam, 1990).

13. *Hacia el futuro*

1. Anthony Brandt, «Why Minds Need Art», *TEDx Houston,* 3 de noviembre de 2012, acceso 17 de mayo de 2016, <http://tedxtalks.ted.com/video/Anthony-Brandt-at-TEDxHouston-2>.

2. Yun Sun Cho *et al.,* «The tiger genome and comparative analysis with lion and snow leopard genomes», *Nature Communications* 4 (2013), <http://dx.doi.org/10.1038/ncomms3433>.

BIBLIOGRAFÍA

ADAMS, Tim. «And the Pulitzer goes to ... a computer». *The Guardian,* 28 de junio, 2015.

ALBRECHT, Donald, ed., *Norman Bel Geddes Designs America.* Nueva York: Abrams, 2012.

ALLAIN, Yves-Marie y Janine CHRISTIANY. *L'Art des Jardins en Europe.* París: Citadelles et Mazenod, 2006.

ALLEN, Michael. *Charles Dickens and the Blacking Factory.* St Leonards, RU: Oxford-Stockley, 2011.

AMABILE, Teresa. *Creativity in Context: Update to the Social Psychology of Creativity.* Boulder: Westview Press, 1996.

—, *Growing up Creative: Nurturing a Lifetime of Creativity.* Nueva York: Crown, 1989.

ANDERSON, Christopher. *Hollywood TV: The Studio System in the Fifties.* Austin: University of Texas Press, 1994.

ANDREASEN, Nancy C. «A Journey into Chaos: Creativity and the Unconscious». *Mens Sana Monographs* 9, n.º 1 (2011): 42-53.

—, «Secrets of the Creative Brain». *Atlantic.* 25 de junio, 2014.

ANTONIADES, Andri. «The Landfill Harmonic: These Kids Play Classical Music with Instruments Made From Trash». *Take Part.* 6 de noviembre de 2013. Acceso 21 de agosto de 2015. <http://www.takepart.com/article/2013/11/06/landfill-harmonic-kids-play-classical-music-instruments-made-of-trash>.

ATALAY, Bülent y Keith WAMSLEY. *Leonardo's Universe: The Renaissance World of Leonardo Da Vinci.* Washington: National Geographic, 2008.

BACHMANN, Christian y Luc BASIER. «Le Verlan: Argot D'école Ou Langue des Keums?». *Mots Mots* 8, n.º 1 (1984): 169-187. doi:10.3406/mots.1984.1145. <http://www.persee.fr/doc/mots_02436450_1984_num_8_1_1145>.

BACKER, Bill. *The Care and Feeding of Ideas.* Nueva York: Crown, 1993.

BAKER, Al. «Test Prep Endures in New York Schools, Despite Calls to Ease It». *New York Times,* 30 de abril de 2014.

BALDWIN, Neil. *Edison: Inventing the Century.* Nueva York: Hyperion, 1995.

«Bankrupt Battery-Swapping Startup for Electric Cars Purchased by Israeli Company». *San Jose Mercury News.* 21 de noviembre de 2013. Acceso 18 de julio de 2015. <http://www.mercury-news.com/business/ci_24572865/bankrupt-battery-swapping-startup-electric-cars-purchased-by>.

BASSETT, Troy J. «The Production of Three-Volume Novels in Britain, 1863-97», *Bibliographical Society of America* 102, n.º 1 (2008): 61-75.

BAUCHERON, Éléa y Diane ROUTEX. *The Museum of Scandals: Art That Shocked the World.* Múnich: Prestel Verlag, 2013.

BAUM, Dan. «No Pulse: How Doctors Reinvented the Human Heart». *Popular Science.* 29 de febrero de 2012. Accesso 12 de agosto de 2014. <http://www.popsci.com/science/article/2012-02/no-pulse-how-doctors-reinvented-human-heart>.

BEL GEDDES, Norman. *Miracle in the Evening: An Autobiography.* Editado por William Kelley. Garden City: Doubleday, 1960.

—, «*Today in 1963*». University of Texas Harry Ransom Center. Norman Bel Geddes Database.

BELLOS, David. *Jacques Tati: His Life and Art.* Londres: Harvill, 1999.

BENSEN, P. L. y N. LEFFERT. «Childhood: Anthropological Aspects».

En *International Encyclopedia of the Social and Behavioral Sciences*. Nueva York: Elsevier, 2001, pp. 1697-1701.

BERGER, Audrey A. y Shelly COOPER. «Musical Play: A Case Study of Preschool Children and Parents». *Journal of Research in Music Education* 51, n.º 2 (2003).

BHANOO, Sindya N. «Brains of Bee Scouts Are Wired for Adventure». *New York Times*. 9 de marzo de 2012.

BILGER, B. «The Possibilian: What a brush with death taught David Eagleman about the mysteries of time and the brain». *New Yorker*. 25 de abril de 2011.

BLOOM, Benjamin S. y Lauren A. SOSNIAK. *Developing Talent in Young People*. Nueva York: Ballantine Books, 1985.

BOIME, Albert. «The Salon des Refusés and the Evolution of Modern Art». *Art Quarterly* 32, 1969.

BOOTHBY, Clare. «Shrinky Dink. Microfluidics». *Royal Society of Chemistry: Highlights in Chemical Technology*. 5 de diciembre de 2007.

BORGES, Jorge Luis. «Pierre Ménard, autor del Quijote». En *Prosa Completa,* Barcelona: Bruguera, 1985.

BOSMAN, Julie. «Professor Says He Has Solved Mystery Over a Slave's Novel». *New York Times*. 18 de septiembre de 2013.

BRADLEY, David. «Patently Useless». *Materials Today*. 29 de noviembre de 2013. Acceso 28 de agosto de 2014. <http://www.materialstoday.com/materials-chemistry/comment/patently-useless/>.

BRADSHER, Keith. «Conditions of Chinese Artist Ai Weiwei's Detention Emerge». *New York Times*. 12 de agosto de 2011. Acceso 21 de agosto de 2015. <http://www.nytimes.com/2011/08/13/world/asia/13artist.html?_r=2&smid=tw-nytimes&seid=auto>.

BRADY, Jeff. «After Solyndra Loss, U.S. Energy Loan Program Turning a Profit». *NPR*. Acceso 20 de agosto de 2015. <http://www.npr.org/2014/11/13/363572151/after-solyndra-loss-u-s-energy-loan-program-turning-a-profit>.

BRAND, Stewart. *How Buildings Learn: What Happens After They're Built*. Nueva York: Penguin, 1994.

BRANDT, Anthony. «Why Minds Need Art». *TEDx Houston.* 3 de noviembre de 2012. Acceso 17 de mayo de 2016. <http://te-dxtalks.ted.com/video/Anthony-Brandt-at-TEDxHouston-2>.

BRESSLER, Steven L. y Vinod MENON. «Large-scale Brain Networks in Cognition: Emerging Methods and Principles». *Trends in Cognitive Sciences* 14, n.º 6 (2010): 277-290.

BRONSON, Po y Ashley MERRYMAN. «The Creativity Crisis». *Newsweek.* 10 de julio de 2010. Acceso 10 de mayo de 2014. <http://www.newsweek.com/creativity-crisis-74665>.

BROOKSHIRE, Bethany. «Attitude, Not Aptitude, May Contribute to the Gender Gap». *Science News.* 15 de enero de 2015. Acceso 11 de mayo de 2016. <https://www.sciencenews.org/blog/scicurious/attitude-not-aptitude-maycontribute-gender-gap>.

BUCKNER, Randy L. y Fenna M. KRIENEN. «The Evolution of Distributed Association Networks in the Human Brain». *Trends in Cognitive Sciences* 17, n.º 12, 2013. Acceso 5 de mayo de 2016. doi:10.1016/j.tics.2013.09.017. <http://dx.doi.org/10.1016/j.tics.2013.09.017>.

«Burbank Time Capsule Revisited». *Los Angeles Times.* 17 de marzo de 2009. Acceso 11 de mayo de 2016. <http://latimesblogs.latimes.com/thedailymirror/2009/03/burbank-time-ca.html>.

BURLEIGH, H. T. *The Spirituals: High Voice.* Melville, NY: Belwin-Mills, 1984. <http://dx.doi.org/10.1016/j. ydbio.2006.04.445>.

«The Buxton Collection», *Microsoft Corporation.* Acceso 5 de mayo de 2016. <http://research.microsoft.com/enus/um/people/bi-buxton/buxtoncollection>.

BYRNES, W. Malcolm y William R. ECKBERG. «Ernest Everet Just (1883-1941) – An Early Ecological Developmental Biologist». *Developmental Biology* 296 (2006): 1-11. doi:10.1016/j.ydbio.2006.04.445. <http://dx.doi.org/10.1016/j.ydbio.2006.04.445>.

CAGE, John. Silence: *Lectures and Writings.* Middletown, Connecticut: Wesleyan University Press, 1961. [Trad. esp.: *Silencio.* Trad. de Marina Pedraza. Madrid: Árdora, 2002.]

«Capitalizing on Complexity: Insights from the Global Chief Executive Officer Study». *IBM Institute for Business Value*. Mayo de 2010. Acceso 17 de mayo de 2016. <http://www-01.ibm.com/common/ssi/cgi-bin/ssialias?subtype=XB&infotype=PM&appname=GBSE_GB_TI_USEN&htmlfid=GBE03297USEN&attachment=GBE03297USEN.PDF>.

CARLSSOHN, Mikael. «Women in Film Music, or How Hollywood Learned to Hire Female Composers for (at Least) Some of Their Movies». *IAWM Journal* 11, n.º 2 (2005): pp. 16-19.

CARRINGTON, Damian. «Da Vinci's Parachute Flies». *BBC News.* 27 de junio de 2000. Acceso 21 de agosto de 2015. <http://news.bbc.co.uk/2/hi/science/nature/808246.stm>.

CARVER, George Washington y Gary R. KREMER. *George Washington Carver in His Own Words.* Columbia: University of Missouri Press, 1987.

CATTERALL, James S., Susan A. DUMAIS y Gillian HARDEN-THOMPSON. *The Arts and Achievement in At-Risk Youth: Findings from Four Longitudinal Studies.* Washington: National Endowment for the Arts, 2012.

CHANIN, A. L., «Les Demoiselles de Picasso». *New York Times.* 18 de agosto de 1957.

CHI, Tom. «Rapid Prototyping Google Glass». *TED-Ed.* 17 de noviembre de 2012. Acceso 17 de mayo de 2016. <http://ed.ted.com/lessons/rapid-prototyping-google-glass-tom-chi#watch>.

CHIN, Andrea. «Ai Weiwei Straightens 150 Tons of Steel Rebar from Sichuan Quake». *Designboom.* 4 de junio de 2013. Acceso 11 de mayo de 2016. <http://www.designboom.com/art/ai-weiwei-straightens-150-tons-of-steel-rebarfrom-sichuan-quake/>.

CHO, Yun Sun *et al.* «The Tiger Genome and Comparative Analysis with Lion and Snow Leopard Genomes». *Nature Communications* 4 (2013). doi:10.1038/ncomms3433. <https://www.ncbi.nlm.nih.gov/pmc/articles/PMC3778509/>.

CHRIS. «Words that Have Changed their Meanings Over Time». *Fluent Focus English Blog.* 25 de septiembre de 2014. <http://fluentfocus.com/english-words-that-have-changed-their-meanings/>.

CHRISTENSEN, Clayton M. y Derek VAN BEVER. «The Capitalist's Dilemma». *Harvard Business Review*. 24 de junio de 2014. Acceso 18 de junio de 2014. <https://hbr.org/2014/06/the-capitalists-dilemma>.

CHRISTGAU, Robert. *Grown up All Wrong: 75 Great Rock and Pop Artists from Vaudeville to Techno*. Cambridge, Massachusetts: Harvard University Press, 1998.

CHUKOVSKAIA, Lydia, Peter NORMAN y Anna Andreevna AKHMATOVA. *The Akhmatova Journals 1938-1941*. Londres: Harvill, 1994.

CHURCH, George M. y Edward REGIS. *Regenesis: How Synthetic Biology Will Reinvent Nature and Ourselves*. Nueva York: Basic Books, 2012.

CICHON, Steve. «Everything from This 1991 Radio Shack Ad You Can Now Do With Your Phone». *Huffington Post*. Acceso 19 de agosto de 2015. <http://www.huffingtonpost.com/steve-cichon/radio-shack-ad_b_4612973.html>.

CIMONS, Marlene. «New in Rescue Robots: Survivor Buddy». *US News and World Report*. 2 de junio de 2010. Acceso 17 de mayo de 2016. <http://www.usnews.com/science/articles/2010/06/02/new-in-rescue-robots-survivor-buddy>.

COHN, William E., Jo Anna WINKLER, Steven PARNIS, Gil G. COSTAS, Sarah BEATHARD, Jeff CONGER y O. H. FRAZIER. «Ninety-Day Survival of a Calf Implanted with a Continuous-Flow Total Artificial Heart». *ASAIO Journal* 60, n.º 1 (2014): 15-18.

COLE, David John, Eve BROWNING y Fred E. H. SCHROEDER. *Encyclopedia of Modern Everyday Inventions*. Westport, Connecticut: Greenwood Press, 2002.

COLE, Simon A. «Which Came First, the Fossil or the Fuel?». *Social Studies of Science* 26, n.º 4 (1996): 733-766.

CONNOR, George Alan, Doris TAPPAN CONNOR, William SOLZBACHER y el Rvdmo. doctor J. B. SE-TSIEN KAO. *Esperanto, the World Interlanguage*. South Brunswick: T. Yoseloff, 1966.

CONNOR, James A. *The Last Judgment: Michelangelo and the Death of the Renaissance*. Nueva York, NY: Palgrave Macmillan, 2009.

COOK, Gareth. «The Singular Mind of Terry Tao». *New York Times.* 25 de julio de 2015. Acceso 21 de agosto de 2015. <http://www.nytimes.com/2015/07/26/magazine/the-singular-mind-of-terry-tao.html>.

COOPER, James Fenimore. *The Pioneers.* Boone, Iowa: Library of America, 1985.

COOPER, Patricia M., Karen CAPO, Bernie MATHES y Lincoln GRAY. «One Authentic Early Literacy Practice and Three Standardized Tests: Can a Storytelling Curriculum Measure Up?». *Journal of Early Childhood Teacher Education* 28, n.º 3 (2007): 251-275. doi:10.1080/10901020701555564 <http://www.tandfonline.com/doi/abs/10.1080/10901020701555564>.

COUSINS, Mark. *The Story of Film.* Nueva York: Thunder's Mouth Press, 2004. [Trad. esp.: *Historia del cine.* Trad. de Jorge González y Remedios Diéguez. Barcelona: Blume, 2021.]

CRAMOND, Bonnie, Juanita MATTHEWS-MORGAN, Deborah BANDALOS y Li ZUO. «A Report on the 40-Year Follow-Up of the Torrance Tests of Creative Thinking: Alive and Well in the New Millennium». *Gifted Child Quarterly* 49, n.º 4 (2005): 283-291.

Creative Partnerships: *Changing Young Lives.* The International Foundation for Creative Learning. Newcastle upon Tyne, 2012. Acceso 5 de abril de 2015. <http://www.creativitycultureeducation.org/wp-content/uploads/Changing-Young-Lives-2012>.

CRISPINO, Enrica. *Leonardo: Arte e Scienza.* Florencia: Giunti, 2000.

CSIKSZENTMIHALYI, Mihaly. *Creativity: Flow and the Psychology of Discovery and Invention.* Nueva York: HarperCollins, 1996. [Trad. esp.: *Creatividad. El fluir y la psicología del descubrimiento y la invención.* Trad. de José Pedro Tosaus. Barcelona: Paidós, 1998.]

CUMMINGS, E. E. *Complete Poems 1904-1962.* Nueva York, Liveright, 2016. [Trad. esp.: *Poemas.* Trad. de Alfonso Canales. Madrid: Visor, 2000; y *Buffalo Bill ha muerto.* Trad. de José Casas Risco. Madrid: Hiperión, 1988.]

CURTIN, Joseph. «Innovation in Violinmaking». *Joseph Curtin Stu-*

dios. Julio de 1998. Acceso 18 de julio de 2015. <http://joseph-curtinstudios.com/article/innovation-in-violinmaking/>.

CURTIS, Gregory. *The Cave Painters: Probing the Mysteries of the First Artists*. Nueva York: Knopf, 2006.

DALE, R. C. «Two New Tatis». *Film Quarterly* 26, n.º 2 (1972): 30-33. doi:10.2307/1211316. <http://fq.ucpress.edu/content/26/2/30>.

DALZELL, Frederick. *Engineering Invention: Frank J. Sprague and the U.S. Electrical Industry*. Cambridge, Massachusetts: MIT Press, 2010.

DAVIDSON, Gail. «The Future of Television». *Cooper Hewitt*. 16 de agosto de 2015. Acceso 11 de mayo de 2016. <http://www.cooperhewitt.org/2015/08/16/the-future-of-television/>.

DAWKINS, Richard. «The Descent of Edward Wilson». *Prospect*. Junio 2012. Acceso 18 de julio de 2015. <http://www.prospectmagazine.co.uk/science-and-technology/edward-wilson-social-conquest-earthevolutionary-errors-origin-species>.

DELAPLAINE, Andrew. *Thomas Edison: His Essential Quotations*. Nueva York: Gramercy Park, 2015.

DEW, Nicholas, Saras SARASVATHY y Sankaran VENKATARAMAN. «The Economic Implications of Exaptation». *SSRN Electronic Journal* (2003). Acceso 14 de septiembre de 2014. doi:10.2139/ssrn.348060. <http://dx.doi. org/10.2139/ssrn.348060>.

DIAMOND, Adele. «The Evidence Base for Improving School Outcomes by Addressing the Whole Child and by Addressing Skills and Attitudes, Not Just Content». *Early Education & Development* 21, n.º 5 (2010): 780-93. doi:10.1080/10409289.2010.514522. <https://www.ncbi.nlm.nih.gov/pmc/articles/PMC3026344/>.

—, «Want to Optimize Executive Functions and Academic Outcomes? Simple, Just Nourish the Human Spirit». *Minnesota Symposia on Child Psychology Developing Cognitive Control Processes: Mechanisms, Implications, and Interventions*, 2013, 203-230.

DICK, Philip K. *The Man in the High Castle*. Nueva York: Vintage Books, 1992. [Trad. esp.: *El hombre en el castillo*. Trad. de Manuel Figueroa. Barcelona: Minotauro, 2002.]

DICKENS, Charles. *David Copperfield.* Hertfordshire: Wordsworth Editions Ltd, 2000. [Trad. esp.: *David Copperfield.* Trad. de Marta Salís. Madrid: Alba, 2012.]

DICKENS, Charles y Peter ROWLAND. *My Early Times.* Londres: Aurum Press, 1997.

DICKINSON, Emily. *The Complete Poems of Emily Dickinson.* Boston: Little, Brown, 1924; Bartleby.com, 2000. [Trad. esp.: *Poesías completas.* Trad. de José Luis Rey. Madrid: Visor, 2013.]

DIETRICH, Arne. *How Creativity Happens in the Brain.* Nueva York: Palgrave Macmillan, 2015.

DOUGHERTY, Dale y Ariane CONRAD. *Free to Make: How the Maker Movement is Changing Our Schools, Our Jobs, and Our Minds.* Berkeley: North Atlantic Books, 2016.

DOYLE, Arthur Conan. *Sherlock Holmes: The Complete Novels and Stories.* Nueva York: Bantam, 1986. [Trad. esp.: *Sherlock Holmes. Novelas; Sherlock Holmes. Relatos 1; Sherlock Holmes. Relatos 2.* Trads. de Esther Benítez y Juan Camargo. Barcelona: Penguin Clásicos, 2015.]

DWECK, Carol S. *Mindset: The New Psychology of Success.* Nueva York: Random House, 2006. [Trad. esp.: *Mindset. La actitud del éxito.* Trad. de Pedro Ruiz de Luna. Málaga: Sirio, 2018.]

DYSON, James. «No Innovator's Dilemma Here: In Praise of Failure». *Wired.* 8 de abril de 2011. Acceso 21 de agosto de 2015. <http://www.wired.com/2011/04/in-praise-of-failure/>.

EAGLEMAN, David. *The Brain: The Story of You.* Londres: Canongate, 2015. [Trad. esp.: *El cerebro.* Trad. de Damià Alou. Barcelona: Anagrama, 2017.]

—, *Incognito.* Nueva York: Pantheon, 2011. [Trad. esp.: *Incógnito.* Trad. de Damià Alou. Barcelona: Anagrama, 2013.]

—, «Visual Illusions and Neurobiology». *Nature Reviews Neuroscience* 2, n.º 12 (2001): 920-926.

EAGLEMAN, David, Cristophe PERSON y P. READ MONTAGUE. «A Computational Role for Dopamine Delivery in Human Decision-Making». *Journal of Cognitive Neuroscience* 10, n.º 5 (1998): 623-630.

EBERT, Roger. «Psycho». *RogerEbert.com*. 6 de diciembre de 1998. Acceso 21 de agosto de 2015. <http://www.rogerebert.com/reviews/psycho-1998>.

EDISON, Thomas A. «The Phonograph and Its Future». *Scientific American* 5, n.º 124 (1878): 1973-1974. doi:10.1038/scientificamerican05181878-1973supp. <http://www.jstor.org/stable/25110210>.

EITAN, Zohar y Renee TIMMERS. «Beethoven's last piano sonata and those who follow crocodiles: Cross-domain mappings of pitch in a musical context». *Cognition* 114 (2010): 405-422.

EKSERDJIAN, David. *Bronze*. Londres: Royal Academy of Arts, 2012.

ELIOT, T. S. «Tradition and the Individual Talent». En *The Sacred Wood: Essays on Poetry and Criticism*. Nueva York: Knopf, 1921. [Trad. esp.: *El bosque sagrado*. Trad. de Ignacio Rey Agudo. San Lorenzo de El Escorial: Cuadernos de Langre, 2004.]

—, «Selected Poems.» Londres: Faber & Faber, 2015. [Trad. esp.: *Poesías completas*. Trad. de José Luis Rey. Madrid: Visor, 2017.]

ELLINGSEN, Eric. «Designing Buildings, Using Biology: Today's Architects Turn to Biology More than Ever. Here's Why». *The Scientist Magazine*. 27 de julio de 2007. Acceso 17 de mayo de 2016. <http://www.the-scientist.com/?articles.view/articleNo/25290/title/Designing-buildings--using-biology/>.

ERMENC, Joseph J. «The Great Languedoc Canal». *French Review* 34, n.º 5 (1961): 456.

EUGENIOS, Jillian «Lowe's Channels Science Fiction in New Holoroom». *CNN*. 12 de junio de 2014. Acceso 11 de mayo de 2016. <http://money.cnn.com/2014/06/12/technology/innovation/lowes-holoroom/>.

FAUCONNIER, Gilles y Mark TURNER. *The Way We Think: Conceptual Blending and the Mind's Hidden Complexities*. Nueva York: Basic Books, 2002.

FAYARD, Anne-Laure y John WEEKS. «Who Moved My Cube?» *Harvard Business Review*. Julio de 2011. Acceso 11 de mayo de 2016. <https://hbr.org/2011/07/who-moved-my-cube>.

FELDMAN, Morton. «The Anxiety of Art». En *Give My Regards to Eighth Street: Collected Writings of Morton Feldman*. Cambridge, Massachusetts: Exact Change, 2000. [Trad. esp.: «La ansiedad del arte». En *Pensamientos verticales*. Trad. de Ezequiel Fanego. Caja Negra Editora: Buenos Aires / Madrid, 2012.]

FEYNMAN, Richard P. «New Textbooks for the 'New' Mathematics». *Engineering and Science* 28, n.º 6 (1965): 9-15.

FISHER, David. *Tube: The Invention of Television*. Nueva York: Harcourt Brace, 1996.

FLORIDA, Richard. «Bohemia and Economic Geography». *Journal of Economic Geography* 2 (2002): 55-71. doi:10.1093/jeg/2.1.55. <https://doi.org/10.1093/jeg/2.1.55>.

FOEGE, Alec. *The Tinkerers: The Amateurs, DIYers, and Inventors Who Make America Great*. Nueva York: Basic Books, 2013.

«'Forget the Free Food and Drinks – the Workplace is Awful': Facebook Employees Reveal the 'Best Place to Work in Tech' Can be a Soul-Destroying Grind Like Any Other». *Daily Mail*. 3 de septiembre de 2013. Acceso 11 de mayo de 2016. <http://dailymail.co.uk/news/article-2410298>.

FORSTER, John. *The Life of Charles Dickens*. Londres & Toronto: J. M. Dent & Sons, 1927.

FORSYTH, Mark. *The Etymologicon: A Circular Stroll through the Hidden Connections of the English Language*. Nueva York: Berkley Books, 2012.

FOUNTAIN, Henry. «At the Printer, Living Tissue». *New York Times*. 18 de agosto de 2013. Acceso 5 de mayo de 2016. <http://www.nytimes.com/2013/08/20/science/next-out-of-the-printer-living-tissue.html?pagewanted=all&_r=0>.

FRANKEL, Henry R. *The Continental Drift Controversy*. Cambridge: Cambridge University Press, 2012.

FRANKLYN, Julian. *A Dictionary of Rhyming Slang*. 2.ª ed. Londres: Routledge, 1991.

FRASER, Colin. *Harry Ferguson: Inventor & Pioneer*. Ipswich: Old Pond Publishing, 1972.

FRAZIER, O. H., William E. COHN, Egemen TUZUN, Jo Anna WINKLER y Igor D. GREGORIC. «Continuous-Flow Total Artificial Heart Supports Long-Term Survival of a Calf». *Texas Heart Institute Journal* 36, n.º 6 (2009): 568-574.

FREEMAN, Allyn y Bob GOLDEN. *Why Didn't I Think of That?: Bizarre Origins of Ingenious Inventions We Couldn't Live Without.* Nueva York: John Wiley, 1997.

FRITZ, C., J. CURTIN, J. POITEVINEAU, P. MORREL-SAMUELS y F. C. TAO. «Player Preferences among New and Old Violins». *Proceedings of the National Academy of Sciences* 109, n.º 3 (2012): 760-763.

FROMKIN, David. *The Way of the World: From the Dawn of Civilizations to the Eve of the Twenty-first Century.* Nueva York: Knopf, 1999.

GALLUZZI, Paolo. *The Mind of Leonardo: The Universal Genius at Work.* Florencia: Giunti, 2006.

GARDNER, David P. *et al. A Nation at Risk: The Imperative for Educational Reform. An Open Letter to the American People. A Report to the Nation and the Secretary of Education.* Washington: National Commission of Excellence in Education, 1983.

GARDNER, Howard. *Art, Mind, and Brain: A Cognitive Approach to Creativity.* Nueva York: Basic Books, 1982. [Trad. esp.: *Arte, mente y cerebro. Una aproximación cognitiva a la creatividad.* Trad. de Gloria G. M. de Vitale. Barcelona: Paidós, 2005.]

—, *The Unschooled Mind: How Children Think and How Schools Should Teach.* Nueva York: Basic Books, 1991. [Trad. esp.: *La mente no escolarizada. Cómo piensan los niños y cómo deberían enseñar las escuelas.* Trad. de Ferran Meler. Barcelona: Paidós, 1997.]

GARDNER, Howard y David N. PERKINS. *Art, Mind, and Education: Research from Project Zero.* Urbana: University of Illinois Press, 1989.

GAUGUIN, Paul. *The Writings of a Savage.* Nueva York: Viking Press, 1978. [Trad. esp.: *Escritos de un salvaje.* Trad. de Marta Sánchez-Eguibar. Madrid: Akal, 2008.]

GAZZANIGA, Michael S. *Human: The Science Behind What Makes Us Unique.* Nueva York: Ecco, 2008.

GEIM, A. K. y K. S. NOVOSELOV. «The Rise of Graphene». *Nature Materials* 6, n.º 3 (2007): 183-191.

GELB, Michael J. *How to Think Like Leonardo Da Vinci.* Nueva York: Dell, 2000. [Trad. esp.: *Atrévase a pensar como Leonardo da Vinci. Siete claves para ser un genio.* Trad. de Víctor Benítez. Madrid: Suma de Letras, 2006.]

GERTNER, Jon. *The Idea Factory: Bell Labs and the Great Age of American Innovation.* Nueva York: Penguin Press, 2012.

GIOVANNINI, Daniel, Jacquiline ROMERO, Václav POTOČEK, Gergely FERENCZI, Fiona SPEIRITS, Stephen M. BARNETT, Daniele FACCIO y Miles J. PADGETT. «Spatially Structured Photons that Travel in Free Space Slower than the Speed of Light». *Science* 347, n.º 6224 (2015): 857-860. doi:10.1126/science.aaa3035. <https://arxiv.org/abs/1411.3987>.

GJERDINGEN, Robert. «Partimenti Written to Impart a Knowledge of Counterpoint and Composition». En *Partimento and Continuo Playing in Theory and in Practice,* editado por Dirk Moelants y Kathleen Snyers. Lovaina: Leuven University Press, 2010.

GLADWELL, Malcolm. «Creation Myth». *New Yorker.* 16 de mayo de 2011. Acceso 1 de mayo de 2016. <http://www.newyorker.com/magazine/2011/05/16/creation-myth>.

GLEICK, James. *Genius: The Life and Science of Richard Feynman.* Nueva York: Pantheon Books, 1992.

GOGH, Vincent van y Martin BAILEY. *Letters from Provence.* Londres: Collins & Brown, 1990. [Trad. esp.: *Cartas desde Provenza.* Trad. de Pilar Vázquez. Barcelona: Paidós, 1995.]

GOGH, Vincent van y Ronald de LEEUW. *The Letters of Vincent van Gogh.* Londres: Allen Lane, Penguin Press, 1996. [Existen ediciones parciales de su correspondencia, sobre todo de sus *Cartas a Theo.* Por ejemplo, la traducción de Francisco de Oraá. Madrid: Alianza, 2012.]

GOLD, H. L. «Ready, Aim – Extrapolate!» *Galaxy Science Fiction.* Mayo de 1954.

GÖNCÜ, Artin y Suzanne GASKINS. *Play and Development: Evolutionary, Sociocultural, and Functional Perspectives.* Mahwah, Nueva Jersey: Lawrence Erlbaüm, 2007.

GORDON, J. E. *The New Science of Strong Materials, Or, Why You Don't Fall Through the Floor.* Princeton, Nueva Jersey: Princeton University Press, 1984. [Trad. esp.: *La nueva ciencia de los materiales.* Trad. de Amaia Gómez. Torrejón de Ardoz: Celeste Ediciones, 2002.]

GOTTSCHALL, Jonathan. *The Storytelling Animal: How Stories Make Us Human.* Nueva York: Mariner Books, 2012.

GRAY, Peter. «Children's Freedom Has Declined, So Has Their Creativity». *Psychology Today.* 17 de septiembre de 2012. Acceso 27 de abril de 2014. <http://www.psychologytoday.com//blog/freedom-learn/201209/children-sfreedom-has-declined-so-has-their-creativity>.

GREENBLATT, Stephen. *The Norton Anthology of English Literature.* Vol. B. Nueva York: W. W. Norton, 2012.

GREENE, Maxine. *Releasing the Imagination: Essays on Education, the Arts, and Social Change.* San Francisco: Jossey-Bass Publishers, 1995. [Trad. esp.: *Liberar la imaginación. Ensayos sobre educación, arte y cambio social.* Trad. de Albino Santos. Barcelona: Graó, 2005.]

—, *Variations on a Blue Guitar: The Lincoln Center Institute Lectures on Aesthetic Education.* Nueva York: Teachers College Press, 2001. [Trad. esp.: *Variaciones sobre una guitarra azul. Conferencias de educación estética.* Trad. de Claudia Eguiarte. Edere: México, 2004.]

GRIMES, Anthony, David N. BRESLAUER, Maureen LONG, Jonathan PEGAN, Luke P. LEE y Michelle KHINE. «Shrinky-Dink Microfluidics: Rapid Generation of Deep and Rounded Patterns». *Lab Chip* 8, n.º 1 (2008): 170-172.

GROSS, Daniel. «Another Casualty of the Department of Energy's Loan Program Is Making a Comeback». *Slate.* 8 de agosto de 2014. Acceso 20 de agosto de 2015. <http://www.slate.com/articles/business/the_juice/2014/08/beacon_power_the_department_of_energy_loan_recipient_is_making_a_comeback.html>.

HALEVY, Alon, Peter NORVIG y Fernando PEREIRA. «The Unreasonable Effectiveness of Data». *IEEE Intelligent Systems* 24, n.º 2 (2009): 8-12.

HALL, Marcia B. *Michelangelo's Last Judgment.* Cambridge, RU: Cambridge University Press, 2005.

HALL, Mimi. «Sci-fi Writers Join War On Terror». *USA Today.* 31 de mayo de 2007. Acceso 11 de mayo de 2016. <http://usatoday30. usatoday.com/tech/science/2007-05-29-deviant-thinkers-security_N.htm>.

HARDUS, Madeleine E., Adriano R. LAMEIRA, Carel P. VAN SCHAIK y Serge A. WICH. «Tool Use in Wild Orangutans Modifies Sound Production: A Functionally Deceptive Innovation?». *Proceedings of the Royal Society B* 276 n.º 1.673 (2009): 3.689-3.694. doi:10.1098/rspb.2009.1027. <https://www.ncbi.nlm. nih.gov/pmc/ articles/PMC2817314/>.

HARDY, Quentin. «The Róbotics Inventors Who Are Trying to Take the 'Hard' Out of Hardware». *New York Times.* 14 de abril de 2015.

HARGADON, Andrew. *How Breakthroughs Happen: The Surprising Truth About How Companies Innovate.* Boston, Massachusetts: Harvard Business School Press, 2003.

HARNISCH, Larry. «Burbank Time Capsule Revisited». *Los Angeles Times.* 17 de marzo de 2009. Acceso 18 de julio de 2015. <http:// latimesblogs.latimes.com/thedailymirror/2009/03/burbank-time-ca.html>.

HATHAWAY, Ian y Robert LITAN. «The Other Aging of America: The Increasing Dominance of Older Firms». *The Brookings Institution.* Julio de 2014. Acceso 17 de mayo de 2016. <https:// www.brookings.edu/research/the-otheraging-of-america-the-increasing-dominance-of-older-firms/>.

HEDSTROM-PAGE, Deborah. *From Telegraph to Light Bulb with Thomas Edison.* Nashville: B&H Publishing Group, 2007.

HEMINGWAY, Ernest. «Hills like White Elephants», en *The Collected Short Stories of Ernest Hemingway.* Nueva York: Scribner, 1987. [Trad. esp.: «Colinas como elefantes blancos». En *Cuentos.* Trad. de Damià Alou. Barcelona: Lumen, 2007.]

HEMINGWAY, Ernest, Patrick HEMINGWAY, y Seán A. HEMINGWAY. *A Farewell to Arms:* The Hemingway Library Edition. Nueva York: Scribner, 2012. [Trad. esp.: *Adiós a las armas.* Trad. de Miguel Temprano. Barcelona: Lumen, 2013.]

HENRICH, Joseph, Seven J. HEINE and Ara NORENZAYAN. «The Weirdest People in the World?». *Behavioral and Brain Sciences* 33 (2010): 61-135. doi:10.1017/ S0140525X0999152X. <http://www2.psych.ubc.ca/~henrich/pdfs/WeirdPeople.pdf>.

HICKEY, Maud. *Music outside the Lines: Ideas for Composing in K-12 Music Classrooms.* Oxford: Oxford University Press, 2012.

HILMES, Michele. *Hollywood and Broadcasting: From Radio to Cable.* Urbana: University of Illinois Press, 1990.

HILTZIK, Michael A. *Dealers of Lightning: Xerox PARC and the Dawn of the Computer Age.* Nueva York: HarperCollins, 2000.

HOFSTADTER, Douglas R. y Emmanuel SANDER. *Surfaces and Essences: Analogy as the Fuel and Fire of Thinking.* Nueva York: Basic Books, 2013. [Trad. esp.: *Analogía. El motor del pensamiento.* Trad. de Roberto Musa. Barcelona: Tusquets, 2018.]

HOLT, Rackham. *George Washington Carver: An American Biography.* Garden City, Nueva York: Doubleday, 1943.

HORGAN, John y Jack LORENZO. *The End of Science: Facing the Limits of Knowledge in the Twilight of the Scientific Age.* Nueva York: Basic Books, 2015. [Trad. esp.: *El fin de la ciencia. Los límites del conocimiento en el declive de la era científica.* Trad. de Bernardo Moreno. Barcelona, Buenos Aires, México: Paidós, 1998.]

«How Companies Incentivize Innovation». *SIT.* Mayo de 2013. Acceso 11 de mayo de 2016. <http://www.innovationinpractice.com/innovation_in_practice/2013/05/how-companies-incentivize-innovation.html>.

HUGHES, Jonnie. *On the Origin of Tepees: The Evolution of Ideas (and Ourselves).* Nueva York: Free Press, 2011.

HUGHES, Robert. «Art: Ku Klux Komix». *Time.* 9 de noviembre de 1970. Acceso 14 de julio de 2014. <http://content.time.com/time/magazine/article/0,9171,943281,00.html>.

—, «Art: Reflections in a Bloodshot Eye». *Time*. 3 de agosto de 1981. Acceso 14 de julio de 2014. <http://content.time.com/time/magazine/article/0,9171,949302-2,00.html>.

ILIN, Andrew V., Leonard D. CASSADY, Tim W. GLOVER y Franklin R. CHANG DIAZ. «VASIMR® Human Mission to Mars». Presentación en el Space, Propulsion and Energy Sciences International Forum, College Park, Maryland, 15-17 de marzo de 2011.

ILLY, József. *The Practical Einstein: Experiments, Patents, Inventions*. Baltimore: Johns Hopkins University Press, 2012.

ISRAEL, Paul. *Edison: A Life of Invention*. Nueva York: John Wiley, 1998.

JAKAB, Peter L. y Rick YOUNG. *The Published Writings of Wilbur & Orville Wright*. Washington, D. C.: Smithsonian Books, 2000.

JANSON, S., M. MIDDENDORF y M. BEEKMAN. «Searching for a New Home – Scouting Behavior of Honeybee Swarms». *Behavioral Ecology* 18, n.º 2 (2006): 384-392.

JOHNSON, George. «Quantum Leaps: 'Einstein's Jewish Science', by Steven Gimbel». *New York Times*. 3 de agosto de 2012. Acceso 11 de mayo de 2016. <http://www.nytimes.com/2012/08/05/books/review/einsteins-jewishscience-by-steven-gimbel.html?pagewanted=all&_r=1>.

JOHNSON, Steven. *How We Got to Now: Six Innovations That Made the Modern World*. Nueva York: Riverhead Books, 2014.

—, *Where Good Ideas Come From: The Natural History of Innovation*. Nueva York: Riverhead Books, 2010. [Trad. esp.: *Las buenas ideas. Una historia natural de la innovación*. Trad. de María Sierra. Madrid: Turner, 2011.]

JOHNSON, Todd. «How Composites and Carbon Fiber Are Used». *About*. Acceso 28 de diciembre de 2014. <http://composite.about.com/od/aboutcarbon/a/Boeings-787-Dreamliner.htm>.

JONES, Kent. «Playtime». *RSS*. 3 de junio de 2001. Acceso 21 de agosto de 2015. <http://www.criterion.com/current/posts/115-playtime>.

JONES, Robert P., Daniel COX, E. J. DIONNE, Jr., William A. GALSTON, Betsy COOPER y Rachel LIENESCH. *How Immigration and Concerns About Cultural Change Are Shaping the 2016 Election.* Washington, D. C.: Public Religion Research Institute, 2016.

KAHN, Robert S. *Beethoven and the Grosse Fuge: Music, Meaning, and Beethoven's Most Difficult Work.* Lanham, Maryland: Scarecrow Press, 2010.

KAPLAN, Fred. «'WarGames' and Cyber Security's Debt to a Hollywood Hack». *New York Times.* 19 de febrero de 2016. Acceso 11 de mayo de 2016. <http://www.nytimes.com/2016/02/21/movies/wargames-andcybersecuritys-debt-to-a-hollywood-hack.html?_r=0>.

KAPLAN, Robert. *The Nothing That Is: A Natural History of Zero.* Oxford: Oxford University Press, 2000. [Trad. esp.: *Una historia natural del cero. La nada que existe.* No consta traductor. México: Océano, 2004.]

KARDOS, J. L. «Critical Issues In Achieving Desirable Mechanical Properties for Short Fiber Composites». *Pure and Applied Chemistry* 57, n.º 11 (1985): 1.651-1.657.

KARPMAN, Ben. «Ernest Everett Just». *Phylon* 4, n.º 2 (1943): 159-163. Acceso 19 de mayo de 2014. <http://www.jstor.org/stable/ 271888>.

KARVE, Aneesh. «Sixteen Techniques for Innovation (And Counting)». *Visual Magnetic.* 8 de mayo de 2010. Acceso 21 de julio de 2014. <http://www.visualmagnetic.com/2010/05/forms-of-innovation/>.

KAUFMAN, Allison B., Allen E. BUTT, James C. KAUFMAN y Erin M. COLBERT-WHITE. «Towards a Neurobiology of Creativity in Nonhuman Animals». *Journal of Comparative Psychology* 125, n.º 255-272. doi:10.1037/a0023147. <https://s3.amazonaws.com/jck_articles/KaufmanButtKaufmanColbertWhite2011.pdf>.

KELLEY, Tom. *The Art of Innovation: Lessons in Creativity from IDEO, America's Leading Design Firm.* Londres: Profile, 2016.

KEMP, Martin. *Leonardo Da Vinci: Experience, Experiment and Design.* Princeton: Princeton University Press, 2006.

314

KENNEDY, Pagan. *Inventology: How We Dream Up Things That Change the World*. Nueva York: Houghton Mifflin Harcourt, 2016.

KERNTOPF, Paweł, Radomir STANKOVIĆ, Alexis DE VOS y Jaakko ASTOLA. «Early Pioneers in Reversible Computation». Japan: Research Group on Multiple-Valued Logic, 2014. Acceso 21 de agosto de 2014. <http://cela.ugent.be/catalog/pug01:4400338>.

KEYNES, John Maynard. «Economic Possibilities for Our Grandchildren». En *Essays in Persuasion*. Nueva York: Norton, 1963. [Trad. esp.: *Ensayos de persuasión*. Trad. de Jordi Pascual. Barcelona: Crítica, 1988.]

KIM, Kyung Hee. «The Creativity Crisis: The Decrease in Creative Thinking Scores on the Torrance Tests of Creative Thinking». *Creativity Research Journal* 23, n.º 4 (2011): 285-295.

KIM, Sangbae, Cecilia LASCHI y Barry TRIMMER. «Soft Robotics: A Bioinspired Evolution in Robotics». *Trends in Biotechnology* 31, n.º 5 (2013): 287-294.

KING Jr., Martin Luther. *Why We Can't Wait*. Nueva York: Signet Classics, 2000. [Trad. esp.: *Por qué no podemos esperar*. Trad. de Joaquín Romero Maura. Barcelona: Ayma, 1964.]

KLEIN, Maury. *The Power Makers: Steam, Electricity, and the Men Who Invented Modern America*. Nueva York: Bloomsbury Press, 2008.

KLEMENS, Guy. *The Cellphone: The History and Technology of the Gadget That Changed the World*. Jefferson, Carolina del Norte: McFarland, 2010.

KLEON, Austin. *Newspaper Blackout*. Nueva York: Harper Perennial, 2010.

KOCH, Christof. «Keep it in Mind». *Scientific American*. Mayo de 2014: 26-29.

KOESTLER, Arthur. *The Act of Creation*. Nueva York: Macmillan, 1965.

KONNIKOVA, Maria. «The Open-Office Trap». *New Yorker*. 7 de enero de 2014. <http://www.newyorker/business/currency/the-open-office-trap>.

KOWATARI, Yasuyuki, Seung HEE LEE, Hiromi YAMAMURA y Miyuki YAMAMOTO. «Neural Networks Involved in Artistic Creativity». *Human Brain Mapping* 30, n.º 5 (2009): 1.678-1.690. doi:10.1002/hbm.20633. <http://onlinelibrary.wiley.com/doi/10.1002/hbm.20633/abtract>.

KRAMER, Hilton. «A Mandarin Pretending to be a Stumblebum». *New York Times.* 25 de octubre de 1970. <http://www.nytimes.com/1970/10/25/archives/a-mandarin-pretending-to-be-a-stumblebum.html>.

KRANZ, Gene. *Failure Is Not an Option: Mission Control from Mercury to Apollo 13 and Beyond.* Nueva York: Simon & Schuster, 2000.

KREMER, Gary R. *George Washington Carver: A Biography.* Santa Barbara, California: Greenwood, 2011.

KRYZA, Frank. *The Power of Light: The Epic Story of Man's Quest to Harness the Sun.* Nueva York: McGraw-Hill, 2003.

KUNDERA, Milan. *The Curtain: An Essay in Seven Parts,* traducido al inglés por Linda Asher. Nueva York: HarperCollins, 2007. [Trad. esp.: *El telón. Ensayo en siete partes.* Trad. de Beatriz de Moura. Barcelona: Tusquets, 2005.]

KURZWEIL, Ray. *The Age of Spiritual Machines.* Nueva York: Viking, 1999. [Trad. esp.: *La era de las máquinas espirituales.* Trad. de Marco Aurelio Galmarini. Barcelona: Planeta, 1999.]

LAKHANI, Karim R. y Jill A. PANETTA. «The Principles of Distributed Innovation». *Innovations: Technology, Governance, Globalization* 2, n.º 3 (2007): 97-112.

LAKHANI, Karim R., Lars BO JEPPESEN, Peter A. LOHSE y Jill A. PANETTA. «The Value of Openness in Scientific Problem Solving». Harvard Business School Working Paper, enero de 2007. <http://hbswk.hbs.edu/item/the-value-of-openness-in-scientific-problem-solving>.

LAMORE, Rex, Robert ROOT-BERNSTEIN, Michele ROOT-BERNSTEIN, John H. SCHWEITZER, James L. LAWTON, Eileen RORABACK, Amber PERUSKI, Amber VANDYKE y Laleah FERNANDEZ. «Arts and Crafts: Critical to Economic Innovation». *Economic Development Quarterly* 27, n.º 3 (2013): 221-229. doi:10.1177/0891242413486186. <https://scholars.opb.msu.edu/en/publications/arts-and-crafts-critical-to-economic-innovation-3>.

«Latest HSSSE Results Show Familiar Theme: Bored, Disconnected Students Want More from Schools». *Indiana University.* 8 de junio de 2010. Acceso 21 de agosto de 2015. <http://newsinfo.iu.edu/news-archive/14593.html>.

LAWSON, Bryan. *How Designers Think: The Design Process Demystified.* Nueva York: Architectural Press, 2005.

LAZARIS, A., S. ARCIDIACONO, Y. HUANG, J. ZHOU, F. DUGUAY, N. CHRETIEN, E. WELSH, J. SOARES y C. KARATZAS. «Spider Silk Fibers Spun from Soluble Recombinant Silk Produced in Mammalian Cells». *Science* 295, n.º 5.554 (2002): 472-476. doi:10.1126/science.1065780. <https://www.ncbi.nlm.nih.gov/pubmed/11799236>.

LEGGETT, Hadley. «One Million Spiders Make Golden Silk for Rare Cloth». *Wired.* 23 de septiembre de 2009. Acceso 21 de agosto de 2015. <http://www.wired.com/2009/09/spider-silk/>.

LEHRER, Jonah. «Groupthink: The Brainstorming Myth». *New Yorker.* 30 de enero de 2012.

LEHMANN, Laurent, Laurent KELLER, Stuart WEST y Denis ROZE. «Group Selection and Kin Selection: Two Concepts but One Process». *Proceedings of the National Academy of Sciences* 104, n.º 16 (2007): 6.736-6.739. doi:10.1073/pnas.0700662104.

LEMONICK, Michael D. *The Perpetual Now: A Story of Amnesia, Memory, and Love.* Nueva York: Doubleday, 2017.

LEVINSON, Paul. *Cellphone: The Story of the World's Most Mobile Medium and How It Has Transformed Everything!* Nueva York, NY: Palgrave Macmillan, 2004.

LIANG, Z. S., T. NGUYEN, H. R. MATTILA, S. L. RODRIGUEZ-ZAS, T. D. SEELEY y G. E. ROBINSON. «Molecular Determinants of Scouting Behavior in Honey Bees». *Science* 335, n.º 6.073 (2012): 1.225-1.228.

LIEBERMAN, Daniel. *The Story of the Human Body: Evolution, Health, and Disease.* Nueva York: Pantheon, 2013. [Trad. esp.: *La historia del cuerpo humano. Evolución, salud y enfermedad.* Trad. de Joan Lluís Riera. Barcelona: Pasado & Presente, 2021.]

LIEFF, John. «Neuronal Connections and the Mind, the Connectome». *Searching for the Mind with John Lieff, M.D.* 29 de mayo de 2012. Acceso 18 de julio de 2015. <http://jonlieffmd.com/blog/neuronal-connections-and-themind-the-connectome>.

LIENHARD, John H. *How Invention Begins: Echoes of Old Voices in the Rise of New Machines.* Oxford: Oxford University Press, 2006.

—, *Inventing Modern: Growing up with X-rays, Skyscrapers, and Tailfins.* Nueva York: Oxford University Press, 2003.

LILLARD, Angeline y Nicole ELSE-QUEST. «Evaluating Montessori Education». *Science* 313 (2006). Acceso 25 de enero de 2013. doi:10.1126/science.1132362. <http://science.sciencemag.org/content/313/5795/1893.full>.

LIMB, Charles J. y Allen R. BRAUN. «Neural Substrates of Spontaneous Musical Performance: An fMRI Study of Jazz Improvisation». *PLoS ONE* 3, n.º 2 (2008). Acceso 10 de mayo de 2014. doi:10.1371/journal.pone.0001679.

LIU, David. «Is Education Killing Creativity in the New Economy?». *Fast Company.* 26 de abril de 2013. Acceso 27 de abril de 2014. <http://www.fastcompany.com/3008800/education-killing-creativity-new-economy>.

LOCKHART, Paul. *A Mathematician's Lament.* Nueva York, NY: Bellevue Literary Press, 2009.

LOEWY, Raymond. *Never Leave Well Enough Alone.* Baltimore: Johns Hopkins University Press, 2002.

LOHR, Steve. «IBM's Design-Centered Strategy to Set Free the Squares». *New York Times.* 14 de noviembre de 2015. Acceso 11 de mayo de 2016. <http://www.nytimes.com/2015/11/15/business/ibms-design-centered-strategy-to-setfree-the-squares.html?_r=0>.

LONGWELL, Chester R. «Some Thoughts on the Evidence for Continental Drift». *American Journal of Science* 242 (1944): 218-231.

LOVELL, Jim y Jeffrey KLUGER. *Apollo 13.* Nueva York: Pocket Books, 1995.

LOWES, John Livingston. *The Road to Xanadu: A Study in the Ways of the Imagination.* Boston: Houghton Mifflin, 1927.

LYKKEN, David. «The Genetics of Genius». En *Genius and the Mind: Studies of Creativity and Temperament in the Historical Record,* editado por A. Steptoe. Oxford: Oxford University Press, 1998.

LYSAKER, John T. y William John ROSSI. *Emerson and Thoreau: Figures of Friendship.* Bloomington: Indiana University Press, 2010.

MACCORMACK, Alan, Fiona MURRAY y Erika WAGNER. «Spurring Innovation Through Competitions». *MIT Sloan Management Review.* 17 de septiembre de 2013. Acceso 11 de mayo de 2016. <http://sloanreview.mit.edu/article/spurring-innovation-throu-gh-competitions/>.

MADRIGAL, Alexis C. «The Crazy Old Gadgets That Presaged the iPod, iPhone and a Whole Lot More». *Atlantic.* 11 de mayo de 2011. Acceso 19 de agosto de 2015. <http://www.theatlantic.com/technology/archive/2011/05/the-crazy-old-gadgets-that-presaged-the-ipod-iphone-and-a-whole-lot-more/238679/>.

MAEDA, John. «STEM + Art = STEAM», *e STEAM Journal:* Vol. 1: n.º 1, artículo 34 (2013). 10.5642/steam.201301.34. Disponible en: <http://scholarship.claremont.edu/steam/vol1/iss1/34>.

MAHESH, G. T., Shenoy B. SATISH, N. H. PADMARAJ y K. N. CHETHAN. «Synthesis and Mechanical Characterization of Grewia Serrulata Short Natural Fiber Composites». *International Journal of Current Engineering and Technology,* n.º 2 (2014): 43-46. Acceso 16 de agosto de 2014. <doi:10.14741/ijcet/spl.2.2014.09>.

MAHON, Basil. *Oliver Heaviside: Maverick Mastermind of Electricity.* Stevenage: Institution of Engineering and Technology, 2009.

MALANOWSKI, Susan. «Innovation Incentives: How Companies

319

Foster Innovation». Wilson Group. Septiembre de 2007. Acceso 11 de mayo de 2016. <https://www.wilsongroup.com/books-articles-a-papers/>.

MANLEY, Tim. *Alice in tumblr-Land and Other Fairy Tales for a New Generation*. Nueva York: Penguin Books, 2013.

MANZANO, Örjan de, Simon CERVENKA, Anke KARABANOV, Lars FARDE y Fredrik ULLÉN. «Thinking Outside a Less Intact Box: Thalamic Dopamine D2 Receptor Densities Are Negatively Related to Psychometric Creativity in Healthy Individuals». *PLOS ONE* 5, n.º 5 (2010).

MARKOFF, John. «Microsoft Plumbs Ocean's Depths to Test Underwater Data Center». *New York Times*. 31 de enero de 2016. Acceso 11 de mayo de 2016. <http://www.nytimes.com/2016/02/01/technology/microsoft-plumbsoceans-depths-to-test-underwater-data-center.html>.

—, «Xerox Seeks Erasable Form of Paper for Copiers». *New York Times*. 27 de noviembre de 2006. Acceso 1 de febrero de 2016. <http://www.nytimes.com/2006/11/27/technology/27xerox.html?_r=0>.

MÁRQUEZ, Gabriel García. *Vivir para contarla*. Barcelona: Random House, 2003.

MARTIN, Rachel. «Biomimicry: From Adaptations to Inventions». *MathScience Innovation Center*. Acceso 10 de mayo de 2015. <http://mathinscience.info/public/biomimicry_lesson_plan.htm>.

MARTINDALE, Colin. *The Clockwork Muse: The Predictability of Artistic Change*. Nueva York, NY: Basic Books, 1990.

MATHUR, Avantika, Suhas H. VIJAYAKUMAR, Bhismadev CHAKRABARTI y Nandini C. SINGH. «Emotional Responses to Hindustani Raga Music: The Role of Musical Structure». *Frontiers in Psychology* 6, n.º 513 (2015).

MAUK, Ben. «Last Blues for Blockbuster». *New Yorker*. 8 de noviembre de 2013. Acceso 18 de julio de 2015. <http://www.newyorker.com/business/currency/last-blues-for-blockbuster>.

MAY, Matthew E. *The Elegant Solution: Toyota's Formula for Mastering Innovation*. Nueva York: Free Press, 2007.

320

MAYSELESS, Naama, Florina UZEFOVSKY, Idan SHALEV, Richard P. EBSTEIN y Simone G. SHAMAY-TSOORY. «The Association between Creativity and 7R Polymorphism in the Dopamine Receptor D4 Gene (DRD4)». *Frontiers in Human Neuroscience* 7 (2013).

McCOY, Roger M. *Ending in Ice: The Revolutionary Idea and Tragic Expedition of Alfred Wegener.* Oxford: Oxford University Press, 2006.

McCULLOUGH, David G. *The Wright Brothers.* Nueva York: Simon and Schuster, 2015. [Trad. esp.: *Los hermanos Wright.* Trad. de Paloma Gil. Madrid: La Esfera de los Libros, 2016.]

McELHENY, Victor K. *Drawing the Map of Life: Inside the Human Genome Project.* Nueva York, NY: Basic Books, 2010.

—, *Insisting on the Impossible: The Life of Edwin Land.* Reading, Massachusetts: Perseus Books, 1998.

McNEIL, Donald G., Jr. «Car Mechanic Dreams Up a Tool to Ease Births». *New York Times.* 13 de noviembre de 2013.

MEDNICK, Sarnoff A. «The Associative Basis of the Creative Process». *Psychological Review* 69, n.º 3 (1962). doi:10.1037/h0048850. <http://dx.doi.org/10.1037/h0048850 http://psycnet.apa.org/psycinfo/1963-06161-001>.

MILLAR, Garnet W. *The Torrance Kids at Mid-life: Selected Case Studies of Creative Behavior.* Westport, Connecticut: Ablex, 2001.

MILLER, Lucy. *Chamber Music: An Extensive Guide for Listeners.* Lanham: Rowman and Littlefield, 2015.

MIODOWNIK, Mark. *Stuff Matters: Exploring the Marvelous Materials That Shape Our Man-Made World.* Londres: Penguin, 2013.

MOFFITT, Terrie E. *et al.* «A Gradient of Childhood Self-Control Predicts Health, Wealth, and Public Safety». *Proceedings of the National Academy of Sciences of the United States of America* 108, n.º 7 (2011): 2.693-2.698. doi:10.1073/pnas.1010076108.

MONTAIGNE, Michel de. *Complete Essays,* traducción inglesa de Donald Frame. Palo Alto: Stanford University Press, 1958. [Trad. esp.: *Ensayos.* Trad. de J. Bayod Brau. Barcelona: El Acantilado, 2007.]

321

MORAN, Seana, David CROPLEY y James C. KAUFMAN. «Neglect of Creativity in Education: A Moral Issue». En *The Ethics of Creativity*. Nueva York: Palgrave Macmillan, 2014.

MORIMOTO, Michael. *The Forging of a Japanese Katana*. Tesis doctoral, Colorado School of Mines, 2004.

MURPHY, Robin, Dylan SHELL, Amy GUERIN, Brittany DUNCAN, Benjamin FINE, Kevin PRATT y Takis ZOURNTOS. «A Midsummer Night's Dream (With Flying Robots)». *Autonomous Robots* 30 (2011). doi:10.1007/s10514-010-9210-3. <http://link.springer.com/article/10.1007/s10514-010-9210-3>.

NACHMANOVITCH, Stephen. *Free Play: Improvisation in Life and Art*. Nueva York: Jeremy P. Tacher/Putnam, 1990. [Trad. esp.: *Free play. La improvisación en la vida y en el arte*. Trad. de Alicia Steimberg. Buenos Aires: Paidós, 2007.]

NAZAR, Jason. «Fourteen Famous Business Pivots». *Forbes*. 8 de octubre de 2013. Acceso 11 de mayo de 2016. <http://www.forbes.com/sites/jasonnazar/2013/10/08/14-famous-business-pivots/#885848d1fb94>.

NDIAYE, Pap. *Nylon and Bombs: DuPont and the March of Modern America*. Baltimore: Johns Hopkins University Press, 2007.

NEMY, Enid. «Bobby Short, Icon of Manhattan Song and Style, Dies at 80». *New York Times*. 21 de marzo de 2005. Acceso 5 de mayo de 2016. <http://www.nytimes.com/2005/03/21/arts/music/21cnd-short.html?_r=0>.

Neuroscience of Creativity, editado por Oshin Vartanian, Adam S. Bristol y James C. Kaufman. Cambridge: MIT Press, 2013.

NEWCOMB, Alyssa. «SXSW 2015: Why Google Views Failure as a Good Thing». *ABC News*. 17 de marzo de 2015. Acceso 11 de mayo de 2016. <http://abcnews.go.com/Technology/sxsw-2015-google-views-failure-good-thing/story?id=29705435>.

«The Next-Generation Data Center: A Software Defined Environment Where Service Optimization Provides the Path». *IBM Global Technology Services*. Mayo de 2014. Acceso 17 de mayo de 2016. <http://bit.ly/N-GDCpaper>.

NICHOLL, Charles. *Leonardo Da Vinci: The Flights of the Mind.* Londres Allen Lane, 2004. [Trad. esp.: *Leonardo: El vuelo de la mente.* Trad. de Carmen Criado Fernández y Borja García Bercero. Madrid: Taurus, 2010.]

NICHOLSON, Judith A. «FCJ-030 Flash! Mobs in the Age of Mobile Connectivity». *The Fibreculture Journal,* n.º 6 (2005). Acceso 5 de agosto de 2014. <http://six.fibreculturejournal.org/fcj-030-flash-mobs-in-the-age-ofmobile-connectivity>.

NIELSEN, Jared A., Brandon A. ZIELINSKI, Michael A. FERGUSON, Janet E. LAINHART y Jeffrey S. ANDERSON. «An Evaluation of the Left-Brain vs. Right-Brain Hypothesis with Resting State Functional Connectivity Magnetic Resonance Imaging». *PLoS ONE* 8, n.º 8 (2013). doi:10.1371/journal.pone.0071275. <http://journals.plos.org/plosone/article?id=10.1371/journal.pone.0071275>.

«Noh and Kutiyattam – Treasures of World Cultural Heritage». *The Japan-India Traditional Performing Arts Exchange Project 2004.* 26 de diciembre de 2004. Acceso 21 de agosto de 2015, <http://noh.manasvi.com/noh.html>.

NORMAN, Donald A. *The Design of Everyday Things: Revised and Expanded Edition.* Nueva York: Basic Books, 2013.

NOVA, «Andrew Wiles on Solving Fermat». *PBS.* 1 de noviembre de 2000. Acceso 11 de mayo de 2016. <http://www.pbs.org/wgbh/nova/physics/andrew-wiles-fermat.html>.

OATES, Joyce Carol. «The Myth of the Isolated Artist». *Pyschology Today* 6, 1973: 74-75.

O'BANNON, Ricky. «By the Numbers: Female Composers». *Baltimore Symphony Orchestra.* Acceso 11 de mayo de 2016. <https://www.bsomusic.org/stories/by-the-numbers-female-composers.aspx>.

ODEN, Maria, Yvette MIRABAL, Marc EPSTEIN y Rebecca RICHARDS-KORTUM. «Engaging Undergraduates to Solve Global Health Challenges: A New Approach Based on Bioengineering Design». *Annals of Biomedical Engineering* 38, n.º 9 (2010): 3.031-3.041.

OKRENT, Arika. *In the Land of Invented Languages: Esperanto Rock Stars,*

Klingon Poets, Loglan Lovers, and the Mad Dreamers Who Tried to Build a Perfect Language. Nueva York: Spiegel & Grau, 2009.

ORESKES, Naomi. *The Rejection of Continental Drift: Theory and Method in American Earth Science.* Nueva York: Oxford University Press, 1999.

ORLEAN, Susan. «Thinking in the Rain». *New Yorker.* 11 de febrero de 2008. Acceso 19 de agosto de 2015. <http://www.newyorker.com/magazine/2008/02/11/thinking-in-the-rain>.

OSBORN, Alex. *Applied Imagination.* Oxford: Scribner, 1953.

—, *Your Creative Power: How to Use Imagination.* Nueva York: Scribners and Sons, 1948.

O'SHANNESSY, Carmel. «The Role of Multiple Sources in the Formation of an Innovative Auxiliary Category in Light Warlpiri, a New Australian Mixed Language». *Language* 89, n.º 2 (2013): 328-353.

OVERBYE, Dennis. «Reaching for the Stars, Across 4.37 Light-Years». *New York Times.* 12 de abril de 2016. Acceso 16 de abril de 2016. <http://www.nytimes.2016/04/13/science/alpha-centauri-breakthrough-starshot-yuri-milnerstephen-hawking.html>.

PARKER, Ian. «The Shape of Things to Come». *New Yorker.* 23 de febrero de 2015. Acceso 17 de mayo de 2016. <http://www.newyorker.com/magazine/2015/02/23/shape-things-come>.

PARKS, Suzan-Lori. *365 Days/365 Plays.* Nueva York: Theater Communications Group, Inc., 2006.

PARTRIDGE, Loren W., Gianluigi COLALUCCI y Fabrizio MANCINELLI. *Michelangelo – the Last Judgment: A Glorious Restoration.* Nueva York: Harry N. Abrams, 1997.

PAUL, Annie Murphy. «Are We Wringing the Creativity Out of Kids?». *Mind Shift.* 4 de mayo de 2012. Acceso 27 de abril de 2014. <http://blogs.kqed.org/mindshift/2012/05/are-we-wringing-the-creativity-out-of-kids/>.

PAYNE, Robert. *The Canal Builders: The Story of Canal Engineers Through the Ages.* Nueva York: Macmillan, 1959.

PEARCE, Jeremy. «Stephanie L. Kwolek, Inventor of Kevlar, Is Dead at 90». *New York Times.* 20 de junio de 2014.

PETROSKI, Henry. *The Evolution of Useful Things*. Nueva York: Knopf, 1992.

—, *Invention by Design: How Engineers Get from Thought to Thing*. Cambridge, Massachusetts: Harvard University Press, 1996.

—, *Success through Failure: The Paradox of Design*. Princeton: Princeton University Press, 2006. [Trad. esp.: *El éxito a través del fracaso. La paradoja del diseño*. Trad. de Liliana Andrade. México: Fondo de Cultura Económica, 2011.]

PETRULIONIS, Sandra Harbert. *Thoreau in His Own Time: A Biographical Chronicle of His Life, Drawn from Recollections, Interviews, and Memoirs by Family, Friends, and Associates*. Iowa City: University of Iowa Press, 2012.

PHELPS, Edmund S. «Less Innovation, More Inequality». *New York Times*. 24 de febrero de 2013. Acceso 17 de mayo de 2016. <http://opinionator.blogs.nytimes.com/2013/02/24/less-innovation-more-inequality/?hp&_r=1>.

PICASSO, Pablo, Arnold B. GLIMCHER y Marc GLIMCHER. *Je Suis Le Cahier: The Sketchbooks of Pablo Picasso*. Boston: Atlantic Monthly Press, 1986.

PICASSO, Pablo, Brigitte LÉAL y Suzanne BOSSMAN. *Picasso, Les Demoiselles d'Avignon*. Londres: Thames and Hudson, 1988. [Trad. esp.: *Les Demoiselles d'Avignon. Álbum de dibujos*. Barcelona: Polígrafa, 1988.]

PICCIUTO, Elizabeth y Peter CARRUTHERS. «The Origins of Creativity». En *The Philosophy of Creativity: New Essays*. Nueva York: Oxford University Press, 2014.

PINCH, T. J. y Karin BIJSTERVELD. *The Oxford Handbook of Sound Studies*. Nueva York: Oxford University Press, 2012.

PINK, Daniel H. *A Whole New Mind: Why Right-Brainers Will Rule the Future*. Nueva York: Riverhead Books, 2006.

PINKER, Steven. «The False Allure of Group Selection». *Edge*. 18 de junio de 2012.

PLANTINGA, Judy y Sandra E. TREHUB. «Revisiting the Innate Preference for Consonance». *Journal of Experimental Psychology:*

Human Perception and Performance 40, n.º 1 (2014): 40-49. doi:10.1037/a0033471. <https://www.ncbi.nlm.nih.gov/pubmed/23815480>.

PODOLNY, Shelley. «If an Algorithm Wrote This, How Would You Even Know?». *New York Times.* 7 de marzo de 2015.

POPOVA, Maria. «Margaret Mead on Female vs. Male Creativity, the 'Bossy' Problem, Equality in Parenting, and Why Women Make Better Scientists». *Brain Pickings.* Acceso 11 de mayo de 2016. <http://www.brainpickings.org/2014/08-06/margaret-mead-female-male/>.

PRAGER, Phillip. «Making Sense of the Modernist Muse: Creative Cognition and Play at the Bauhaus». *American Journal of Play* 7, n.º 1 (2014): 27-49.

PROTTER, Eric, ed. *Painters on Painting.* Nueva York: Dover, 2011.

QUICK, Darren. «Researchers Develop 'Cluster Bomb' to Target Cancer». *Gizmag.* 24 de agosto de 2010. Acceso 21 de agosto de 2015. <http://www.gizmag.com/cluster-bomb-for-cancer-treatment/16121/>.

RABKIN, Nick. «Houston Arts Partners Lecture». Conferencia, Houston Arts Partners 2014 Conference. Houston, TX. 5 de septiembre de 2014.

RABKIN, Nick y E. C HEDBERG. *Arts Education in America: What the Declines Mean for Arts Participation.* Washington, D. C.: National Endowment for the Arts, 2011.

RADIVOJEVIĆ, Miljana, Thilo REHREN, Julka KUZMANOVIĆ-CVE-TKOVIĆ, Marija JOVANOVIĆ y J. Peter NORTHOVER. «Tainted Ores and the Rise of Tin Bronzes in Eurasia, C. 6,500 Years Ago». *Antiquity* 87, n.º 338 (2013): 1.030-1.045.

RANDL, Chad. *Revolving Architecture.* Nueva York: Princeton Architectural Press, 2008.

RAPHEL, Adrienne. «Competition for McDonald's, and for Ronald». *New Yorker.* 23 de abril de 2014. Acceso 3 de junio de 2014. <http://www.newyorker.com/business/currency/competition-for-mcdonalds-and-for-ronald>.

RASSENFOSS, Stephen. «Increased Oil Production with Something Old, Something New». *Journal of Petroleum Technology* 64, n.º 10 (2012). Acceso 14 de agosto de 2014. doi:10.2118/1012-0036-JPT. <https://doi.org/10.2118/1012-0036-JPT> <https://www.onepetro.org/journal-paper/SPE-1012-0036-JPT>.

RECASENS, M., Sumie LEUNG, Sabine GRIMM, Rafal NOWAK y Carles ESCERA. «Repetition suppression and repetition enhancement underlie auditory memory-trace formation in the human brain: an MEG study». *Neuroimage,* 108 (2015): 75-86.

«Redefining Cancer Could Reduce Unnecessary Treatment». *CBS.* 23 de septiembre de 2013. Acceso 21 de agosto de 2015. <http://www.cbsnews.com/8301-505263_162-57596094/redefining-cancer-could-reduce-unnecessary-treatment/>.

REEDER, Roberta. *Anna Akhmatova: Poet and Prophet.* Londres: Allison & Busby, 1995.

REEDER, Roberta. «Anna Akhmatova: The Stalin Years». *New England Review* 18, n.º 1 (1997): 105-125.

RESNICK, Mitchel. «All I Really Need to Know (About Creative Thinking) I Learned (By Studying How Children Learn) in Kindergarten». En *Proceedings of the 6th ACM SIGCHI Conference on Creativity and Cognition.* Nueva York: ACM, 2007.

RHODES, Richard. *The Making of the Atomic Bomb.* Nueva York: Simon & Schuster, 1986.

RICHARDSON, John y Marilyn MCCULLY. *A Life of Picasso.* Nueva York: Random House, 1991. [Trad. esp.: *Picasso. Una biografía.* Trad. de Adolfo Gómez Cedillo, Esther Gómez Parro y Rafael Jackson Martín. Madrid: Alianza, 1995.]

RIORDAN, M. «How Europe Missed the Transistor». *IEEE Spectrum* 42, n.º 11 (2005): 52-57.

ROBINSON, Ken. *Out of Our Minds: Learning to Be Creative.* Oxford: Capstone, 2011. [Trad. esp.: *Busca tu elemento. Aprende a ser creativo y desarrollarás todo tu potencial.* Trad. de Roc Filella. México D. F.: Urano, 2012.]

ROEDIGER, Henry L., Mark A. MCDANIEL, Kathleen B. MCDER-

MOTT y Pooja K. AGARWAL. «Test-Enhanced Learning in the Classroom: The Columbia Middle School Project». PsycEXTRA Dataset, diciembre de 2007. Acceso 17 de mayo de 2016. doi:10.1037/e527342012-530.

ROSEN, Charles. *The Classical Style: Haydn, Mozart, Beethoven.* Nueva York: W. W. Norton, 1997. [Trad. esp.: *El estilo clásico.* Trad. de Elena Giménez Moreno y Barbara Zitman. Madrid: Alianza, 2015.]

ROSS, Alistair. «Why Did Google Abandon 20 % Time for Innovation?». *HR Zone.* 3 de junio de 2015. Acceso 17 de mayo de 2016. <http://www.hrzone.com/lead/culture/why-did-google-abandon-20-time-for-innovation>.

ROTHFEDER, Jeffrey. *Driving Honda: Inside The World's Most Innovative Car Company.* Nueva York: Penguin, 2014.

ROTMAN, B. *Signifying Nothing: The Semiotics of Zero.* Nueva York: St. Martin's Press, 1987.

RUBIN, William, Pablo PICASSO, Hélène SECKEL-KLEIN y Judith COUSINS. *Les Demoiselles D'Avignon.* Nueva York: Museum of Modern Art, 1994.

RUNCO, Mark A., Garnet MILLAR, Selcuk ACAR y Bonnie CRAMOND. «Torrance Tests of Creative Thinking as Predictors of Personal and Public Achievement: A Fifty-Year Follow-Up». *Creativity Research Journal* 22, n.º 4 (2010): 361-368.

RUSSELL, Amy y Stephen RICE. «Sailing Seeds: An Experiment in Wind Dispersal». *Botanical Society of America.* Acceso 21 de agosto de 2015. <http://botany.org/bsa/misc/mcintosh/dispersal.html>.

RUTHERFORD, Adam. «Synthetic Biology and the Rise of the 'Spider-Goats'». *The Guardian.* 14 de enero de 2012. Acceso 20 de agosto de 2015. <http%3A%2F%2Fwww.theguardian.com%2Fscience%2F2012%2Fjan%2F14%2Fsynthetic-biology-spider-goat-genetics>.

RYDELL, Robert W., Laura BURD SCHIAVO y Robert BENNETT. *Designing Tomorrow: America's World's Fairs of the 1930s.* New Haven: Yale University Press, 2010.

SAGER, Ira. «Before iPhone and Android Came Simon, the First Smart-phone». *Bloomberg.* 29 de junio de 2012. Acceso 18 de julio de 2015. <http://www.bloomberg.com/bw/articles/2012-06-29/before-iphone-and-androidcame-simon-the-first-smartphone>.

SANGER, Frederick y Margaret DOWDING. *Selected Papers of Frederick Sanger: With Commentaries.* Singapur: World Scientific, 1996.

SANGSTER, William. *Umbrellas and Their History.* Londres: Cassell, Petter, and Galpin, 1871.

SAVAL, Nikil. *Cubed: A Secret History of the Workplace.* Nueva York: Doubleday, 2014.

SAWYER, R. Keith. *Explaining Creativity: The Science of Human Innovation.* Oxford: Oxford University Press, 2006.

SCHMIDHUBER, Jürgen. «Formal Theory of Creativity & Fun Explains Science, Art, Music, Humor». Dalle Molle Institute for Artificial Intelligence Research. Acceso 2 de mayo de 2014. <http://people.idsia.ch/~juergen/creativity.html>.

SCHMIDT, Eric y Jonathan ROSENBERG. *How Google Works.* Nueva York: Grand Central, 2014. [Trad. esp.: *Cómo trabaja Google.* Trad. de Vicente Fernández. México: Conecta Más / Penguin Random House, 2018.]

SCHNABEL, Julian, Bonnie CLEARWATER, Rudi FUCHS y Georg BASELITZ. *Julian Schnabel: Versions of Chuck & Other Works.* Derneburg, Alemania: Derenburgo, 2007.

SCHNABEL, Julian, Norman ROSENTHAL y Emily LIGNITI. *Julian Schnabel: Permanently Becoming and the Architecture of Seeing.* Milán: Skira, 2011.

SCHNEIER, Matthew. «The Mad Scientists of Levi's». *New York Times.* 5 de noviembre de 2015.

SCHRIEBER, Reinhard y Herbert GAREIS. *Gelatine Handbook: Theory and Industrial Practice.* Weinheim: Wiley-VCH, 2007.

SCHULZ, Bruno. *The Street of Crocodiles,* traducción inglesa de Michael Kandel y Celina Wieniewska. Nueva York: Penguin Books, 1977. [Trad. esp.: *La calle de los cocodrilos.* Trad. de Jorge Segovia y Violetta Beck. Maldoror Ediciones, 2003.]

SCHWARZBACH, Martin. *Alfred Wegener: The Father of Continental Drift.* Madison, Wisconsin: Science Tech Publishers, 1986.

SEGALL, Marshall H., Donald T. CAMPBELL y Melville J. HERSKO-VITS. *The Influence of Culture on Visual Perception.* Indianápolis: Bobbs-Merrill, 1966.

SEIFE, Charles. *Zero: The Biography of a Dangerous Idea.* Nueva York: Viking, 2000. [Trad. esp.: *Cero. La biografía de una idea peligrosa.* Trad. de Simone Zimmermann Kuoni. Castellón: Ellago, 2006.]

«Senate Study of Energy from Space». *Science News* 109, n.º 5 (1976): 73.

SHAH, Kamal *et al.* «Maji: A New Tool to Prevent Overhydration of Children Receiving Intravenous Fluid Therapy in Low-Resource Settings». *American Journal of Tropical Medical Hygiene* 92, n.º 5 (2015). Acceso 11 de mayo de 2016. doi:10.1038/496151a.

SHAPIN, Steven, Simon SCHAFFER y Thomas HOBBES. *Leviathan and the Air-Pump: Hobbes, Boyle, and the Experimental Life: Including a Translation of Thomas Hobbes, Dialogus Physicus De Natura Aeris by Simon Schaffer.* Princeton, NJ: Princeton University Press, 1985. [Trad. esp.: *El Leviathan y la bomba de vacío. Hobbes, Boyle y la vida experimental.* Trad. de Alfonso Buch. Buenos Aires: Universidad Nacional de Quilmes, 2005.]

SHEN, Helen. «See-through Brains Clarify Connections». *Nature* 496, n.º 7.444 (2013): 151. Acceso 20 de agosto de 2015. doi: 10.1038/496151a. <https://www.ncbi.nlm.nih.gov/pubmed/23579658>.

SHUMAN, F. «American Inventor Uses Egypt's Sun for Power». *New York Times.* 2 de julio de 1916.

SILVERMAN, Debora. *Van Gogh and Gauguin: The Search for Sacred Art.* Nueva York: Farrar, Straus and Giroux, 2000.

SIMONTON, Dean Keith. «Creative Productivity: A Predictive and Explanatory Model of Career Trajectories and Landmarks». *Psychological Review* 104, n.º 1 (1997): 66-89. Acceso 17 de mayo de 2016. doi:10.1037/0033-295X.104.1.66. <https://philpapers.org/rec/SIMCPA-2>.

SINGH, Simon. *Fermat's Enigma: The Epic Quest to Solve the World's*

Greatest Mathematical Problem. Nueva York: Walker, 1997. [Trad. esp.: *El enigma de Fermat.* Trad. de David Galadí y Jordi Gutiérrez. Barcelona: Planeta, 2003.]

SINGLETON, Jane. «The Explanatory Power of Chomsky's Transformational Generative Grammar». *Mind* 83, n.º 331 (1974): 429-431. doi:10.1093/mind/lxxxiii.331.429. <http://www.jstor.org/stable/2252745>.

SKORIK, P. J. *Grammatika ukotskogo Jazyka,* 2 vols. Leningrado: Akademia Nauk, 1961.

SMETS, G. *Aesthetic Judgment and Arousal.* Lovaina: Leuven University Press, 1973.

SMITH, Roberta. «Artwork That Runs Like Clockwork». *New York Times.* 21 de junio de 2012. Acceso 19 de agosto de 2015. <http://www.nytimes.com/2012/06/22/arts/design/the-clock-by-christian-marclay-comes-to-lincolncenter.html?_r=0>.

SMITH, Tony. «Fifteen Years Ago: The First Mass-Produced GSM Phone». *Register.* 9 de noviembre de 2007. Acceso 11 de mayo de 2016. <http://www.theregister.co.uk/2007/11/09/ft_nokia_1011/>.

SNELSON, Robert. «X Prize Losers: Still in the Race, Not Doing Anything, or Too SeXy for The X Cup?». *The Space Review.* 26 de septiembre de 2005.

SOBEL, Dava. *Longitude: The True Story of a Lone Genius Who Solved the Greatest Scientific Problem of His Time.* Nueva York: Walker, 1995.

SOBLE, Jonathan. «Kenji Ekuan, 85; Gave Soy Sauce Its Graceful Curves». *New York Times.* 10 de febrero de 2015.

SOLING, Cevin. «Can Any School Foster Pure Creativity?». *Mind Shift.* 18 de marzo de 2014. Acceso 27 de abril de 2014. <http://blogs.kqed.org/mindshift//2014/03/can-creativity-truly-be-fostered-in-classrooms-of-today/>.

SOLOMON, Maynard. *Beethoven.* Nueva York: Schirmer Books, 2001. [Trad. esp.: *Beethoven.* Trad. de Aníbal Leal. Barcelona: Vergara, 1985.]

—, *Late Beethoven: Music, Thought, Imagination.* Berkeley: University of California Press, 2003.

«Solyndra Scandal: Full Coverage of Failed Solar Startup». *Washington Post.* Acceso 18 de julio de 2015. <http://www.washingtonpost.com/politics/specialreports/solyndra-scandal/>.

SPARTOS, Carla. «Ordering at Eleven Madison Park Has Become the Controversial Talk of the Town». *New York Post.* 17 de octubre de 2010. Accesso 5 de enero de 2016. <http://nypost.com/2010/10/17/ordering-at-eleven-madison-park-has-become-the-controversial-talk-of-the-town>.

SPIEGEL, Garrett J. *et al.* «Design, Evaluation, and Dissemination of a Plastic Syringe Clip to Improve Dosing Accuracy of Liquid Medications». *Annals of Biomedical Engineering* 41, n.º 9 (2013): 1.860-1.868. doi:10.1007/s10439-013-0780-z. <https://www.ncbi.nlm.nih.gov/pubmed/23471817>.

STAMP, Jimmy. «Fact of Fiction? The Legend of the QWERTY Keyboard». *Smithsonian.* 3 de mayo de 2013. Acceso 11 de mayo de 2016. <http://www.smithsonianmag.com/arts-culture/fact-of-fiction-the-legend-of-the-qwerty-keyboard-49863249>.

STANLEY, Matthew. «An Expedition to Heal the Wounds of War». *Isis* 94, n.º 1 (2003): 57-89.

STEINITZ, Richard. *György Ligeti: Music of the Imagination.* Boston: Northeastern University Press, 2003.

STEVENS, Jeffrey R., Alexandra G. ROSATI, Sarah R. HEILBRONNER, y Nelly MÜHLHOFF. «Waiting for Grapes: Expectancy and Delayed Gratification in Bonobos». *International Journal of Comparative Psychology* 24 (2011): 99-111.

STROM, Stephanie. «TV Dinners in a Netflix World». *New York Times.* 5 de noviembre de 2015.

STROSS, Randall E. *The Wizard of Menlo Park: How Thomas Alva Edison Invented the Modern World.* Nueva York: Crown Publishers, 2007.

«Study: A Rich Club in the Human Brain». *IU News Room.* 31 de octubre de 2011. Accesso 29 de abril de 2014. <http://newsinfo.iu.edu/news-archive/20145.html>.

SVOBODA, Elizabeth. «Innovators Under 35: Michelle Khine, 32».

MIT Technology Review. Acceso 22 de junio de 2014. <http:// www2.technologyreview.com/tr35/profile.aspx?TRID=764>.

TATE, Nahum. *The History of King Lear.* Londres: Richard Wellington, 1712.

«Teaching Kids to Tinker so They Can Design Tomorrow's Machines». *Stanford News Service.* 30 de junio, 301992. Acceso 17 de mayo de 2016. <https://web.stanford.edu/dept/news/pr/92/920630Arc2145.html>.

THAUT, Michael. «The Musical Brain – An Artful Biological Necessity». *Karger Gazette* 70 (2009): 2-4.

THURBER, James. «The Secret Life of Walter Mitty». *New Yorker.* 18 de marzo de 1939. [Trad. esp.: *La vida secreta de Walter Mitty.* Trad. de Celia Filipetto. Barcelona: El Acantilado, 2004.]

TORRANCE, E. Paul. *Discovery and Nurturance of Giftedness in the Culturally Different.* Reston, Virginia: Council for Exceptional Children, 1977.

—, *Rewarding Creative Behavior; Experiments in Classroom Creativity.* Englewood Cliffs, Nueva Jersey: Prentice-Hall, 1965.

—, «Are the Torrance Tests of Creative Thinking Biased Against or in Favor of 'Disadvantaged' Groups?». *Gifted Child Quarterly* 15, n.º 2 (1971): 75-80.

TRAINOR, Laurel J. y Becky M. HEINMILLER. «The development of evaluative responses to music: Infants prefer to listen to consonance over dissonance». *Infant Behavior and Development.* Vol. 21, n.º 1, 1998: 77-88. DOI: <https://doi.org/10.1016/S0163-6383(98)90055-8>.

TURNER, Mark. *The Origins of Ideas: Blending, Creativity, and the Human Spark.* Nueva York: Oxford University Press, 2014.

UMBERGER, Emily. «Velázquez and Naturalism II: Interpreting Las Meninas». *Anthropology and Aesthetics* 28 (1995): 94-117.

UNDERWOOD, Emily. «Tissue Imaging Method Makes Everything Clear». *Science* 340, n.º 6.129 (2013): 131-132.

VAN DER VEEN, Wouter y Axel RUGER. *Van Gogh in Auvers.* Nueva York: Monacelli Press, 2010.

VANGELOVA, Luba. «Harnessing Children's Natural Ways of Learning». *Mind Shift.* 23 de octubre de 2013. Acceso 27 de abril de 2014. <http://blogs.kqed.org/mindshift/2013/10/harnessing-childrens-natural-ways-of-learning>.

VAUGHN, Donald A. y David M. EAGLEMAN. «Spatial warping by oriented line detectors can counteract neural delays». *Frontiers in Psychology,* 4: 794 (2013).

VISSCHER, P. Kirk, Thomas SEELEY y Kevin PASSINO. «Group Decision Making in Honey Bee Swarms». *American Scientist* 94, n.º 3 (2006): 220.

VOLOKH, Eugene. «The Origin of the Word 'Guy'». *Washington Post.* 14 de mayo de 2015. Acceso 5 de mayo de 2016. <https://www.washingtonpost.com/news/volokh-conspiracy/wp/2015/05/14/the-origin-of-the-word-guy/>.

WALDROP, M. Mitchel. *The Dream Machine: J.C.R. Licklider and the Revolution That Made Computing Personal.* Nueva York: Viking, 2001.

WALKER, Mark, Martin GRÖGER, Kirsten SCHLÜTER y Bernd MOSLER. «A Bright Spark: Open Teaching of Science Using Faraday's Lectures on Candles». *Journal of Chemical Education* 85, n.º 1 (2008): 59.

WATTERSON, Bill. «Calvin and Hobbes». Comic Strip. *Universal Press Syndicate.* 20 de diciembre de 1989.

WEARING, Judy. *Edison's Concrete Piano: Flying Tanks, Six-Nippled Sheep, Walk-on-Water Shoes, and 12 Other Flops from Great Inventors.* Toronto: ECW Press, 2009.

WEBER, Bruce. «Tony Verna, Who Started Instant Replay and Remade Sports Television, Dies at 81». *New York Times.* 21 de enero de 2015.

WEBER, Robert J. y David N. PERKINS. *Inventive Minds: Creativity in Technology.* Nueva York: Oxford University Press, 1992.

WELLS, Pete. «Restaurant Review: Eleven Madison Park in Midtown South». *New York Times.* 17 de marzo de 2015. Acceso 11 de mayo de 2016. <http://www.nytimes.com/2015/03/18/dining/restaurant-review-eleven-madison-parkin-midtown-south.html?_r=0>.

WHITE, Lynn. «The Invention of the Parachute». *Technology and*

Culture 9, n.º 3 (1968): 462. doi:10.2307/3101655. <http://
www.jstor.org/stable/3101655>.

WILSON, Edward O. *The Future of Life.* Nueva York: Random House, 2002. [Trad. esp.: *El futuro de la vida.* Trad. de Joandomènec Ros. Barcelona: Galaxia Gutenberg, 2003.]

—, *Letters to a Young Scientist.* Nueva York: Liveright, 2013. [Trad.
esp.: *Cartas a un joven científico.* Trad. de Joandomènec Ros.
Barcelona: Debate, 2014.]

—, *The Meaning of Human Existence.* Nueva York: Liveright, 2014.
[Trad. esp.: *El sentido de la existencia humana.* Trad. de X.
Gaillard Pla. Barcelona: Gedisa, 2016.]

—, *The Social Conquest of Earth.* Nueva York: Liveright, 2012. [Trad.
esp.: *La conquista social de la tierra.* Trad. de Joandomènec Ros.
Barcelona: Debolsillo, 2012.]

WILSON, J. Tuko. «The Static or Mobile Earth». *Proceedings of the
American Philosophical Society,* vol. 112, n.º 5 (1968): 309-320.

WITT, Stephen. *How Music Got Free.* Nueva York: Penguin Books,
2015. [Trad. esp.: *Cómo dejamos de pagar por la música.* Trad.
de Damià Alou. Barcelona: Contra, 2016.]

WOLF, Gary. «Steve Jobs: The Next Insanely Great Thing». *Wired.*
1 de febrero de 1996. Acceso 21 de agosto de 2015. <http://
archive.wired.com/wired/archive/4.02/jobs_pr.html>.

WOOD, Bayden R., Keith. R. BAMBERY, Matthew W. A. DIXON,
Leann TILLEY, Michael J. NASSE, Eric MATTSON y Carol J.
HIRSCHMUGL. «Diagnosing Malaria Infected Cells at the Sin-
gle Cell Level Using Focal Plane Array Fourier Transform In-
frared Imaging Spectroscopy». *Analyst* 139, n.º 19 (2014): 4.769.

*Workshop Proceedings of the 9th International Conference on Intelligent
Environments,* editado por Juan A. Botía y Dimitris Charitos. Ámsterdam: IOS Press Ebooks, 2013. Acceso 21 de agosto de 2015.
<http://ebooks.iospress.nl/volume/workshop-proceedings-of-
the-9th-international-conference-on-intelligent-environments>.

WRIGHT, Wilbur. «Some Aeronautical Experiments. Mr. Wilbur
Wright. Dayton, Ohio». Discurso, Dayton, Ohio. 18 de septiem-

bre de 1901. *Inventor's Gallery.* <http://invention.psychology. msstate.edu/inventors/i/Wrights/library/Aeronautical.html>.

WYLIE, Ian. «Failure is Glorious». *Fast Company.* 30 de septiembre de 2001. Acceso 11 de mayo de 2016. <http://www.fastcompany.com/43877/failure-glorious>.

YAVETZ, Ido. *From Obscurity to Enigma: The Work of Oliver Heaviside, 1872-1889.* Basilea: Birkhäuser Verlag, 1995.

YENIGUN, Sami. «In Video-Streaming Rat Race, Fast Is Never Fast Enough». *NPR.* 10 de enero 2013. Acceso 19 de agosto de 2015. <http://www.npr.org/2013/01/10/168974423/in-video-streaming-rat-race-fast-is-never-fast-enough>.

YONG, Ed. «Violinists Can't Tell the Difference Between Stradivarius Violins and New Ones». *Discover.* 2 de enero de 2012. Acceso 18 de julio de 2015. <http://blogs.discovermagazine.com/notrocketscience/2012/01/02/violinists-cant-tell-the-difference-between-stradivarius-violins-and-new-ones/>.

YOUNG, Steve. «Talking to Machines». *Ingenia,* n.º 54 (2013). Acceso 29 de junio de 2014. <http://www.ingenia.org.uk/Ingenia/Articles/823>.

ZHANG, Shumei y Victor CALLAGHAN. «Using Science Fiction Prototyping as a Means to Motivate Learning of STEM Topics and Foreign Languages». En *2014 International Conference on Intelligent Environments.* Los Alamitos: IEEE Computer Society, 2014.

ZHU, Y. T., J. A. VALDEZ, N. SHI, M. L. LOVATO, M. G. STOUT, S. J. ZHOU, D. P. BUTT, W. R. BLUMENTHAL y T. C. LOWE. «An Innovative Composite Reinforced with Bone-Shaped Short Fibers». *Scripta Materiala* 39, n.º 9 (1998): 1.321-1.325.

ZIMMER, Carl. «In the Human Brain, Size Really Isn't Everything». *New York Times.* 26 de diciembre de 2013. Acceso 5 de enero de 2014. <http://www.nytimes.com/2013/12/26/science/in-the-human-brain-size-really-isnteverything.html?_r=0>

CRÉDITOS DE LAS IMÁGENES

p. 14 **Control de la Misión de la Nasa durante el fallo del tanque de oxígeno del Apolo 13.** Cortesía de la NASA. / **Pablo Picasso:** *Les Demoiselles d'Avignon,* **1907.** Museo de Arte Moderno, Nueva York, USA/Bridgeman Images. © 2016 Estate of Pablo Picasso. / Artists Rights Society (ARS), Nueva York.

p. 21 **Retrato del trompetista Theo Croker.** Foto de William Croker. / **Elly Jackson de La Roux con el pelo en un tupé.** Foto de Phil King. / **Perfil lateral de una bella mujer africana con rizos estilo mohawk.** Paul Hakimata | Dreamstime.com / **Mujer con flores en el pelo.**

p. 22 **El sargento del Ejército de los Estados Unidos Aaron Stewart monta una bici para ir recostado durante los Juegos Invictus de 2016.** Noticias del Departamento de Defensa. Foto de E. J. Hersom. / **Bicicleta snowboard.** Cortesía de Michael Killian. / **DiCiclo.** Cortesía de GBO Innovation Makers, www. gbo.eu / **Biciconferencia.** Foto de Frank C. Müller [CC BY-SA 4.0 (http://creativecommons.org/licenses/bysa/ 4.0), vía Wikimedia Commons] / **Estadio Nacional de Fútbol de Brasilia, Brasil / Estadio Miejski, Poznan, Polonia.** De Ehreii – Obra propia, CC BY 3.0, https://commons.wikimedia.org/w/index. php?curid=10804159 / **Estadio de SC Beira-Mar en Aveiro, Portugal.** CC BY-SA 3.0, https://commons.wikimedia.org/w/

index.php?curid= 139668 / **Saddledome, Calgary, Alberta, Canadá.** De abdallahh de Montreal, Canadá (Calgary Saddledome subido por X-Weinzar) [CC DE 2.0 (http://creativecommons.org/licenses/by/2.0), vía Wikimedia Commons].

p. 26 **Actividad cerebral medida mediante una magnetoencefalografía que muestra una disminución de la respuesta a un estímulo repetido.** Cortesía de Carles Escera, BrainLab, Universidad de Barcelona.

p. 30 **Esqueuomorfo de una estantería digital.** Jonobacon.

p. 31 **Apple Watch.** De Justin14 (Own work) [CC BY-SA 4.0 (http://creativecommons.org/licenses/by-sa/4.0), vía Wikimedia Commons].

p. 41 **Anuncio del Casio AT-550-7.** © Casio Computer Company, Ltd.

p. 42 **IBM Simon / Data Rover.** Foto: Bill Buxton.

p. 43 **Palm Vx.** Foto: Bill Buxton / **Anuncio de Radio Shack.** Cortesía de Steve Cichon/BuffaloStories archives.

p. 46 **Diagramas de Kane Kramer para el IXI.** Cortesía de Kane Kramer. / **Apple iPod, primera generación.** Foto: Jarod C. Benedict.

p. 50 **Paul Cézanne:** *Mont Sainte-Victoire.* Museo de Arte de Filadelfia.

p. 51 **El Greco:** *Visión del Apocalipsis (La visión de san Juan).* Museo de Arte Metropolitano, Fondo Rogers, 1956.

p. 52 **Paul Gauguin:** *Nave Nave Fenua* / **Cabeza de mujer íbera de entre los siglos III y II a. C.** Foto de Luis García / **Detalle de *Les Demoiselles d'Avignon.*** © 2016 Herederos de Pablo Picasso / Artists Rights Society (ARS), Nueva York.

p. 53 **Máscara fang del siglo XIX.** Museo del Louvre, París. / **Detalle de *Les Demoiselles d'Avignon.***

p. 57 **Krzywy Domek.** Foto de Topory. / **Yago Partal:** *Defragmentados.* Cortesía del artista y de Keep It Simple.

p. 58 **Thomas Barbey:** *Oh Sheet!* Cortesía del artista.

p. 62 **Centro Pompidou.** Crédito fotográfico: Hotblack.

p. 65 **Catedral de Ruan.** Foto de ByB. / **Claude Monet:** *Catedral de Ruan. Al atardecer.* Museo Nacional Museum de Belgrado. / **Claude Monet:** *Catedral de Ruan. Fachada (ocaso), armonía en azul y dorado.* Musée Marmottan Monet, París, Francia. / **Claude Monet:** *Catedral de Ruan. Fachada 1.* Museo de Arte Pola, Hakone, Japón.

p. 66 **Monte Fuji.** / **Cuatro de las «36 vistas del monte Fuji».** De Hokusai. / **Escultura maya, periodo clásico tardío.** Museo Americano de Historia Natural. Foto de Daderot, [CC0 o CC0], vía Wikimedia Commons. / **Escultura japonesa dogu.** Musée Guimet, París, Francia. Crédito de la foto: Vassil. / **Figura de la fertilidad: Femenia (akua bu). Ghana; Asante. xix-xx d. C. Madera, abalorios, cuerda. 27,2 × 9,7 × 3,9 cm. The Michael C. Rockefeller Memorial Collection, legado de Nelson A. Rockefeller, 1979. Fotografiado por Schecter Lee. Museo de Arte Metropolitan.** © Museo de Arte Metropolitano. Origen de la imagen: Art Resource, NY.

p. 67 **Caballo. China, dinastía Han (206 a. C-220 a. C.). Bronce. A 8,3 cm; L 7,9 cm. Regalo de George D. Pratt. Museo de Arte Metropolitano, Nueva York, NY USA.** © Museo de Arte Metropolitano. Origen de la imagen: Art Resource, NY. / **Figura de un caballo. C. 600-480 a. C. Chipriota, periodo chipro-arcaico. Terracota; hecho a mano; A 16,5 cm. Colección Cesnola, comprada por subscripción, 1874-1876. Museo de Arte Metropolitano, Nueva York, NY, USA.** © Museo de Arte Metropolitano. Origen de la imagen: Art Resource, NY. / **Caballo de bronce. Griego. Periodo geométrico. Siglo** VIII **a. C. Completamente de bronce: 17,6 × 13,3 cm. Fondo Rogers, 1921 Museo de Arte Metropolitano.** © Museo de Arte Metropolitano. Origen de la imagen: Art Resource, NY.

p. 68 **Claes Oldenburg: Shuttlecocks.** Museo de Arte Nelson-Atkins, Kansas City, Misuri. Foto de Americasroof. / **JR: Mohamed Yunis Idris.** Cortesía de JR-art.net.

p. 69 **Alberto Giacometti:** *Piazza.* Museo de Arte Guggenheim,

Nueva York © 2016 Herederos de Alberto Giacometti/Autorizado por VAGA and ARS, Nueva York, NY. / **Anastasia Elias: *Pyramide.*** Cortesía de la artista.

p. 70 **Vic Muniz: *Sandcastle n.º 3*** Art. © Vik Muniz/Autorizado por VAGA, Nueva York, NY.

p. 71 **Imágenes a través de un parabrisas no polarizado y del polarizado de Land.** Cortesía de Victor McElheny. / **Dos imágenes de las fotografías y documentos de Barbara y Willard Morgan (Collección 2278): «Letter to the World» y «Lamentation».** Fotografías y documentos de Barbara y Willard Morgan, Colecciones Especiales de la Biblioteca, Biblioteca de Investigación Charles E. Young, UCLA.

p. 72 **Frank Gehry y Vladu Milunic: Dancing House, Praga, Chequia.** Foto de Christine Zenino [CC BY 2.0 (http://creativecommons.org/licenses/by/2.0)], vía Wikimedia Commons. / **Frank Gehry: Beekman Tower.** Nueva York. / **Frank Gehry: Clínica para la salud mental Lou Ruvo, Las Vegas, Nevada.** Foto de John Fowler [CC BY 2.0 (http://creativecommons.org/licenses/by/2.0)], vía Wikimedia Commons. / **Tanque adaptable Volute.** Cortesía de Volute Inc., an Otherlad company.

p. 73 **Claes Oldenburg: Icebag – Scale B, 16/25, 1971. Construcción cinética programada en aluminio, acero, nailon y fibra de vidrio. Dimensiones variables 121,9 × 121,9 × 101,6 cm. Edición de 25.** Colección privada, Galería James Goodman, Nueva York, USA/Bridgeman Images. © 1971 Claes Oldenburg.

p. 74 **Ant-Roach.** Cortesía de Otherlab.

p. 75 **Roy Lichtenstein: *Catedral de Ruan,* Serie 5 1969 Óleo y Magna sobre tela 160 × 106,7 cm (cada uno).** Cortesía de herederos de Roy Lichtenstein.

p. 77 **Caricatura de Donald Trump.** de DonkeyHotey. / **Claude Monet: *Nenúfares y puente japonés.*** Museo de Arte de la Universidad de Princeton. De la colección de William Church Osborn, Promoción de 1883, fideicomiso de la Universidad de

340

Princeton (1914-1951), presidente del Museo de Arte Metropolitano (1941-1947); regalado por su familia. / **Claude Monet: *Puente japonés.*** Museo de Arte Moderno, Nueva York.

p. 78 **Francis Bacon: *Tres estudios para retratos (y autorretrato).*** Colección privada/Bridgeman Images. © Herederos de Francis Bacon. Todos los derechos reservados. DACS, Londres / ARS, NY 2016.

p. 79 **Buriles y hojas encontrados por Denis Peyrony en la cueva de Bernifal, Meyrals, Dordogne, Francia. Magdaleniense superior cerca del 12.000-10.000 a. C. Se exhibe en el Museo de Prehistoria Nacional Les Eyzies-de-Tayac.** Foto de Sémhur. / **Cuchillos filipinos.** Colección de Armas y Armaduras Primitivas de las Islas Filipinas en el Museo Nacional de los Estados Unidos, Instituto Smithsoniano. Fotos de Herbert Krieger.

p. 80 **Paraguas Senz.** Foto de Eelke Dekker. / **Unbrella.** Cortesía de Hiroshi Kajimoto. / **Nubrella.** Cortesía de Alan Kaufman, Nubrella.

p. 85 **Sophie Cave: *Floating Heads.*** © CSG CIC Colecciones de los Museos y Bibliotecas de Glasgow. / **Auguste Rodin: *La sombra-Torso.*** Pinacoteca do Estado de São Paulo Foto de Dornicke. / **Magdalena Abakanowicz: Sin identificar.** Foto de Radomil.

p. 86 **Barnett Newman: *Obelisco roto.*** Foto de Ed Uthman. / **Georges Braque: *Naturaleza muerta con violín y jarra 1910* (óleo sobre lienzo).** Kunstmuseum, Basilea, Suiza/Bridgeman Images. / **Pablo Picasso: *Guernica* (1937), óleo sobre lienzo.** Museo Nacional Centro de Arte Reina Sofía, Madrid, España/ Bridgeman Images. © 2016 Herederos de Pablo Picasso / Artists Rights Society (ARS), Nueva York.

p. 87 **Antena frangible.** Cortesía de NLR - Centro Aerospacial de Holanda.

p. 92 **David Hockney: *The Crossword Puzzle, Minneapolis,* enero de 1983. Collage fotográfico. Edición de 10. 33 × 46** © David Hockney. Crédito de la foto: Richard Schmidt.

341

p. 93 **Georges Seurat:** *Tarde de domingo en la isla de La Grande Jatte.* Instituto de Arte de Chicago, Helen Birch Bartlett Memorial Collection, 1926.224.

p. 94 **Digital pixilation.**

p. 96 **Bruno Catalano:** *Los viajeros.* Foto de Robert Poulain. Cortesía del artista y Galeries Bertoux.

p. 97 **Arquitectura dinámica.** Cortesía de David Fisher – Dynamic Architecture.

p. 98 **Cory Arcangel:** *Super Mario Clouds.* **2002. Super Mario Bros Pirateado. Cartucho y sistema de videojuego Nintendo NES.** © Cory Arcangel. Imagen cortesía de Cory Arcangel.

p. 99 **Tractor de vapor del siglo** XIX. Foto de Timitrius.

p. 102 **El hipocampo de un ratón visto con el método Clarity.** Cortesía de Kwanghun Chung, doctor.

p. 104 **Minotauro. Esfinge.** Crédito de la foto: Nadine Doerle. / **Dona Fish, pueblo ovimbundu, Angola C. décadas 1950-1960. Madera, pigmento, metal, técnicas mixtas. A 75 cm. Museo Fowler de la UCLA X2010.20.1; Regalo de Allen F. Roberts y Mary Nooter Roberts.** Imagen © cortesía del Museo Fowler de la UCLA. Fotografía de Don Cole, 2007.

p. 105 **Ruppy the Puppy a plena luz y en la oscuridad.** Cortesía de Che-Myong Jay Ko, doctor.

p. 106 **Esqueleto humano.** Foto de Sklmsta [CC0], vía Wikimedia Commons. / **Mecedora de huesos de Joris Laarman.** Imagen cortesía de Friedman Benda y Joris Laarman Lab. Fotografía: Steve Benisty.

p. 107 **Rey pescador.** Foto de Andreas Trepte. / **Tren bala serie Shinkansen N700,** de Scfema, vía Wikimedia Commons. / **Chica (Simone Leigh + Chitra Ganesh): Mis sueños, mis obras deben esperar hasta después del infierno, 2012. Vídeo en HD de un solo canal, 07:14 min RT, Edición de 5.** Cortesía de los artistas.

p. 108 **Foto de la familia Sewell.** Cortesía de Jason Sewell.

p. 112 **Fotografía HDR del Parque Provincial de Goldstream.** Foto de Brandon Godfrey.

342

p. 113 **Pirámide del Louvre.** / **Frida Kahlo:** *La Venadita.* Antes en la colección de la doctora Carolyn Farb, hc. / **Craig Walsh:** *Spacemakers.* Cortesía del artista. Spacemakers 2013 For Luminous Night, Universidad de Australia Occidental, Perth. MEDIO – Proyección digital en tres canales, árboles; bucle de 30 minutos. encargo de la Universidad de Australia Occidental. Aparecen lady Jean Brodie-Hall (exarquitecta paisajista, Universidad de Australia Occidental), Rose Chaney (expresidenta, Amigos de los Jardines), Brian Cole (horticultor), Jamie Coopes (supervisor de horticultura), Judith Edwards (presidenta, Amigos de los Jardines), Gus Fergusson (arquitecto), Bill James (exarquitecto paisajista), David Jamieson (conservador de los jardines), Gillian Lilleyman (escritor, Landscape for Learning), doctora Linley Mitchell (Grupo de Propagación, Amigos de los Jardines), Frank Roberts (exasesor arquitectónico), Susan Smith (horticultora), Geoff Warne (arquitecto) y la doctora Helen Whitbread (arquitecta paisajista). / «**Blur Building**», **de Elizabeth Diller y Ricardo Scofidio.** Foto de Norbert Aepli, Suiza.

p. 114 **Futvóley.** Foto de Thomas Noack. / **Jasper Johns: 0-9, 1961. Óleo sobre lienzo, 137,2 × 104,8 cm. Tate Gallery.** Crédito de la foto: Tate, Londres / Art Resource, NY. Art © Jasper Johns/Con permiso de VAGA, Nueva York, NY.

p. 116 **Miguel Ángel:** *Isaías.* De Missional Volunteer (Isaías subido por Gary Dee) [CC BY-SA 2.0 (http://creativecommons.org/licenses/by-sa/2.0)], vía Wikimedia Commons. / **Norman Rockwell:** *Rosie la remachadora.* Impreso con autorización de la Norman Rockwell Family Agency. © 1942 the Norman Rockwell Family Entities.

p. 120 **Jardín del Palacio de Versalles.** / **Jardines Hillier de Capability Brown.** Foto de Tom Pennington.

p. 136 **Alfombra persa.** © Ksenia Palimski | Dreamstime.com / **Techo de la Alhambra.** Foto de Jebulon. / **Francis Boucher:** *Nacimiento y triunfo de Venus.* / **Ryoan-ji (finales del siglo** xv)

343

en **Kioto, Japón.** De Cquest – Obra propia, CC BY-SA 2.5, https://commons.wikimedia.org/w/index.php?curid=2085504.

p. 137 **Serie de estímulos de los tests de complejidad visual de Gerda Smets.**

p. 138 **Vasili Kandinski, «Composition VII» (1913). / Kazimir Malévich, «Blanco sobre blanco» (1918).**

p. 139 **Ilusión de Muller-Lyer.**

p. 149 **Jonathan Safran Foer: Árbol de códigos.** Cortesía de Visual Editions. / **Mercantonio Raimondi:** *El juicio de Paris* (basado en Rafael). / **Édouard Manet:** *Le Déjeuner sur l'herbe.*

p. 150 **Pablo Picasso:** *Le Déjeuner sur l'herbe, après Manet* **(1960).** Musée Picasso, París, Francia. Peter Willi/ Bridgeman Images. © 2016 Herederos de Pablo Picasso / Artists Rights Society (ARS), Nueva York. / **Pablo Picasso:** *Les Demoiselles d'Avignon,* **1907.** Museo de Arte Moderno, Nueva York, USA/ Bridgeman Images. © 2016 Estate of Pablo Picasso. / **Robert Colescott:** *Les Demoiselles d'Alabama dénudées* **(1985).** © Robert Colescott Foto de Peter Horree/Alamy Stock Photo.

p. 155 **Philip Guston:** *To B.W.T.,* **1952. Óleo sobre lienzo. 121 × 128 cm.** Colección de Jane Lang Davis. © Herederos de Philip Guston. / **Philip Guston:** *Painting,* **1954. Óleo sobre lienzo. 158 × 151 cm.** Museo de Arte Moderno de Nueva York. Fondo Philip Johnson. © Herederos de Philip Guston. / **Philip Guston:** *Riding Around,* **1969. Óleo sobre lienzo. 135 × 197 cm.** Colección privada, Nueva York © Herederos de Philip Guston. / **Philip Guston:** *Flatlands,* **1970. Óleo sobre lienzo. 175 × 285 cm.** Colección de Byron R. Meyer; Donación fraccionada al Museo de Arte Moderno de San Francisco © Herederos de Philip Guston.

p. 159 **El Stradivarius de lady Blunt de 1721.** Subastas Tarisio. Violachick68 en Wikipedia (versión inglesa).

p. 160 **Violín compuesto.** Cortesía de Luis and Clark Instruments. Foto de Kevin Sprague.

p. 164 **Diego Velázquez:** *Las meninas.* Museo Nacional del Prado, España. / **Pablo Picasso: Cinco variaciones sobre «Las meninas», 1957, óleo sobre lienzo.** Museo Picasso, Barcelona, España/Bridgeman Images. © 2016 Herederos de Pablo Picasso / Artists Rights Society (ARS), Nueva York.

p. 168 **Bosquejos de Max Kulich para el Audi CitySmoother.** Cortesía de Max Kulich.

p. 169 **Bosquejos de la Architectural Research Office para el Flea Theater de Nueva York.** Cortesía de la Architectural Research Office. / **Bosquejos de Joshua Davis para IBM Watson.** Cortesía Joshua Davis.

p. 174 **IBM Watson en el plató de Jeopardy.** Cortesía de Sony Pictures Television. / **Advent, Thunderbird, Starchaser, Ascender y Proteus.** Cortesía del Ansari X-Prize.

p. 175 **SpaceShipOne de Scaled Composite.** Cortesía del Ansari X-Prize.

p. 178 **Blusas de Einstein.** https://www.google.com/patents/USD101756.

p. 180 **Sarah Burton: traje de boda de Kate Middleton.** Foto de Kirsty Wigglesworth – WPA Pool/Getty Images. / **Sarah Burton: tres vestidos de la colección otoño/invierno 2011-2012 Colección prêt-à-porter de Alexander McQueen.** Foto de Francois Guillot, AFP, Getty Images.

p. 181 **Norman Bel Geddes: Autobús n.º 2, Avión de Carretera, Restaurante Aéreo y Casa sin Paredes.** Cortesía del Centro Harry Ransom Center, Universidad de Texas en Austin © The Edith Lutyens and Norman Bel Geddes Foundation, Inc.

p. 182 **Estudio de la esclusa del canal Study of Naviglio de Leonardo da Vinci.** Biblioteca Ambrosiana, Milán, Italy/De Agostini Picture Library/Metis e Mida Informatica / Veneranda Biblioteca Ambrosiana/Bridgeman Images. / **El Tumbun de San Marc (Il Tombone di San Marco). Vía fluvial de Milán con esclusas que siguen el diseño de Leonardo da Vinci.** Foto: Mauro Ranzani. Crédito de la foto: Scala/Art Resource Nueva York.

Book Corporation «The Cooper Collections» (colección privada de quien lo subió) Digitalizado por Centpacrr).

p. 232 **Dibujos de manzanas hechos por alumnos.** Cortesía de Lindsay Esola.

p. 237 **Jasper Johns:** *Bandera* **(1967, impreso en 1970). Litografía en colores, prueba 61,6 × 75,2 cm.** Museo de Bellas Artes, Houston, compra del museo financiada por la Brown Foundation, Inc., e Isabel B. Wilson, 99.178. Art © Jasper Johns/Permiso de VAGA, Nueva York, NY. / **Jasper Johns:** *Bandera* **(1972/1994). Tinta (1994) sobre litografía (1972).** 42,2 × 56,7 cm. Museo de Bellas Artes, Houston, compra del museo financiada por Museum Caroline Wiess Law, 2001.791. Art © Jasper Johns/Permiso de VAGA, Nueva York, NY. / **Jasper Johns:** *Tres banderas* **(1958). Encáustica sobre lienzo. 78,4 × 115,6 × 12,7 cm.** Museo Whitney de Arte Estadounidense, Nueva York, USA/Bridgeman Images. Art © Jasper Johns/Permiso de VAGA, Nueva York, NY. / **Jasper Johns:** *Bandera blanca* **(1960). Óleo y collage con periódicos sobre litografía. 56,5 × 75,5 cm.** Colección privada Foto © Christie's Images/Bridgeman Images. Art " Jasper Johns/Permiso de VAGA, Nueva York, NY. / **Jasper Johns:** *Bandera (Moratorium)* **(1969). Litografía en color. 52 × 72,4 cm.** Colección privada. Foto © Christie's Images/Bridgeman Images. Art © Jasper Johns/Permiso de VAGA, Nueva York, NY.

p. 240 **Pablo Picasso:** *Planchas de toros-1.º, 3.º, 4.º, 7.º, 9.º y 11.º estados* **(1945-1946). Grabados. 32,6 × 44,5 cm.** Fotos: R. G. Ojeda. Musée Picasso. © RMN-Grand Palais / Art Resource, NY © 2016 Herederos de Pablo Picasso / Artists Rights Society (ARS), Nueva York. / **Lichtenstein:** *Toros I-VI* **(1973 Grabado sobre papel Arjomari 68,6 × 88,9 cm).** Cortesía de los herederos de Roy Lichtenstein.

p. 246 **Alumnos de la escuela pública experimental REALM trabajando en la biblioteca X.** Cortesía de Emily Pilloton, Project H.

347

p. 265 **Giacomo Jaquerio:** *La fuente de la vida, detalle de un león* **(1418-1430).** Fresco Castello della Manta, Saluzzo, Italia © Bridgeman Images. / **Grabado del siglo** XVI **de Alejandro Magno contemplando una lucha entre un toro, un elefante y un perro.** Museo de Arte Metropolitano, Fondo Harris Brisbane Dick Fund, 1945. / **Vittore Carpacci: León de san Marco, Palazzo Ducale, Venecia.** / **Alberto Durero:** *León.*

ÍNDICE DE NOMBRES

Los números en cursiva remiten a las imágenes.

353

358

ÍNDICE